工程学之书 The Engineering Book
U0188151

工程学之书

Engineering

[美]马歇尔·布莱恩 著
高爽 李淳 译

重庆大学出版社

工程学之书

The Engineering Book

From the Catapult to the Curiosity Rover:
250 Milestones
in the History of Engineering

从弹弓到好奇号火星车
工程学史上的
250个里程碑

目 录

IV

V

前言

环顾四周，无论你坐在哪儿，你周围的东西都与工程学有关。比如你正坐着的普通办公椅，在它的制造过程中，工程学扮演了重要的角色。工程师设计和制造了椅子的面料、面料下面的泡沫、椅子的骨架、塑料扶手、使椅子可以上下移动前后倾斜的机械装置，还有座椅的底盘和转轮。

如果你坐在一间屋子里，墙上的油画是与工程学相关的，油画后面的墙板也是。墙板中的石膏也许来自某座电厂，工程师设计的脱硫塔在除去电厂烟囱中的硫时会将其转化为石膏，另一名工程师也许设计了利用这些石膏制造墙板的工厂。在房间中，你呼吸的空气经过空调中过滤器的净化，在恒温器的调节下保持适当的温度。空调中风扇的动力来自于电网，电网又与电厂相连，而这座电厂可能恰恰就生产了那些石膏。这一切都与工程学有关。

你周围也许会有大量的电子产品，它们都是由各行各业的工程师制造的。例如，放在桌子上的智能手机或平板电脑，挂在墙上的高清电视，以及挂在墙上的、按科罗拉多广播电台自动调整时间的电子钟。这些电子产品的出现要归功于电子工程师、软件工程师、工业工程师和机械工程师。

走到户外，你会看见公路上挤满了汽车，可能头顶还有一架时速 550 英里（885 千米）的客机飞过。路面之下有污水管、总水管、雨水沟、电视电话线和燃气管道。所有这一切，当然，也都与工程学有关。

还有无线电波。你根本看不到它，却有数千种不同的无线电信号环绕着你，这些信号的产生也离不开工程师。你所在地区的每一座调幅电台、调频电台、电视台，此时此刻都正在以不同频率的无线电波穿透着你。移动电话会时刻与本地信号塔保持通信，智能手机通常有多个分立的无线电系统，用于接听电话、连接 Wi-Fi 和蓝牙。你可以通过无线电波连接到周围的 Wi-Fi 热点和蓝牙设备，就像平板电脑、笔记本和台式机使用 Wi-Fi 一样。我们的头顶上还有数以百计的卫星，传递着 GPS 信号、卫星电视信号、铱星电话信号和气象卫星信号等。此外还有更多的无线电系统：消防和警用系统、水表、温度和雨水传感器、开启车库门的远程控制设备和开启车门的密钥卡。每每想到这些你都会感到不可思议，这一切都离不开工程师。工程师把它们带入了我们的生活，还有一个防止这些无线电信号相互干扰的调控结构。

工程师是一群不可思议的人，他们使我们的世界变得现代化。在美国，大约有 200 万在职工程师。他们大部分的工作不会出现在公众的视野中，也没有吹嘘和炫耀。但如果没有他们，我们会回到石器时代。

我们将一起在工程学的世界中进行一场迷人的旅行。这次旅行有助于回答下面这个问题：工程学究竟是什么？兰登书屋出版的《韦氏词典》对工程学是这样定义的："对像物理和化学这样的理论学科进行实际应用的艺术或科学，如制造发动机，建造桥梁、建筑物、矿井、船舶和化工厂。"

在《梅里埃姆 - 韦伯斯特大学词典》中有另一种定义："利用自然界的物质属性和能源，做出有益于人类的自然科学和数学的应用。"

另一种了解工程学的方法是想一想你能够在工厂和大学中找到的所有与工程学有关的学科。例如，在北卡罗莱纳州州立大学这样的学校中，我们可以在工程学院中发现如下这些分支：

生物和农业工程（BAE）
生物医学工程（BME）
化学和分子生物工程（CBE）
土木、建筑和环境工程（CCEE）
电子电气工程（ECE）
工业和系统工程（ISE）
森林生物材料（FB）
集成制造系统工程（IMSEI）
材料科学工程（MSE）
机械与航空工程（MAE）
计算机科学（CSC）
核能工程（NE）
运筹学（OR）
纺织工程、化学和科学（TECS）

除此之外还有一些特殊领域，比如，石油工程师要负责石油钻井和精炼，纳米工程师在纳米技术领域工作，等等。

读到这些定义和学科列表时，我们渐渐认识到工程师为社会所做的贡献。举个例子，设计桥梁的土木工程师需要学习数学和软件工具，进行最佳实践，还要学习设计桥梁的规则和如何建造安全可靠、持久耐用的桥梁。生活中随处可见他们的作品，旧金山的金门大桥和法国的米洛高架桥都被认为是工程学中的杰作。然而，工程师有时也会犯下严重的错误，比如说塔科马海峡大桥。工程师从这些错误中学到了宝贵的经验，将其编纂成书，并应用于之后的桥梁工程中。工程学是一种职业，工程技术在从业人员相互不断的交流和学习中得以进步。

在工程学中，有些东西十分简单，比如汽车的车轮轮毂就是一整块铸铝，用来承载汽车质量以及转弯、刹车时产生的力。一些东西可能很复杂，比如汽车本身，或是飞机，它们都由数千个部件组成可靠的工作系统。也有一些工程系统，如防抱死刹车系统或安全气囊系统，由连接在一起的不同部分组成，可以完成一项任务或解决某些问题。

更大的工程学系统会被看成是某种系统结构。计算机工程师经常使用“计算机系统结构”一词表示许多的部分以及这些部分间的相互关系。想一想阿波罗登月计划，数以百万计的人员和部件聚集在一起，形成了一个围绕登月计划的系统结构。与之相关联的部分有很多：土星五号火箭、指令舱和服务舱、登月舱、宇航服、月球车，以及其他的一切。任何一个部分出现差错都有可能导致整个计划失败，并将宇航员置于危险的境地，就像阿波罗 13 号上演的那样。电网也有类似的系统结构，包括发电厂、传输网络和配电网络。手机系统的这类结构则包括了信号塔、手机和一个用于建立手机和信号塔之间联系的复杂的信号协议。

工程师的另一项重要任务是用产量降低成本，以及减少不必要的材料、时间和工序。这方面的一个例子是我们身上所穿的衣服。在过去，衣服是靠手工一点一点做出来的。人们种植棉花、锄地、收获棉铃、从纤维中剔除种子，全部手工完成。在此之后，他们将棉铃洗净、染色、粗梳、纺丝、在手织机上织布，然后用针线将布料缝合成衣。这样制作的衣服非常昂贵，因为每道工序都意味着数百小时的手工劳作。如今几乎每一道工序都实现了机械化，并有种类繁多的合成纤维可用，这使衣物变得十分廉价。同样的事情发生在每一类产品上，使得我们现在买得起具有微型计算机、高清屏幕和高性能相机的智能手机，还可以连接到互联网，数百万台服务器可以为我们遇到的几乎所有问题提供答案。没有工程师，这一切都不会发生。

工程师和科学家有何区别？科学家的任务是探究宇宙的原理，他们研究并回答自然界的基本问题。例如，当科学家发现曲面玻璃会弯折光线时，他们会使用数学方程来描述这一性质。这一科学发现导致了透镜的出现，科学家或发明家会将透镜组装在一起造出显微镜或望远镜这类光学仪器。但接下来，当人们想以低廉的成本制造 100 万台望远镜，或是重达几吨且可自由转动的巨型望远镜时，就轮到工程师出场了。

科学家发现在铁中加适量的碳可以制造出钢铁，工程师则用这些钢铁制造桥梁、大厦、汽车和巨型油轮。如果钢铁太重或太脆，工程师还有许多其他材料可以使用：铝、钛、碳纤维、凯夫拉纤维、塑料等。

你会经常听人说到“这个设计真棒”或“这真是一台设计优良的设备”。这样的例子数不胜数，如：黑鸟侦察机（SR-71）、艾瑞欧原子车或是帕特农神庙。但一些更加简单的设计也值得这样的称赞，比如汽车变速器中的换挡器，或仅仅是一个制作精良的控制旋钮。人们发出赞叹，因为他们看到了极为优雅的设计，或是印象深刻的循环性和简约性，令人窒息的精致，抑或是形态与功能的完美结合。我们可以在工程学中发现美，就像我们可以在艺术与自然中发现美一样。

工程师创造新的技术令我们生活得更好。他们降低了生产成本，因此更多的人可以享受成果；他们造出令我们震惊的建筑，使我们因身为人类而备感自豪；我们的现代化生活也依赖于他们所制造的东西。工程师推动了社会的进步。

这本书记录了工程学发展历史上的里程碑——工程学的一次庆典。我们从人类最早制造的与工程学相关的物品开始，以时间为主线，在一个又一个成就中观赏工程学的发展（沿途还会看到一些重大的错误——即使工程师也会犯错误）。

我会给每座里程碑标上一个日期。这里所说的日期，是概念产生的那天？第一个专利？或“第一次飞行”？还是第一次向大众普及？我会保留一个小小的回旋余地，在梳理时间线时为每座里程碑选择一个“最佳”的日期。

我们应该把这些工程学成就和某一个具体的人联系在一起吗？大多数情况下我会避免这样做，主要因为工程学离不开团队。以蒸汽机为例，我们可以把蒸汽机的出现归功于某个人吗？如果有，是第一个使蒸汽从壶中喷出的古希腊人吗？第一个制造出实用性蒸汽机的人吗？还是第一个安全使用高压蒸汽的人？事实是，传统的蒸汽机在长达一个世纪的时间里为社会的进步做出了巨大的贡献，数以千计的工程师为蒸汽机的出现贡献力量。我不想在他们之中挑出某一个人，许多人都为同一个工程做出贡献，因此他们之中没有人是特殊的——这是大多数工程学成就的共同点。

最后，你会发现这条时间线集中在 20 世纪。为什么呢？因为 20 世纪是工程学的奇迹时代。20 世纪之前，飞机还没有出现，但在这 100 年中，飞机从和人步行速度相当的摇摇晃晃的木制飞行器，变成了时速数千英里、可超越音速的铝制喷气机。许多其他技术也经历了重大变革：汽车、航天器、空调、计算机、网络、摩天大楼、电视、核原料等。这些技术都在 20 世纪出现，并以不可思议的速度发展。大多数上面所列的工程学科直到 20 世纪才出现——它们是因为技术发展而产生的交叉学科。

在这本书中，读者可以读到 250 个了不起的工程学实例，并窥见工程学中的艺术，从而对工程师为我们所做的一切心怀感激。让我们开始步入工程学的非凡世界吧。

致谢

没有凯特·齐默尔曼（Kate Zimmermann）孜孜不倦的努力，这本书不会问世。在编辑、插图、增删和所有的微调过程中，是凯特的努力使之成为了一本完整的书。我十分感激她所做的一切。

同时也要感谢我的妻子蕾（Leigh），还有孩子们，伊恩（Ian）、强尼（Johnny）、伊莲娜（Irena）和大卫（David），感谢他们在写作过程中给予我的幽默与鼓励。

正如在献词中所提到的，我非常感谢将我领入这条路的路易斯·马丁-维加（Louis Martin-Vega）博士。没有他的影响，这本书不会问世。

工程学之书 The Engineering Book

001

弓与箭

在古埃及时期（公元前 30000 年），人类发明了单拱形弓。

投石机（1300 年），AK-47（1947 年）

公元前 30000 年

如果我们尽可能地追溯到人类历史的源头，我们可以找到的最早的工程实例发生于何时？制造工具算不算工程学？是的，应该对此有某种界定。比如一个人拿石头砸开坚果，这也算是对工具的使用，但却不是我们理解的真正意义上的工程学。当一件东西被当作一项工程被设计的时候，远比拿石头砸开坚果要复杂得多。因此，弓箭可能有资格被认为是工程学的第一件作品。它的使用始于三万年前甚至更早的远古时代。

弓箭是一件具有令人惊叹智慧的技术作品。它是我们所了解的第一个可以储备而后释放能量的装置。它是第一个发射型武器。人们可以迅速地在大自然中找到一些可用的物品，制作一个弓箭。一块木头的两端与纤维、皮或肌肉做成用以储存能量的弦相连接，便形成了弓。木头末端装上骨头或石头，然后与增加稳定性的羽毛连接，便形成了箭。

作为人类的第一个发射型武器的弓箭，可想而知其强大的实用性。如果某人正在捕猎一只鹿或一只兔子，弓箭便为人类提供了可与之对抗的机会。将弓箭与投掷石块或矛相比较，石块和矛只能在近距离的范围内发挥作用，而且精确度不高，人还会因投掷的动作而暴露。有了弓箭，人类可以安静地通过一种隐蔽的方式向对方发起攻击，这种方式既精准，射程又远。可以说，弓箭改变了捕猎者的游戏规则。

公元 15 世纪，弓箭有了极大改进。英格兰的弓箭手用长弓 1 分钟可以发射 10 支箭。箭以每小时 160 千米以上的速度离开弓，其射程可达到 300 米以上。金属头的箭在 18 米的半径范围内，可以穿透盔甲。

枪重新定义了武器的概念（并引发了像 AK-47 这样的高性能武器的发明），但是毋庸置疑，三万年的弓箭使用在世界技术史中留下了浓墨重彩的一笔。

捕猎 / 收集工具

奥兹（Otzi，约公元前 3300 年）

荷兰艺术家阿德里（Adrie）和阿方斯·肯尼斯（Alfons Kennis）基于对木乃伊的最新的法医研究，创作了这幅奥兹的再现图。

弓与箭（公元前 30000 年），因纽特人的技术（公元前 2000 年），贝塞麦炼钢法（1855 年）

公元前 3300 年

工程师与工程学的思维创造的重要目标是新技术，它对解决问题至关重要。生活在野外的动物不会创造出复杂而新奇的技术。而人类的一个很显著的特征，就是具有发现问题，然后发明解决问题的方法的能力。

技术的发展在早先的许多人类文化中就已经存在了。我们对该技术进行一下粗略的估计，认为这个技术大约出现在 5 000 年前，这是由于发现了一个今天被称为奥兹的人。他死于公元前 3300 年，人们于 1991 年发现了他以木乃伊的形式完好地保存在冰川之中。在他的身上，我们发现了他持有那个时代的许多件技术品。比如，他身着的草制的绝缘鞋，其鞋底是由熊皮制成的，鞋面是由鹿皮制成的。他还穿着动物皮制成的衣服（帽子、大衣、裤子、腰带），并由动物肌肉纤维制成的丝线将各种皮连接在一起。

他的工具更令人惊讶。给人印象最深的是一把紫杉木手柄的铜斧。人们还发现了一个带有坚硬刀刃、木手柄的短剑，短剑插在与他的腰带相连接的刀鞘中。他拿着一个弓，弓因为没有弦，看上去还没有完成。与弓相配，他还有一个装有箭和箭杆的箭袋。箭头是由燧石制成的，其上安装的羽毛是为了使箭在飞行过程中保持平稳。

很明显，他有一个带有内部骨架、并由兽皮制成的双肩背包。背包里有一个桦树皮容器，它很有可能是用来装用以点火的余烬。他还拿着一张网、一些弦、一个可能是在打猎期间用来携带猎到的鸟的皮带装置，以及一些被认为具有医疗作用的菌类植物。

考虑到当时的时代和欧洲文明的状态，如此的技术是令人惊叹的。它展示了人类大脑中的工程学思维是有多么的根深蒂固。比如，携带铜斧，暗示了人类采矿，精炼铜矿，然后将熔化的铜制造成铜制物品的能力。对于原始文明而言，这种技术水平非常高。

003

大金字塔

照片中的吉萨（Giza）大金字塔是吉萨大墓地中最大且最古老的金字塔。

帕特农神庙（公元前 438 年），圣丹尼斯大教堂（1144 年），华盛顿纪念碑（1885 年），埃菲尔铁塔（1889 年），3D 打印机（1984 年）

公元前 2250 年

今天正在工作的工程师，每日忙碌的事情都是对社会有益的。例如，他们可能正在设计一座桥梁、一台消费设备或一辆新的汽车。而埃及的大金字塔并非如此，甚至到其被建造几千年之后的今天，大金字塔依然是人类迄今为止建造的体积最大、质量最大、高度最高的建筑物之一。然而，它在功能上却无所作为。

大金字塔的建造不是由工程师们突发奇想建造出来的。他们花了一个世纪的时间建造了一些实验性的金字塔。例如，左塞尔金字塔是一个高 60 米的经典的阶梯式金字塔。美杜姆金字塔也是一个经典的阶梯金字塔，但其中的一些阶梯被填充用以尝试光滑面的金字塔的形式。弯曲金字塔一开始采用一种坡度，而后工程师们意识到这种做法不可行，所以他们在中间改变了坡度。红金字塔具有了正确的形状，但是其高度却比大金字塔低 42 米。

至此，工程师们为大金字塔的建造作好了准备。他们清理了 5.26 公顷的土地，使基岩暴露出来，以备金字塔的基础所用。他们几乎使金字塔完美地面向北方。然后他们测量了边长 230 米的正方形土地，在这么大的土地面积上铺垫了金字塔的石头基础。这些石头都来自于尼罗河沿岸的采石场。

在金字塔的建造过程中，工程师需要做一些引人入胜的事情。他们需要将金字塔内部所有的房间、走道和柱子制作成三维可视化的效果图，然后在建造过程中将其一层一层地搭建出来。这种方法与今天的工程师使用的三维打印机非常相似。

最终，金字塔在 146 米的高空中完美收场。世界上最巨大的纪念碑竣工了。大金字塔的完工意味着工程学的胜利。

因纽特人的技术

在这个 1924 年的摄影作品中，人们正在建造一座冰屋，而孩子和狗在旁观。

弓与箭（公元前 30000 年），火星殖民（2030 年）

工程学是人类大脑思考的一种展现。许多人类文化都是在开发解决问题的创新技术中而成熟完善的。这在加拿大北部以及格陵兰地区的因纽特文化中有非常显著的体现。

虽然没有人精确地知道因纽特人是何时来到这块土地的，但是人们推测是在公元前 2000 年前。因纽特人居住在北极树线以北，那里的气候极其恶劣。因纽特人为了应对环境，为生产食物和提供庇护，他们发明了很多独特的技术。

他们的关键需求，是在冬季拥有可以抵御华氏零度（零下 17 摄氏度）以下严寒的衣服。因纽特风雪大衣、靴子与手套满足了他们的这一需求。由动物皮毛制成的因纽特衣服内部隐藏的皮毛可以提高隔绝能力，避免潮湿，这样的衣服既是艺术作品，也是美丽的工程学作品。

另一项创新领域是冰屋，它能够在最严寒的条件下为人提供庇护。通过使用冰锯，因纽特人仅仅花 1~2 小时的时间就可以快速地建造一个遮蔽物。如果有更多的时间，他们可以建造直径达 4 米，高度达 3 米的冰穹顶。

被西方广泛接受的一项因纽特人的技术是皮船。其原始形式是一个由动物筋腱连接的木框架，上面覆盖着去了毛发的海豹皮。因纽特人的船设计完美，它能够在翻船的时候还能翻回来。

用木头雕刻的因纽特防雪护目镜在强烈的阳光下能保护人们的眼睛，以防止雪盲。这种眼镜是在一个不透明的面具上刻出几条窄窄的缝隙，从而减少进入眼睛的光。

因纽特人非常擅长利用骨头和石头材料手工制作刀具、箭头和鱼叉。拨动叉头的设计就特别有见地。一旦插头插入猎物，插头就从平行状态转换成了垂直状态，使得鱼叉几乎不可能意外脱落。

这一系列技术使得因纽特人在条件极其恶劣的北极气候中创造了辉煌。每一项技术都是一个独特的、经过精心推敲的高雅艺术和工程学发现，然后将其代代相传继承下来。

混凝土

图为正在采用混凝土建造的一段道路。

庞贝古城（公元 79 年），伍尔沃斯大厦（1913 年），米洛高架桥（2004 年）

人们是何时开始使用混凝土的？它出现在超过 3 000 年前的公元前 1400 年到公元前 1200 年。考古学家在希腊的梯林斯皇宫发现了混凝土地板，这个时期早于青铜时代。因为当时的配方不够好，地板很容易开裂。庞贝城的整个建造主要使用的是罗马混凝土。

在当今世界，混凝土这种材料的重要程度令人难以置信。土木工程使用混凝土修建道路、桥梁、堤坝、摩天大楼、跑道、水渠以及大型的地基。从质量上来说，混凝土是目前为止世界上使用得最多的建筑材料。

很容易理解，混凝土为何如此受欢迎：它赋予了工程师这样的一种能力，那就是将一种液体倾倒到一个模具中，然后创造出像石头一样坚固的东西，而且这种东西可以保持数千年。如果加上钢筋或预应力钢筋，混凝土的强度将显著地增加，并且可以创造出 30 米甚至更长的梁。另外，事实上大部分混凝土的重量来自沙子和碎石，与其他备选材料相比，混凝土非常的廉价。即便用今天的价格来看，每磅（0.45 千克）混凝土的价格还不到 3 美分。

混凝土由四种成分组成：第一种成分是普通水泥，第二是沙子，第三是碎石；三种混合掺入适量比例的水后，就会变成糊状的混合物。普通水泥与水混合，就变成了胶，它可以将沙子与碎石黏着在一起，形成高密度的固体。然而它不像普通的胶靠烘干黏合，而更像是一种钙硅水环氧树脂通过化学反应变硬来做黏合剂。这个反应过程会缓慢地释放热量，使混凝土经过数周的固化后，最终达到合理的强度。这就是为什么你常常看到工人浇筑完成混凝土基础之后，会消失将近一个月。这是因为他们正在等待混凝土固化到可以在上面放置重物的状态。

虽然混凝土的制作非常简单，但是能够将其做到合适的状态是非常重要的。当人们浇筑一条道路或地基时，工程师常常要从中取一个圆柱体的样本，对其做挤压测试，以确保它有足够的耐压强度。

沥青

沥青自公元前625年在巴比伦使用以来得到了改进，那时希腊历史学家希罗多德（Herodotus）将其称为砂浆。

贝塞麦炼钢法（1855年），瓦姆萨特炼油厂（1861年），钛（1940年）

如果没有沥青，城市会是什么样？对于建造道路和停车场来说，沥青是一种神奇的材料，因为它廉价、易操作、光滑、无缝，而且持久耐用。一条沥青公路可以运营20年甚至更久，可以承载上百万辆汽车。因此沥青非常受欢迎，在美国几乎有94%的道路使用的是沥青材料。关于最早使用沥青的历史，可以追溯到公元前625年的巴比伦时代。

沥青受欢迎的原因之一是它的简单。沥青有三种基本元素：沙子、碎石和柏油。虽然在大自然中发现了柏油是一个偶然，但是现在的柏油都是来自于炼油厂。它和其他石油馏出物一样，都是从原油中分离出来的。汽油与柏油包含同样的原子（碳与氢），但是柏油中的碳链非常长。因此柏油在室温下近似于固态。

普通人也可以制作沥青，甚至在厨房的烤箱里，就能制作出少量的沥青。将沙子和碎石放到一个烤盘上。将其放入温度为300华氏度（150摄氏度）的烤箱中足够长的时间，使其均匀加热并干透。然后将一块柏油放于其上，继续加热，直到柏油融化，充分搅拌使柏油和碎石混合在一起，沥青就做成了。不过你的厨房将臭气难闻，你将永远也洗不干净这个烤盘，但得到的回报是，你可以用这一小块沥青来填补家里的一个小小的孔洞。

如今，工程师已经对沥青的制作工艺做了很多的改进，其制作设备使道路建设的成本大大降低。例如，“美国战略公路研究计划”为沥青混合料，即高性能沥青路面制订了混合和建造导则，如今很多高速公路都是采用这种沥青混合料设计法。在大型公路项目中，工程师经常会在建设基地附近建造一个简易的沥青厂，这样可以使运输变得更加简单，性能一致性好。

关于沥青还有一个鲜为人知的事情，就是，按重量计，沥青是最可再生的材料。在美国，建造者可以将其磨碎，然后重新添加柏油来制作新的公路。如果没有沥青，工程师需要使用比沥青成本高得多的水泥来替代。也是这一原因，沥青成为了世界上最受欢迎的建筑材料之一。

007

帕特农神庙

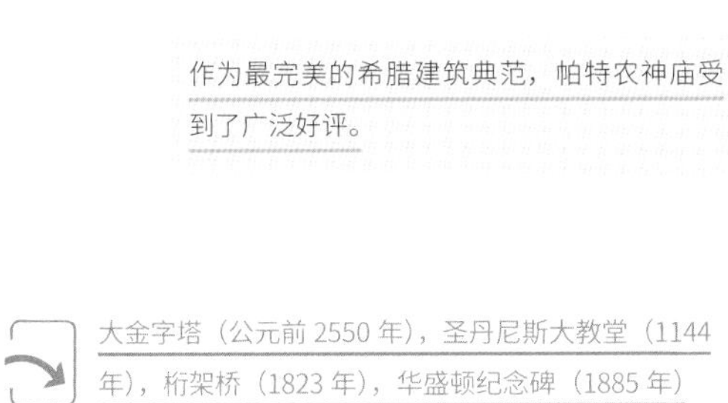

作为最完美的希腊建筑典范，帕特农神庙受到了广泛好评。

大金字塔（公元前 2550 年），圣丹尼斯大教堂（1144 年），桁架桥（1823 年），华盛顿纪念碑（1885 年）

帕特农神庙是集美学与工程学于一体的建筑。它经历了时间的考验，而且令人惊讶的是，在建造它的时代，几乎没有什么技术可以为它的建造提供协助。这一点也同样告诉我们，帕特农神庙的构想者是多么的了不起。

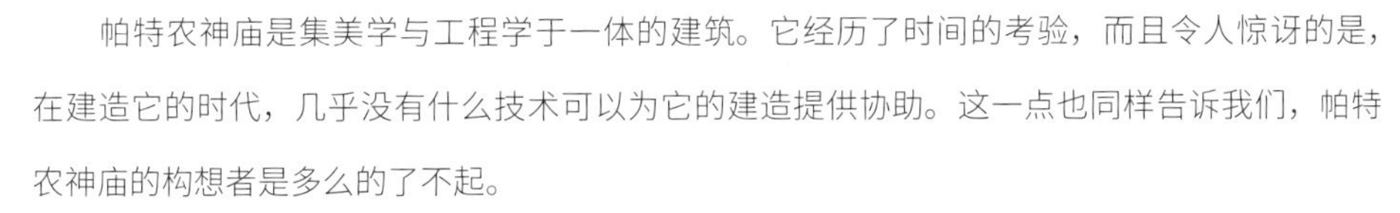

作为祭拜女神雅典娜的帕特农神庙建造于公元前 438 年，其中曾经有一座由金子与象牙制成的、巨大的雅典娜雕像。事实上，在美国田纳西州的纳什维尔有一座帕特农神庙的复制品，其中再现了这座雕像。

公元前 438 年

工程师所采用的基本的建筑理念非常简单，幸运的是，这个理念得以很好的执行。其外围是由一圈大理石柱子组成——8 根柱子分别位于建筑的前后两个立面，另外有 17 根柱子分别位于建筑的两侧。柱子的顶端承载的是大理石门楣，其上有很多的装饰。最原始的建筑结构有一个由黏土瓦屋顶覆盖的木制桁架。除此之外，庙内墙上还有专门为放置雕像设计的位置。

有一个事情令今天的人们感到惊奇，那就是工程师在帕特农神庙引入了使人产生光学错觉的曲面设计。所以人们觉得神庙的地面不是完全水平的，其中间部分被巧妙地抬高了。其柱子不是完全垂直的，而是有一点点的倾斜度。角柱与其他柱子也不完全匹配，角柱看起来较宽，相距较近。这使得一切都“看上去完美”，但其完美的原因却是每一个细节都有意地制造了一点点偏差。

所以今天，当说到最伟大的希腊神殿的时候，我们想到的是帕特农神庙。不是因为它是现存最大或最好的建筑，而是因为它的完美。近年来，希腊人排除万难去修复这座几个世纪以来遭受破坏的建筑，让这些由最初的工程师和手工艺人创造的伟大壮举得以复兴。

图中是位于今天法国勒穆兰（Remoulins）附近加尔河桥（Pont du Gard Bridge）的古老的引水渠。

古罗马水渠系统

阿匹乌斯·克劳狄·卡阿苏斯（Appius Claudius Caecus，约公元前 340 年—前 273 年）

现代污水处理系统（1859 年），海水淡化（1959 年），雨水处理系统（1992 年）

公元前 312 年

有时候，人们的一个急迫的需求可以通过工程学来解决。例如当年的古罗马，就有水资源供给的问题。大约在公元前 300 年，古罗马正在急速扩张，但是当时的水却是臭气熏天，而后，来自太白河的水携带着病原体，使得地下水变得无法入口。

为了解决这一问题，阿匹乌斯·克劳狄·卡阿苏斯委托罗马的工程师发明了水渠。第一条名为阿皮亚的水渠就是一个完美的例子。工程师在罗马城外发现了一个长约 10 英里（16 千米）的又大又干净的泉水源头。它的海拔位置高于罗马城，重力可以将水带入城市中。罗马的工程师挖掘了很多沟渠或隧道（通常是在坚石之上），并在其上涂上防水灰泥，便形成了水渠。如果有山谷阻碍泉水的流向，工程师则建造一座带水渠的桥梁。水渠的缓坡使泉水一路下行流入城市。

水中有泥沙和沉淀物怎么办？其解决办法是，水会缓慢地通过又宽又深的池塘，微小颗粒会沉淀下来。那又是如何维护隧道，并使其保持干净呢？隧道与地面之间通过竖井连接，用来维护和净化水渠。如果通过系统的水量过大呢？水渠上的溢出孔会排掉多余的水。

据称，阿皮亚水渠每天可以向罗马运送 2 000 万加仑（7 600 万升）的水。水一旦进入城市，将从水渠流入大而复杂的公共蓄水容器、公共浴池、居民的管线系统或下水道系统。下水道承载着城市的废水，保持古罗马城的干净。

虽然每天有 2 000 万加仑的水进入罗马城，但是依然供不应求。所以工程师建造了更多的水渠。500 年间，共有 7 条水渠滋养着罗马全城，最长的一条延伸了 56 英里（90 千米）。所有的水渠每天大约向罗马城运送 3 亿加仑（11 亿升）的水，提供了超过 100 万人的生活用水。这是一个令人惊奇的成就，例如现代下水道系统等众多的创新工程都是受此启发。

水车

在意大利威尼托区的省会威尼斯的格鲁阿罗港内，有一条莱美尼河穿城而过，人们在河边发现了照片中的这个由低水位冲动的水磨的转轮。

古罗马水渠系统（公元前 312 年），耶茨磨坊中的简单机械（1750 年），纱厂（1790 年），批量生产（1845 年）

在蒸汽机、内燃机与电机发明之前，如果人们想要建造一座工厂或利用任何一种手工工具之外的大工具，他们首先需要解决的是动力的问题。工程师为此将人置于一个大的仓鼠轮式的东西（踏车）之上旋转卧式轮轴，或者让人或马转圈旋转竖式轮轴。

水车便是这样的一种装置，它能够提供持续的能源。古罗马人在公元前 100 年发明了水车。许多古罗马城的建造都展示了他们在工程学上非凡的能力，但是给人印象最深的是法国城市贝韦加尔的多轮面粉厂。

古罗马工程师在险峻的山坡上布置了两组磨粉机，每组 8 个，其中共有 16 个竖式由上至下冲水型水车。因为山坡地形的因素，水可以从上一个轮子流入下面的一个轮子。

卧式水车与齿轮连接，一方面可以使磨石轴旋转的方向从水平转变成垂直，另一方面磨石的转动速度可以比水车快两到三倍。

据估计，那一地区的 16 个工厂每天可以生产大约 10 000 磅（4 500 千克）的面粉。1 磅面粉可以做 1 条面包。10 000 条面包每天可以养活位于古罗马城旁边，拥有将近 3 万人口的阿莱拉特城（也就是今天的阿尔勒城）。

罗马人还利用水产生动力锯木头和石头。

在 1700 年之后的美国工业革命之初，水依然是动力来源。卧式和竖式水车都为当时第一批工厂提供了动力。所以在蒸汽机普及之前，工厂普遍需要修建在有足够落水量的地方，从而为其提供足够的动力。例如，工业革命的第一个工厂就坐落于罗德岛的波塔基特瀑布。

庞贝古城

010

从现在的意大利城市那不勒斯俯瞰庞贝古城的遗迹，可以体会到原始城市的风貌。

帕特农神庙（公元前 438 年），古罗马水渠系统（公元前 312 年），水车（公元前 100 年），桁架桥（1823 年）

公元 79 年

古罗马的城市是展示人类早期工程学非凡能力的范例。特别是在古罗马工程师手下，一座座新城拔地而起的时候，他们高度地参与，有秩序地规划，使上万人舒适地生活在大都市之中。

庞贝城在公元 79 年被火山灰掩埋，在这之前，罗马帝国在此的统治超过了一个世纪。火山灰下保留的城市，像一个时代文物容器，让我们看到了罗马人在两千年前的城市中是如何生活的。

水和下水道系统是古罗马城市的一个非常重要的元素。水来自水渠，通过管道和公共喷泉分配给市民。过剩的水资源、人们的生活废水以及雨水会流入地下水系统。

道路也是城市中另一个极其重要的元素，它承载着人、动物与货运马车在城市中的移动。庞贝城的街道是由石头铺设的，其分布与现代城市相同，也是网格模式。人行道分布在道路两侧，种植的树木可以为行人遮阳。

公共浴室在卫生与社交两个方面都发挥着重要的作用。许多公共浴室中装有精巧的取暖系统，称为热坑。浴室的底面放在瓷砖柱上，与地面间有 1 米间隙，这样一来，火炉产生的烟与热气会在浴室底部下面流动，穿过墙体为浴室持续保持 120 华氏度（49 摄氏度）的温度。

一个古罗马城市还包括商店、车间、面包店、市场、一个带有公共庙宇和政府办公楼的广场、一个圆形剧场和一个剧院。城市的市民则都居住在私人住宅或公寓中。

对于工程师来说，可以利用的建筑材料有石材、混凝土、砖、瓷砖和木头。例如庞贝古城的圆形剧场是古罗马帝国时期最古老的石材圆形剧场。典型的住宅内墙是带有彩绘的石膏装饰墙面，外墙是灰泥墙面。屋面瓦铺于屋顶桁架之上形成屋顶。

工程师为这些古罗马城市的市民创造了极其奢侈的城市文化，为了能够让大多数人享受舒适生活，他们将所有的城市生活必需品带入了城市之中。

011

指南针

磁铁指南针发明于中国的宋朝。图为一个现代磁铁指南针。

测链（1620 年），机械摆钟（1670 年），贝塞麦炼钢法（1855 年），原子钟（1949 年），全球定位系统（GPS）（1994 年）

1040 年

想象一下，在 500 年前，如果你到一片未知的地方去旅行，迷了路，你该如何是好？这时，如果你有一块手表而且你可以看到太阳，你便可以明确方向。在夜晚，如果你可以看到星星，而且你知道时间，你就能找到方向。但是如果你从口袋里掏出一个设备，而它能够迅速地帮助你明确方向，那种感觉是不是更棒？

指南针在当今的社会看来，是一个非常简单的东西。任何一个孩子，只要手里有一根缝纫针、一个冰箱贴、一块泡沫和一碗水，五分钟的时间，就能做出一个指南针。将针在磁铁上摩擦使其有磁力，然后将其漂浮于碗里的泡沫之上。针就会旋转到朝北的方向。

但是追溯到 1000 年前，这可不是一件容易的事情。首先，你需要一根铁针，这就意味着你需要铁——这就意味着你需要有冶炼矿石的技术来制造这个小东西。假设你可以发现矿，并知道它是什么，你还需要有能力将矿塑造成针的形状，这一系列的动作对工具和技巧都提出了很大的要求。而后你需要一个磁铁。在电磁铁还不存在的时候，你从哪里能够找到一块磁铁呢？有一种天然的磁铁叫磁石，但是这种磁铁非常稀少，这可能又为你提出了一个难题。

所有这些东西都来自中国。在 1040 年的宋朝，那里的人们开始铸铁和造铁针，并将其与磁石相结合，制成了世界上第一个指南针。不过，他们将铁针挂于一缕丝上，而不是将其漂在水中。

从一个工程师的角度来看，指南针对于早期的地质勘探的重要程度不可估量。如果你需要铺设一条铁路、开一条水渠或者是丈量一块土地的边界，一个好的指南针是非常必要的。除了它，没有其他更加简单、精确的方式，使你在一片广阔的土地上找到北在哪里。

这一切都是因为地球自身的核心是一块磁铁，而仪器的制造者正是利用了这一事实创造了这一用来确定方向的精密仪器。

圣丹尼斯大教堂

圣丹尼斯大教堂被认为是首批哥特式建筑之一。

大金字塔（公元前 2550 年），迪拜塔（2010 年）

1144 年

每当我们提到大教堂的时候，脑海中浮现的通常是哥特式教堂，它是由镶嵌了大块彩色玻璃的巨石砌成的建筑。它的结构在许多方面都令人称绝，但可能最让人感兴趣的是，它们代表了建筑学与工程学方面的一个重要的阶段。即使世界上已经出现了大金字塔和其他类似的宏伟纪念性建筑，但人们还是从来没有见过如此高大、开阔，拥有如此巨大的玻璃窗的建筑。圣丹尼斯大教堂于 1144 年在法国向公众开放，它被认为是这种建筑形式中的第一例。

在哥特式大教堂的建造过程中，有两个工程学上的创新点不得不说。其中之一是哥特圆拱，或者叫尖拱，它代替了罗马圆拱。尖拱门在垂直方向上的承载力远比水平方向的大。但又不会将全部载荷向下传递，于是便出现了第二个创新点，飞扶壁。飞扶壁从水平方向抵消了尖拱所需的向外的推力，从建筑外围固定了拱券，使得肋架拱顶和石材天花板的建造成为可能。扶壁同时也稳固了高墙，因为其坐落在建筑的外围，所以扶壁对窗户不会有任何妨碍。

有了这两个创新点，工程师可以用薄薄的石墙建造很高的建筑，并在其上开窗。典型的哥特式大教堂内部可以达到 30 米以上的高度。

建造这些大教堂可不简单。工人和手工艺人需要采集并雕刻无数的石头。石头被吊起，然后固定在合适的位置上。因此，大教堂的建造工程需要上百年的时间才能完成。

当时的人们从来没见过如此巨大的建筑，也从来没有见过建筑上能有如此惊人数量的玻璃花窗，更没有见过哪个建筑能有这么大的室内空间。工程师们创造了一种结构设计的全新方式。

投石机

图为法国阿基坦（Aquitaine）大区多尔多涅（佩里戈尔）的卡斯泰尔诺城堡（Castle of Castelnaud）的抛石投石机。

弓与箭（公元前 30000 年），AK-47（1947 年），集束炸弹（1965 年）

早在 14 世纪，工程师一词就进入了英语词汇表中。它指的是建造军械的人，也指攻城引擎。军事引擎的种类繁多，它们分别用于围攻城墙、城堡或要塞。攻城引擎包括破墙锤、弩炮（巨型弩弓）和投石机。

虽然人们在大约公元前 400 年的希腊和罗马就已经开始使用军事引擎，但我们还是倾向于认为，攻城武器在攻击城堡时真正发挥威力是在中世纪的战场上。这解释了为什么工程师一词源于这一时期。

在那个时候，有两种类型的投石机非常受欢迎：一个是扭力投石机，一个是牵引抛石机。扭力投石机依赖于一个扭转装置储存能量，而牵引抛石机依赖于一个承重的悬臂。牵引抛石机非常有力量，它可以投掷重 300 磅（136 千克）以上的石头从而击垮城堡的城墙。其射程可以达到上百米远。投石机还可以投射燃烧弹、动物残骸或病死的人的尸体。

这两种投石机的基本机械原理都非常简单。牵引抛石机通过悬臂提升一个重物来储存能量。大型抛石机的悬臂长度可以达到 60 英尺（18 米）长，其提升的重物质量可以达到 10 ～ 12 吨。

扭力投石机采用数百股紧紧扭在一起的绳索，将翘起的悬臂拉下 90°，使绳索获的更多的扭矩。此时，一旦悬臂被释放，绳索将弹回，使投射物发射出去。

在 1304 年的苏格兰，为了一次攻城计划，工程师修建了被认为是世界上最大的牵引抛石机。该抛石机被命名为“战狼”。斯特灵城堡的一面城墙被重 300 磅（136 千克）的投射物不停地冲击而最终垮塌。工程师通过使用机械工程学的原理击垮了坚固的石墙，赢得了这场战争的胜利。

图为 1890 年拍摄的比萨斜塔。

比萨斜塔

博南诺·皮萨诺（Bonanno Pisano，生卒年不详）

014

华盛顿纪念碑（1885 年），圣路易斯拱门（1965 年），加拿大国家电视塔（1976 年），迪拜塔（2010 年），威尼斯防洪系统（2016 年）

1372 年

圣路易斯拱门、华盛顿纪念碑、多伦多的加拿大国家电视塔和迪拜的哈利法塔都有着非常庞大而坚实的建筑基础。这些实例和比萨斜塔告诉我们建筑物地基的重要性。比萨斜塔的最初设计归功于博南诺·皮萨诺。该建筑于 1173 年开始建设，但是直到 1372 年完成之时，还有大量的工程师花费了几个世纪的时间试图解决它从建造之初就非常焦灼的地基问题。

比萨斜塔坐落于两个河流的交汇处，那里的土地非常的湿软。如果是在现代，工程师可能会将桩基深深地打到地下，穿过松软的土壤，将其锚固在坚硬的土壤或石头之上。威尼斯城就是这样利用木桩建造的。而对于比萨塔的基础来说，看上去只是为其简单地挖了一个坑，采用的也只是标准砌筑地基。在这种土壤条件下，这样的地基是不适宜的。

那为什么它还一直都没有倒塌？据说是因为预算侥幸挽救了它。当它建到三层高的时候，由于缺乏资金，建造中断了一个多世纪。这一延误，使得塔下面的土壤得以巩固和稳定。而后当建造重新开始之时，人们尝试着通过将一侧加高来使其达到垂直的状态，但是它却倾斜得越来越厉害。

这些年来，人们尝试了很多种方式来纠正其倾斜，但是没有一个方式是成功的，有一些甚至使塔更加倾斜。直到 21 世纪，工程师从两个方面想出了解决办法。因为它向南侧倾斜，所以他们在相反的一侧采用了一种叫土壤提取的方法。即将北侧的土壤用钻孔机倾斜地向地下钻取，然后取出。重力使得塔向北倾斜以填充取出土壤后留下的空腔。他们并不希望彻底地将塔垂直过来，因为这样就不再有游客去那里参观。他们只是在其安全范围内，使塔的倾斜程度不那么大。而后，工程师安装了一个排水系统，提取塔周围多余的水。

即使是如此，早期的工程师犯下了错误，又因为若干个错误的治理思路几乎推翻了比萨斜塔，不过他们的继承者最终找到了拯救其倾斜度的解决方案。

015

横帆木帆船

图为迈克尔·齐诺·迪默（Michael Zeno Diemer，1867—1939）的绘画作品《大海上的圣玛丽亚号》（*Santa Maria at sea*）。

贝塞麦炼钢法（1855 年），海上巨人号超级油轮（1979 年），集装箱货运（1984 年）

1492 年

回顾人类的探索时代、航海时代或海盗时代，我们都会不知不觉地想到帆船。哥伦布的妮娜号、品他号和圣玛丽亚号帆船可能是这一类型帆船中最为著名的，但是事实上有上千艘这样的船只在世界各地进行着运输活动。手工艺人通过学徒期和实践学习行业的工作经验，在造船厂制造了这些船只。

但是从思维方式上来说，他们是工程师，他们使用通常的建筑原理，设计和建造定制的船舶。这个建筑原理一直盛行于整个造船界，直到 19 世纪末期，贝塞麦炼钢法出现之后，船舶的设计和结构才被重新阐释。

船舶的结构非常直观易懂。它由四部分组成。第一部分是船舶的脊柱，也就是俗称的龙骨，它是船舶制作最基础，也是最核心的部分。它是从一根原木上切下来的坚固的方形木材，或者是由多根原木拼合而成，这取决于船舶的长度。在船的前方，也就是龙骨的前方，多块木头拼合在一起，形成一个弧形向上和向前延伸的形状。船的尾部是船尾柱，它竖直向上地与船的龙骨连接在一起。

船舶结构的第二个部分是与龙骨相连接的一系列肋骨，或者是由多块木头组合而成的，被称为复肋的船舶骨架。在船外围，肋骨在被称为船板的组成部分的帮助下与龙骨相连。它决定了船身的外部形状。

第三部分则是顶层甲板与室内甲板。它们是由水平梁与肋骨相连接形成的。最后是船身的外表面与甲板楼盖板，它们都是由一层或多层厚板制作而成。厚板通过木制的梭形钉子即大木钉与肋骨或梁连接，连接的方式是将这种木钉打入两个需要连接的东西之中。然后将浸有焦油的绳索嵌入厚板之间，以填充其间的缝隙，最后再填充上更多的焦油，用以密封。

一旦船身制作完成，便会在船上树立起桅杆，安装好船帆和各种设备。这种木船的工程解决方案所设计基本的结构，为人类服务了几个世纪。

中国的万里长城

万里长城最早修建于公元前 7 世纪。

大金字塔（公元前 2550 年），隧道掘进机（1845 年），
塔式起重机（1949 年），迪拜塔（2010 年）

1600 年

无论以什么标准来衡量，大金字塔都是人类历史上的一个伟大的奇迹，特别是在那样的年代，在那样的技术条件的制约之下。

但是在这个地球上，从工程学、物流、项目管理、宏伟的程度以及持久性等诸多方面来说，几乎没有什么能够与中国的万里长城媲美了。很难相信，人类能够在这种规模上，组织建造如此长、如此完好的工程项目。

设想如果我们要建造一堵 6 米宽、6 米高的石砌或砖砌墙体，然后在其上，每隔 200 米的距离建造一个更大的瞭望塔。墙体总长度大概是从华盛顿到洛杉矶城的距离（4 200 千米）的两倍。而这，便是万里长城的长度。从它使用的材料所占的体积来说，万里长城大约比大金字塔大 100 倍。我们很难得到一个确切数字，因为长城的绝大多数区域已经被侵蚀、崩塌或被拆除。

万里长城完成于公元 1600 年，当时这片土地上的人们用其解决一个问题：蒙古族和满族等各种各样游牧民族，都在试图入侵中原。这堵墙在中原与其他地区之间建立一道防线，起到抵御游牧民族入侵的作用。它的整个修建过程大约花费了 1 000 年甚至更长的时间。明朝（公元 1368—1644 年）时，万里长城已经建成了其中的 5 500 英里（8 860 千米），若干段长城之间当时已经合并、连接、加固，具有一致性，成为我们今天所看到的长城。

墙体剖面的基本结构非常简单。两堵石砌或砖砌墙隔 20 英尺（6 米）平行修建，其间的空隙通过尘土或碎石瓦砾填充。然后用石头或砖铺砌墙体的顶面，覆盖填充部分，以创造一条 17 英尺（5 米）宽的通道。

我们今天的施工，会得到很多机器的帮助，比如推土机、隧道掘进机、塔式起重机、自动倾卸卡车等。但是，尽管万里长城的规模如此之大，它的建造未使用任何机器，而是由上万双手一砖一瓦建造而成的。正是因此，它获得了辉煌的成就。

017

甘特链

埃德蒙·甘特尔（Edmund Gunter，1581—1626）

图中的这个仿古黄铜经纬仪，可以测量水平和垂直方向的角度，是测量的基本工具，直到像全站仪这样的现代工具的出现，才替代了它。

大金字塔（公元前 2550 年），古罗马水渠系统（公元前 312 年），指南针（1040 年），伊利运河（1825 年），横跨大陆铁路（1869 年），全球定位系统（GPS）（1994 年）

测量对任何一个大型工程项目来说都是十分重要的。例如，如果没有专业培训而又敬业的测量师的帮助，我们很难想象，在铺设一条铁路或是开凿一个水渠的时候会怎样。像横跨大陆铁路这样如此巨大的工程，需要在测量师的指导下，分别从两端同时建造两条铁路，而后让其在两个国家的中央分毫无差地相遇并衔接在一起。这种复杂的工程，如果没有测量师，基本上属于一项不可能完成的任务。

然而，测量这件事是从什么时候开始的，我们现在很难说清楚。当然，古埃及人肯定熟悉测量这项工作，因为大金字塔的选址、角度以及它的尺寸都几近完美。罗马人也一定有测量师的帮助，才能完成道路、水渠，甚至还有像庞贝城那样复杂的城市的工程。但是，现代测量仪器却是始于甘特链的发明，它是由数学家埃德蒙·甘特尔于 1620 年发明的。甘特链是精确测量距离的工具。它由 100 个环节组成，总长度为 66 英尺（20 米）。一块 1 链长、10 链宽的土地被称为一英亩。

早期的测量师需要三种仪器：甘特链、有经纬仪或测周仪的水平桌面，以及测量指南针。有了这些工具，它们可以定位、视准线、记录角度并且精确地测量距离。这些测量方法对于工程中边界线的铺设非常有效。另外还有一种工具，是用来测量斜坡或高度的，它是地形学家的测量杆。

今天，所有这些测量方式都被计算机处理所取代，全球定位系统又被称为“全站仪”。它包括经纬仪和与 EDM 电子测距。助理拿着反射镜站在那里，等待被观测，全站仪一旦观测到反射镜，便会测量和记录角度和距离。后来机器人全站仪取代了助理的角色。与之前的工具相比，全站仪使土木工程方面的测量变得极其简单。但是其原则都是相同的：确定你的位置，然后测量角度、距离和高度。拥有了这些技术之后，土木工程师就可以规划人们所能想象到的最大的工程了。

机械摆钟

罗伯特·胡克（Robert Hooke，1635—1703）
约瑟夫·尼布（Joseph Knibb，1640—1711）

018

基于数项创新技术的机械摆钟。

大本钟（1858 年），原子钟（1949 年），原子钟无线电台（1962 年），全球定位系统（GPS）（1994 年）

1670 年

每当我们想起设计或建造钟表的人的时候，我们往往想到的是钟表制作者。但是，如果你再仔细想一下，钟表制作者其实是机械工程师，他通过弹簧、齿轮和机械振荡器来制造报时装置。摆钟则是第一批合理而又准确的报时装置之一。这些钟表小到一个小盒子，大到一个例如大本钟这样的巨型塔楼，被称为机械摆钟。大本钟则是这种巨型塔楼式机械摆钟的先驱。

这种钟表的主要创新点是其锚式擒纵机构，它是由罗伯特·胡克大约在 1657 年发明，并由约瑟夫·尼布于 1670 年完善。机械振荡器的运动转换成指针的运动是这一系统的关键。振荡器可以是一个摆动的钟摆（它通常出现在挂钟或座钟上），也可以是一个轮子来回旋转（它通常出现在表中）。

工程师需要用钟摆完成两件事情。第一是足够的能量——在每次摆动过程中轻轻一推——需要添加能量，以克服由于空气阻力等带来的能量损失。这样一来，钟摆就可以始终摆动下去。第二个事情是每个钟摆冲程必须转换成秒针正确的角运动。能够完成这两件事情的机制被称为擒纵，它与弹簧或落锤相结合，获得了推动摆锤并移动秒针的能量。

制作一个钟表，除了拥有钟摆、能量的来源、擒纵机制以及表针外，剩下的工作就只是让齿轮旋转，以保证分针与时针以正确的频率运转。由此，机械钟表诞生了。你所见过的每个机械钟表都是工程师创意的四部分的体现——振荡器、能量来源、擒纵机构，以及传动装置——最终使得钟表的指针精确地为人们指示时间。■

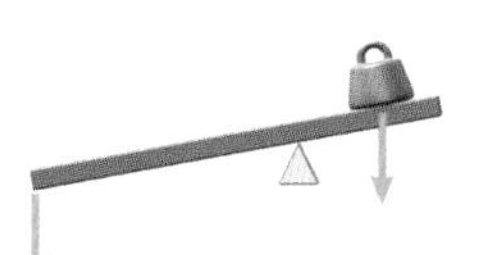

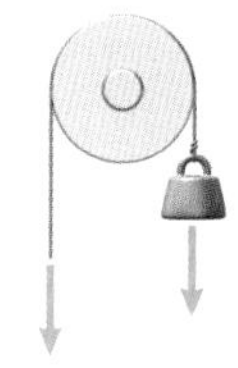

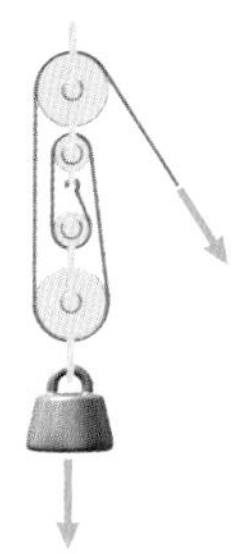

耶茨磨坊中的简单机械

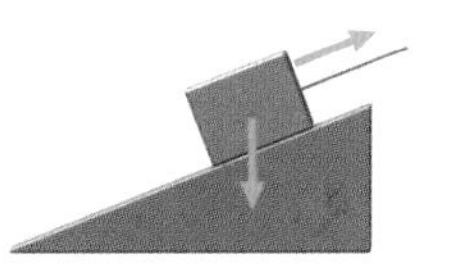

六种不同机械系统的图解，箭头指明了有关力的方向。

水车（公元前 100 年），机械摆钟（1670 年），缝纫机（1846 年），塔式起重机（1949 年），氮氧加速器（1978 年）

在机械工程中有一种概念被称为“简单机械”。通常意义上有六种简单机械：杠杆、斜面、楔子、轮轴、滑轮和螺旋。简单机械的作用是改变力的方向或达到省力的效果。例如，对于杠杆来说，较长一端移动的距离很长但施加的力会小一些，而较短一端移动的距离很短，但要施加更大的力。

机械工程师们经常使用简单机械达到改变力的方向和省力的目的：使用像齿轮、齿轮组、带有皮带或链条的轮子、曲柄和凸轮这类装置。他们还使用弹簧和重物储存能量，电机和引擎增加动力，等等。

传统的水力磨坊就是将这些简单机械以看得见的方式有机地结合在一起的。这些磨坊在 18 世纪到 19 世纪装点着美国的乡村。北卡罗莱纳州的维克郡曾一度有 70 座这样的磨坊，其中最早的一座（耶茨磨坊，Yates Mill）1750 年开始工作，今天仍作为一座博物馆对外开放。

这些磨坊使用旋转的磨石将谷物磨成面粉。带有轮子的货车抵达磨坊后，会使用像斜坡一样的东西卸载谷物。滑轮和绳子会将货车上的谷物卸下，并吊到漏斗中。流下的水作为磨坊的动力，被立式上凸式水轮转化为转动能。水轮的转动轴带动着一个大号齿轮转动，大齿轮还连有小一些的齿轮。木齿轮会将转动力由水平方向转变为竖直方向，并增加竖直轴的转速。

由其中一个转动轴延伸出的皮带系统会为其他装置提供动力，如阿基米德螺杆或传送带。一个曲柄机构或凸轮机构可以辅助产生前后运动，用于清理谷物或过滤面粉。

今天人们所能看到的所有由工程师制造的机械：汽车发动机、缝纫机、钟表等，它们同样是由以无数种方式翻来覆去应用的基本元件构成。简单机械构建了机械工程的基础。

建筑的定向爆破

这组照片展示了一个建筑定向爆破的过程。

圣丹尼斯大教堂（1144 年），伍尔沃斯大厦（1913 年），世界贸易中心（1973 年），抗震建筑（2009 年）

建筑的定向爆破是一件有趣的事情。一方面，建筑师和工程师们在一开始设计建筑的时候，都尽可能保证建筑能够持久地屹立，甚至希望建筑可以抵御像飓风、火灾以及地震那样的灾难。因此人们还特意为抵御地震发明了抗震建筑。伴随着建筑定向爆破技术的发明，另一群工程师必须与上述所有的努力进行对抗，尽可能高效、安全地将建筑结构搞垮。其目的是使建筑可以竖直倒下，从而使其坍塌所产生的各种废弃物、破坏和污染控制在建筑基础的占地面积范围内。

以此为目标，他们是如何做到的呢？ 1773 年，位于爱尔兰沃特福德的圣三一教堂的毁坏过程，就是一个将建筑夷为平地的大规模的爆破。今天，人们已经不提倡使用这种简单的方法了，因为大规模的爆破会造成周边其他建筑不必要的破坏。

在现代建筑的定向爆破技术中，原建筑的一些外墙因其价值而被手动移除，剩余的外墙可能会被凿孔或全部移除。保持建筑稳固的室内结构梁将被炸掉。而这最后一步才是定向爆破技术工程学需要解决的问题。

为此，最简单的做法是切断所有的梁，让建筑倒掉。然而，这种方式并不安全，也可能会因为时间的安排问题，引起建筑倾倒而不是在原地坍塌。因此，工程师们采用了另外一种更优的办法，即认真地分析建筑的结构与荷载，理解建筑用什么样的方式瓦解最为有效。

有些梁会被部分切断以削弱其承载力。然后将炸药放在已校准好位置的柱子上。这种炸药是聚能装药，它针对爆破的特殊方向给力。它可以精确地切断支撑梁的钢筋。聚能装药还降低了炸药的需求总量。大型的爆破有可能破坏邻近的建筑和基础设施，例如破坏周边建筑的窗户，因此这种炸药对爆破工程来说是非常重要的。

一旦所有的炸药都安装完成，它们将与中央控制器连接。工程师将仔细地预定好遍及整个建筑中的炸药的爆破时间。这样它们便能够以正确的顺序爆炸。而后的事情便可交给重力作用来完成了。

动力织布机

埃德蒙·科特赖特（Edmund Cartwright，1743—1823）

图为 1836 年描绘工厂中动力织布机正在织布的场景版画。

纱厂（1790 年），轧棉机（1794 年），批量生产（1845 年），缝纫机（1846 年）

工业革命始于 19 世纪早期的纺织业。轧棉机与棉纺厂的结合，使得棉花产量快速增长，这从根本上改变了棉花市场。那种利用几十个人力，将一磅棉花转化成一磅棉线的过程被机械化取代。

但是布的制作过程，依然需要人们站在手动织机前编织棉线来完成。这一情况直到 1733 年飞梭织机发明之后开始得到改变。但是仍然需要一个完全机械化的织布机，从而降低在织布过程中投入的人力成本。

1784 年，埃德蒙·科特赖特发明了动力织布机，它是机械化织布生产的创新。当这一重要的发明面世之后，布料产量增加，价格降低。工程师或发明家发明动力织布机之后，又快速地改进了这些机器的速度、可靠性以及其生产能力。

由于英国对其技术严格保密，直到 1814 年，一个名叫弗朗西斯·洛厄尔（Francis Lowell）的人在英国观察并记住了一架动力织布机的运行过程，然后将其所学带到了美国，才使得动力织布机的发明影响到了美国。这一点突破美国导致两件事的产生，即美国第一个织布厂的出现和使工程师们有机会看到了动力织布机的工作模型，从而快速地将其改进。

这一工业化到底有多么巨大的影响力？一个数据显示，内战开始之前，只有佐治亚州每年有 33 个工厂生产大约 2 600 万码的布料。而北方的产量则多得多，因为纺织工业开始并集中于此。在革命战争与内战之间的这段时期，工程师和实业家们将纺织业从手工制造的小作坊完全转变成了机械化工业制造商品。

纺织厂

斯莱特工厂，它是美国第一间利用水力发电的棉纺厂。

动力织布机（1784 年），莱特兄弟的飞机（1903 年）

1790 年

美国革命时期，纺织品制作过程中的每一个环节都是手工制造的。这些手工制造者大多是奴隶，他们种植棉花，用锄头收获棉花，然后快速地挑选出棉铃，再从棉铃中摘除种子，通过纺车人工分离棉花，再通过手工织机将棉花织成布料，然后用手剪裁和缝合布料。

在美国，这一切从 18 世纪末期开始发生了改变。第一家纺织厂于 1790 年在罗得岛州的波塔基特开业。也正是在这块土地上，开始了美国的工业革命。

如果你目睹过一个人在老式的脚踏纺车前工作的情景，你就知道这是一个多么漫长、乏味的过程。工人首先需要对棉纤维进行梳理对齐，然后纺车会将纤维捻在一起，形成线或是纱。

波塔基特纱厂将人们在脚踏纺车上对纤维的梳理和纺织的过程，利用机器完成了，这意味着整个纺织的过程机械化了，它使得纺织业的兴起成为可能。

纱厂中的一个重要的机器是细纱机，它承担着纺纱的实际工作。为了使这个机器能够高效工作，它需要使用棉纤维捻成的铅笔粗细的半成品粗纱。为了得到粗纱，需要一系列的机器来完成梳理纤维，制作梳棉，然后将梳棉结合在一起，送至抽丝机的一整套流程。这套流程的基本想法是制造出连续的、坚固的、不中断也不堵塞的粗纱产品，以备送入细纱机。

正如你所想象的，这一整个机械化的概念为发明者和机械工程师创造了一个开端。正如莱特兄弟发明的飞机，带动了航空业的异军突起。机械化时代的开启，始于纺织行业的革命。

轧棉机

伊莱 · 惠特尼（Eli Whitney，1765—1825）

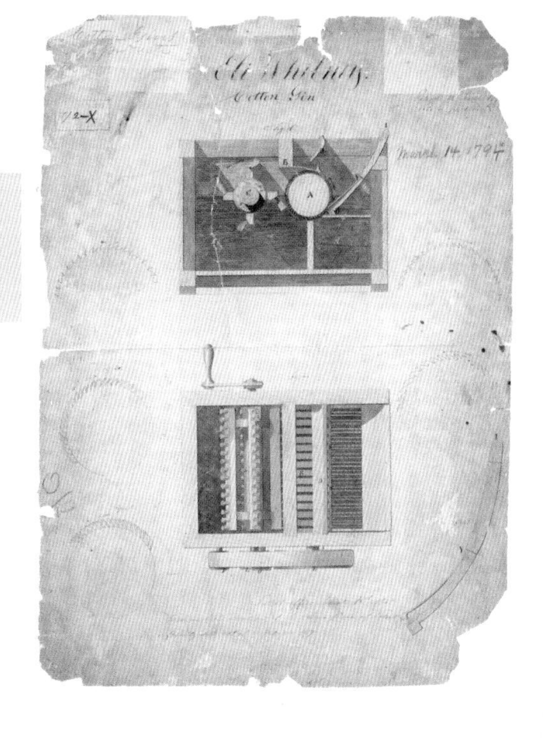

伊莱 · 惠特尼发明轧棉机的专利证书，1794 年 3 月 14 日。

动力织布机（1784 年），缝纫机（1846 年），滴灌（1964 年）

美国第一间纱厂出现之后会发生什么吗——棉花的需求大大地增加，但是棉花的问题事实上来源于种子。

如果你在收获的季节走在棉花地里，拾起一个成熟的棉桃，它并不像你在药店买到的棉球一样纯净洁白。棉桃存在的意义是制造和传播棉花的种子，而种子嵌在棉纤维中。棉纤维与种子黏在一起。如果是人工去除种子，其速度大概每天一磅棉纤维。这对于孩子和奴隶来说是个很普通的工作。而这却使得棉花的价格非常昂贵。

这种局面因伊莱 · 惠特尼于 1794 年的轧棉机的专利发明而得以改观。轧棉机是一种机器改变整个工业面貌的一个完美例子。原棉被放进轧棉机的箱柜里，一系列齿缘轮躁动原棉，通过用力拉扯将棉纤维与它们的种子分离。然后再用一系列刷子将没有种子的纤维剥离齿轮。

最初的轧棉机是一个小型手摇式的盒子，它可以快速地去掉种子。工程师将这一过程增大规模，并将其改进，使其进一步机械化，从而建立了一个作业工厂，满足了大规模增长的纱厂对于干净的棉纤维的需求。

轧棉机清除了棉花制造过程中最主要的障碍，使得棉花的使用爆炸性地增长。这一实例证明了工程学对生产力突破性的促进。轧棉机一经发明，很快就发展成为工业化规模的机器，它使得人力几乎完全脱离了轧棉过程。与之相同的情况还发生在梳棉、纺纱、编织，甚至还有种植、耕作和收获植物的过程。今天，经历了工程学几十年的改进，在很多领域，投入很少的人力资源，就可以完成曾经需要一群人才能完成的工作。

高压蒸汽机

理查德·特里维西克（Richard Trevithick，1771—1833）

1876 年，美国总统尤利西斯·辛普森·格兰特与巴西国王唐·佩德罗二世在费城为威廉姆森蒸汽机举行了启动仪式。

水车（公元前 100 年），缆车（1873 年），蒸汽轮机（1890 年），泰坦尼克号（1912 年），国际热核聚变实验堆（ITER）（1985 年）

1800 年

历史上曾经有一段时间，人是唯一的动力来源。之后，我们学会了利用马和牛。而后，我们又知道了如何利用水通过水车获得动力。但是所有这些动力源都有它们的局限性。你用上述的任何一种动力源都不能创造出火车头或是像泰坦尼克那样的邮轮。同时，虽然你可以修建一座水力发电厂或工厂，但是你还是会被这个工厂的地理位置所局限。人们发现，这个世界需要一种更好的能量来源。

蒸汽机为工业时代的到来吹响了号角。第一座高压蒸汽机是由英国工程师理查德·特里维西克于 1800 年发明的。到 1850 年，工程师们对蒸汽机做了持续的改进，使科利斯蒸汽机成为了大型固定式发电所需的高技术水平的典范。它高效、可靠，同时体积庞大，也非常的重，这些都是发电厂一个好的引擎所必不可少的因素。旧金山的悬空缆车系统利用的就是这种类型的蒸汽引擎。

1876 年费城的百年大展所使用的电力也是通过蒸汽机提供的，两个汽缸的蒸汽引擎发出了 1 400 马力（100 万瓦特）的电力。直径超过一码的活塞在其汽缸中移动 10 英尺（3 米）可以使飞轮旋转 30 英尺（9 米）。

泰坦尼克用的是第二代蒸汽机，这种蒸汽机通过蒸汽在多个汽缸内的连续膨胀获得能量。

高压蒸汽引擎的主要部件之一是锅炉，它通过将水煮沸来制造蒸汽压力。而锅炉的问题在于，处在高压下的锅炉总是存在爆炸的可能性。最可怕的一次发生在 1865 年苏丹的一艘蒸汽动力船上。那艘船有四个锅炉，其中一个泄漏的锅炉只是匆匆地修补了一下就继续运转了。据估计是由于维修的地方再次泄漏了，引起了一场巨大的爆炸，当时船上有 2 000 多游客，其中 1 800 人被这场爆炸夺去了生命。今天，工程师用蒸汽轮机取代了（汽缸 - 活塞式）蒸汽机。这种蒸汽轮机在任何一个电厂都可以看到。

桁架桥

该照片拍摄于 1862 年左右，是一列火车行驶在一座桁架桥上的情景。

圣丹尼斯大教堂（1144 年），工程木材（1905 年），伍尔沃斯大厦（1913 年），金门大桥（1937 年），塔科马海峡大桥（1940 年），塔式起重机（1949 年），世界贸易中心（1973 年）

如果我们有机会走进工程师的大脑，看一看驱动他们思考过程的核心价值，我们会发现，对他们来说，其中一个优先考虑的价值就是效率。工程师对于他们所做的任何事情都讲求效率。如果一个工程师正在建造一个东西，那么这时它的价值就是通过自身材料的使用效率来表达的。他们认为，过多的材料会增加其质量，同时也会造成更高的成本。

在跨越沟渠的问题上，桁架做到了有效地使用材料。整个桁架大部分都是镂空的，它是经过合理设计的空心的三角结构的集合，具有强大的支撑力。

1823 年修建的海德 · 霍尔棚桥是美国最古老的棚桥，也是最古老的桁架桥，它坐落于纽约的北部。这座桥有 16 米长，它采用了两个木桁架。木桁架上的屋顶起到保护木头的作用。

桁架的使用要追溯到古罗马帝国时期的屋顶结构，对此很容易理解。如果你想跨接大教堂或是大空间的墙体，需要通过天花板来连接两个墙体。但对于木质天花板来说，不论它多么结实，长度超过 12 米之后，都会因为自身的重量而下沉。其解决方法，是设计桁架结构，把主梁和桁杆连接在一起，其原理就是使桁杆受拉伸式压缩力互相支撑——这就是桁架的基本原理。与同样长度的一根梁相比，桁架节约了很多材料。

这就是为什么在现代社会，桁架随处可见：金门大桥、世贸中心大厦、塔式起重机、高压电塔等。这样的设计，与同样尺寸的梁相比，既节约了成本又减轻了自重。

伦塞勒理工学院

史蒂芬·范·伦塞勒（Stephen van Rensselaer，1764—1839）
阿莫司·伊顿（Amos Eaton，1776—1842）

一幅展示了 1876 年原伦塞勒理工学院景象的版画。图中左侧的温斯洛化学实验室是学院唯一保存至今的建筑。

测链（1620 年），纱厂（1790 年），伊利运河（1825 年），批量生产（1845 年），专业工程许可证（1907 年），女工程师协会（1919 年）

1824 年

在当今的世界，工程师几乎都来自设有工程学专业学位的学院和大学。在美国，几乎所有这些学位都是由工程技术认证委员会（简称 ABET）认证的。如果有谁想要成为一名专业的工程师，则需要向工程技术认证委员会提出申请。

目前在美国，有上百所机构提供上千种的工程学学位项目。但是在 1823 年，这些项目一个都不存在。第一所工程学方面的学校是位于纽约特洛伊的伦塞勒理工学院，它是为专门培养火车工程师而建立的。

当时学院开学之时，登记注册的学生非常少（1825 年只有 10 名学生）。1835 年学院授予了第一批学位，这些学位全部是土木工程方向的。甚至到了 1850 年，登记注册的学生也只有大约 50 名。但是其毕业生非常具有影响力。例如第一批毕业生中的西奥多·朱达以总工程师的角色主持了很多铁路的建设项目，并为横跨大陆铁路的工程做出了重要的贡献。

为什么第一所工程学的院校坐落于美国纽约的特洛伊呢？原因有很多，但是其中一个重要原因是特洛伊是美国早期的工业中心。从某种程度上来说，特洛伊可谓是当年的硅谷。特洛伊因其比邻哈德逊河而成为了一个重要的交通枢纽。1825 年伊利运河与哈德逊河连接之后，特洛伊的地理优势立刻凸显出来。由于哈德逊河的沿岸都是陡峭的悬崖，有许多溪流从其中流出，特洛伊和其周边的小镇成为了水动力厂的不二之选。特洛伊同时又盛产金属。所有这些工业繁荣的要素使特洛伊成为建立工程学学院的好地方。具有技术思维、创新思维和工业思维的人们都被吸引到此。

如今，美国每年有八九万工程学毕业生。

027

伊利运河

本杰明 · 莱特（Benjamin Wright，1770—1842）

大约 1904 年伊利运河在锡拉库扎盐湖街段的景象。

测链（1620 年），伦塞勒理工学院（1824 年），蒸汽轮机（1890 年），巴拿马运河（1914 年）

1825 年

如果你是 19 世纪的一个商人，并且不居住在通航的河流附近，你可选择的交通工具会非常少。如果附近有道路，那么你可以通过四轮马车或牛车运输货物。如果没有道路，你需要将货物绑在牲畜上运输。当时还没有铁路，所以运输货物是一个巨大的难题。那时的英国和荷兰开始广泛使用运河来进行运输。但是美国面临一个问题——美国没有足够的工程师。他们只好在英国接受培训，然后回美国效力。一个运河项目在设计和结构的每一个方面都需要接受过培训的工程师。

运河通常是很长，有坡度很缓慢的水道，通过足够多的水闸将运河分段处理。整个运河的水位需要通过周边河流和湖泊的水资源来保持。在早期的运河中，重力是唯一能驱动水流的动力。如果方法不当，运河就会干涸或者遭遇洪涝。

本杰明 · 莱特，主持伊利运河的总工程师在当时立下了丰功伟绩。伊利运河始于纽约的奥尔巴尼，止于布法罗，全程 360 英里（580 千米），途经 36 个水闸。它连接了哈德逊河与伊利湖。因为伊利湖全长有 150 英里（240 千米），所以伊利运河的航程可以一路通向俄亥俄州的托莱多。

1825 年，运河一经竣工，便创造了一个便捷的交通运输方式。运河上的船只可以承载 6 万磅（27 000 千克）的货物。因此运输货物的成本得以大大降低。从前运输与运河长度相同距离的一吨货物需要花费 100 ～ 120 美元，而伊利运河的建成使运输成本降低至不到 5 美元。向市场运送上吨的小麦或大量原木变得不再昂贵。这一变化引发了一场革命。

伊利运河项目在专业领域也有巨大的贡献：美国第一所工程学专业的学校——伦塞勒理工学院于 1824 年成立于伊利运河的终点几英里以外的纽约州奥尔巴尼市内绝不是偶然，而运河项目完工就是在 1825 年。

大拇指汤姆蒸汽机车

类似图中这种蒸汽机车是由美国第一台蒸汽机车大拇指汤姆发展而来的。

横帆木帆船（1492 年），桁架桥（1823 年），伊利运河（1825 年），横跨大陆铁路（1869 年），柴油机车（1897 年），巴拿马运河（1914 年），子弹头列车（1964 年）

蒸汽机车改变了人类的文明进程。它使得人类第一次可以脱离水和轮船建立一个高效的交通系统。火车在轨道的引领下，可以到达任何地方。与挖掘运河相比，铺设铁轨成本要低很多，也更加通用。轨道可以穿越大山，穿过沙漠，钻过隧道，而这些地方都是运河不可及的。

1830 年，美国的第一台蒸汽机车——“大拇指汤姆”低调问世。这台蒸汽机车的蒸汽动力活塞引擎虽然只是通过一个很小的燃煤锅炉产生 1.4 马力（1 000 瓦），但这足以支撑一辆满载的火车以时速 18 英里（29 千米 / 小时）的速度跑完 13 英里的路程。

107 年后，工程师们为联合太平洋公司的铁路发明了“大男孩蒸汽引擎”，也正是这一次，工程师们将蒸汽机车带入了鼎盛的时期。“大男孩”是一个载满了煤和水的，质量超过百万磅的巨型蒸汽机车，其总长 85 英尺（26 米）。它可以产生 6 000 马力（450 万瓦特）功率，并有两个独立的、由自身汽缸提供动力的驱动轮。在柴油机车出现之前，一共生产了 25 个大男孩蒸汽机车，每个机车都走了平均 100 万英里的路程。

在柴油机车出现之前，你可以在老牌西方国家看到一种经典的蒸汽发动机，这种发动机前面还有牛在拉动，有着很大的烟囱，后面的驾驶室留给工程师。你可以在金钉子国家遗址的“横跨大陆的铁路”展馆看到这种蒸汽发动机。发动机“丘比特”产于 1868 年，它采用的是烧木材的锅炉。它的使用寿命长达 41 年。

蒸汽机车使得陆地货运成为了可能。使用蒸汽机车，从纽约到旧金山只需要一周的时间。与此同时，上千座小镇因铁路的诞生而在其沿线孕育而生。在内战期间，蒸汽机车为运送士兵和材料扮演着非常重要的角色。工程师发明的这一全新的交通形式改变了历史。

这台现代联合收割机源自海勒姆·摩尔最初的设计。

联合收割机

海勒姆·摩尔（Hiram Moore，1801—1875）

捕猎 / 收集工具（公元前 3300 年），中心旋转灌溉（1952 年），绿色革命（1961 年），滴灌（1964 年）

1835 年

统计美国 18 世纪末的就业情况，我们会发现大约 90% 的劳动力都集中在农业领域。几乎所有的人都将自己毕生的精力投入食物的种植方面。后来，工程师介入了食物的生产，农业的效率得到了大大的提高。海勒姆·摩尔于 1835 年首次发明了联合收割机。它是农业生产领域的一项非常领先的技术发明。如今在美国，生产所有的食物只需要全国总劳动力的 1%。化学工程师发明了杀虫剂和化肥。机械工程师发明了农业机械和工具。现在，每人每英亩地所能够收获的食物比以往任何时候都要多得多。

过去，丰收的季节往往是最忙碌的一段时间。人们需要用镰刀将一大片小麦或燕麦割下，然后将秸秆扎成捆。然后将其运送到打谷场，用脚或连枷将麦粒从秸秆中分离出来。而后扬场将麦粒从麦壳中分开。这样，收割一大片农田可能需要几十个人一起工作很多天才能完成。

如果由一台现代联合收割机来做这些事，就能又快又有效率地完成以上工作。这个机器前端有一个切杆，随着卡车在收获的庄稼里移动，切杆将庄稼切成秸秆，然后通过传送机将其传送到机身内，机身内的打谷筒将谷粒分离，然后用一系列的筛子和风扇将谷物扬净。在谷粒移动到接收器的同时，秸秆和谷壳被扔回到了农田里。卡车周期性地将谷粒从接收器中装上和卸下。这样一台大型联合收割机，通过司机的操控，每天可处理 100 英亩（404 686 平方米）甚至更多的谷物、豆子或玉米。而一个人用镰刀，每天可能只能收割 1 英亩的地，之后还需要很多人将秸秆扎成捆，还需要更多的人做运输、打谷和扬场的工作。

联合收割机是人类生产力方面的巨大进步，展示了工程学的力量。它大幅度地降低了农业生产成本。随后，工程学在农业生产的耕作、种植、收获、施肥、中心旋转灌溉，以及后来的滴灌方面都取得了巨大的进步，大大地提高了农业生产的效率。

电报系统

查尔斯·惠特斯通（Charles Wheatstone，1802—1875）
威廉·福瑟吉尔·库克（Willam Fothergill Cook，1806—1879）

电报的发明展示了人类远距离交流的能力。

横跨大陆铁路（1869 年），电话（1876 年），广播电台（1920 年），TAT-1 海底电缆（1956 年），阿帕网（1969 年）

1837 年

一提到电报系统，我们可能会想象一个人坐在办公室里，对着一个键盘敲击摩尔斯代码以发送信息，并通过一个滴答滴答的金属棒接收信息。1837 年，英国发明家威廉·福瑟吉尔·库克和科学家查尔斯·惠特斯通发明了第一台用于商业服务的电报机。

许多发明都是在这段时期内先后涌现的，但这项发明却成为占据主导地位的发明之一。最重要的原因是它极为简单的原理和组成。制作一个电报系统，你所需要的东西包括作为终端的一个键盘——本质上是一个开关机、一个发声器、一个可以发出滴答声的电磁石、一根电线和一块电池。地球被当作第二根电线来使用，以完成电池的电流回路。如此简单的组成意味着，建立一个电报站不需要太多的成本，而且它极其可靠。

一旦建立好了基础系统，网络就会被快速地发展起来。但是，为了形成网络，单一的电线需要与其他电线相连接，于是由带玻璃绝缘子的电线杆承载电线，因为这样的电线杆成本很低，而且容易制作。建造电线杆最简单的方式是将其沿铁路轨道铺设。一般情况下，大多数火车站都会建立一个电报站，任何人都可以通过电报站与世界进行交流。

想象一下，当人类第一次能够如此简单地进行远距离交流的时候，是怎样一幅情景。曾经一条信息需要写在一封信中，用马花上几天或几周的时间才能送达，而如今却只需要一分钟就可以了。

例如，在美国内战时期的许多战场之间，电报信息几乎可以瞬间传递，因此电报甚至改变了北方地区战争局面，就连林肯总统也通过电报局得到及时信息。这使得调遣军队和供给变得非常便利。

工程师利用古塔胶为电线绝缘，于是有了海底电报电缆。工程师通过电报系统缩小了整个世界。

批量生产

图中展示的是正在进行批量生产的飞机。

纱厂（1790 年），顶装式洗衣机（1946 年），AK-47（1947 年），智能手机（2007 年）

1845 年

降低成本是工程师们为社会做出的一大重要贡献。工程师通过复杂、昂贵的过程和装置使产品变得让老百姓可以支付得起。他们使用的方式之一是通过批量生产。

在弗吉尼亚州的威廉斯堡历史区，你可以看到工业革命时期之前的人们是如何制造枪的。他们先分别制造扳机、枪管、弹簧、火石摩擦片，然后手工将它们安装在一起，甚至连其中的螺丝钉都是手工制成。

在工业革命时期，工程师对于当时的生产状况做出了三个重要的改变：(1) 制作标准化、可互换的零部件；(2) 将可重复的工作任务从流水线上独立出来，同时也使劳动力更加专业化；(3) 尽可能使用机器制造。第一次将这三个创新点同时使用在一起的项目，是 1845 年在弗吉尼亚州哈伯渡口的一个枪支制造厂。

在这个工厂中，机器代替人做了大部分的工作。例如，从前制作枪托需要人们徒手进行切割雕刻，然后将其与其他零部件组装在一起。而在批量生产的过程中，一个特别有意思的机器可以将木材自动化制作成枪托，使得每个枪托都是相同并可替换的。这一过程几乎不需要人们花费太多的力气。这种工作方式也被应用于枪管、扳机、弹簧等部件的制作过程中。

随着人工的减少，枪支的成本也得以降低。另外，批量生产的诞生，也使人们不再需要将枪支的制造者送到战场上去维修枪支，任何人都可以将枪支上坏掉的零件拆除，并安装上替换零件。

这种批量生产成就了公认的美式制造业，它从枪支工业延伸到其他许多工业领域，甚至成为了福特生产 T 型车的基础。

今天，我们制造所有的东西，几乎都采用批量生产的方式。环顾四周，你会发现，在你的视线范围内，可能已经没有一件手工制品了。从你的鞋子到智能手机全都来自工业生产。这是因为工业生产使得产品的生产成本大幅度降低。

隧道掘进机

亨利–约瑟夫·茅斯（Henri-Joseph Maus，1808—1893）

建筑工人正在观察隧道掘进机的刀具。

英吉利海峡海底隧道（1994 年），大型强子对撞机（1998 年）

1845 年

隧道掘进机是诸多精密的大型机器之一。它最初是由比利时工程师亨利–约瑟夫·茅斯于 1845 年发明的。这个早期的隧道掘进机体型巨大，它由一千多个冲击钻机组成。它在开凿法国与意大利之间的阿尔卑斯山的工程中，立下了汗马功劳。

现代隧道掘进机比茅斯的“切山机”简化了很多。机器的前端是一个大型的、可旋转的圆盘，与开凿的隧道洞口一样大小。这个圆盘被称作切割头。在英法两国之间的英吉利海峡海底隧道中，主要隧道的挖掘直径是 25 英尺（7.6 米）。旋转圆盘包括刀具和刮刀，对石块或泥土切割和修整掉，落在圆盘内的残渍放在盘中的容器内，一直跟随隧道掘进机穿过隧道，带到统一的地方收集起来，由输送机带走。

切割头的后面是一个盾状物，其直径与隧道的洞穴大小相同。盾状物的内部是一件安装混凝土墙体部件的设备。隧道的墙体断面是一个 3 英尺（1 米）宽的环状，由 7 ～ 10 个半圆形的部件组成。有一种钻探机，当液压油缸将最后一块半圆形部件安装好后，会给切割头一个反压力，使切割头定期停下来，液压油缸收回去，机械手会将每一个墙体部件都放置在合适的位置上。一旦环形墙体完成后，液压油缸会移动到新的需要安装的墙体位置，从而使得开凿机又可以向前移动。隧道掘进机会在它形成的混凝土墙体和裸洞壁之间的缝隙中注入水泥浆，从而密封整个隧道。

隧道掘进机让工程师能够开凿山体，并建造一个极坚固、持久耐用的隧道。机器行进方向可以按需要上下左右地人为控制。所有地表的建筑和道路都完好无损。

缝纫机

伊利亚斯·豪（Elias Howe，1819—1867）

1892 年胜家缝纫机的广告，展示的是穿着民族服装的人们在使用缝纫机的场景。

动力织布机（1784 年），纱厂（1790 年），轧棉机（1794 年），批量生产（1845 年）

1846 年

19 世纪 50 年代，纺织工业出现了革命性的变化。工厂中的轧棉机、纱厂以及动力织布机将纺织品生产全面带入自动化的时代。

但是还有一件事没有改变，那就是缝纫。当时的人们依然需要靠手拿针线缝制衣服。这一局面随着双线连锁缝法缝纫机的发明得以改变。1846 年，美国的发明家伊利亚斯·豪申请了双线连锁缝法缝纫机的专利，并在 19 世纪 50 年代经过许多发明家与工程师的改造得到快速发展。

缝纫机的关键技术是一个可以制造出双线连锁的机器，这意味着缝制的接缝不会因为人为拉动缝好的线而松开。19 世纪 50 年代，胜家缝纫机是第一台在商业模式下工作的机器。当年机器的机械原理和如今的一样灵巧精致。一根穿着线的针从布料的上方戳进去，便在布料上形成了一个回路。布料的下面有一个钩状物抓住回路，然后将其套在一个底线上。钩子一旦松开，上面的线则会系紧回路，锁住拼接缝。缝纫机缝合的接缝从长度、笔直度和坚实程度都要比缝纫女工或裁缝用手缝制的精致十倍，同样也要快十倍以上。

所有这些技术都与另外一个技术同时出现在美国内战时期，那就是标准的服装尺寸。这为制衣在工厂中实现大规模生产，提供了标准。

这里有一种方式可以帮助我们理解这些技术是如何改变市场的。在美国独立战争时期，因为衣服非常的稀少和昂贵，军队没有能力支付买制服的钱，因此美国士兵没有标准的制服。士兵们只能带着自己的衣服上战场。但到了内战时期，一个士兵通常会有军队提供的三套裤子、三件衬衫、两件外套、一件厚大衣和很多的内衣与袜子。这些衣服都是标准尺寸，是纺织业在工业革命之后的产物。工程师和发明家对此做出了巨大的贡献。

美洲杯帆船赛

美洲杯帆船赛始于 1851 年，是第一批国际快艇赛事之一。

横帆木帆船（1492 年），碳纤维（1879 年），霍尔 - 赫劳尔特电解炼铝法（1889 年），钛（1940 年），波音 747 大型喷气式客机（1968 年）

1851 年

什么竞技赛可以由工程师在一张空白的纸上，任他们的想象力自由疯狂地驰骋？这就是始于 1851 年的美洲杯帆船赛。这个比赛也有规则，但是在那些规则之下，工程师依然有很大的自由度。而在这样的自由度中，设计创造了革命性的历史。

例如，现代的帆船可以在开阔的水面上以每小时超过 45 英里（72 千米）的速度行驶。船速有时可以是风速的两倍：如果风速是每小时 20 英里（32 千米），船速可以达到每小时 40 英里（64 千米）。他们的船帆的高度和坚固程度都可以与一栋十七层的建筑媲美。船体可以非常之大：86 英尺（26 米）长，46 英尺（14 米）宽，可以承载 11 名船员。

帆船怎么可能在以风力为动力的情况下时速达到 45 英里（72 千米）呢？其答案藏在多个工程学领域之中。比如，为了使船又轻又坚固，其材料几乎完全是由碳纤维和钛合金组成的。为了减轻阻力，水翼船可以使用小型的水下碳纤维机翼，使船浮于水面行驶。

“帆船”在这项比赛中，展示了巨大的创新力。如果将一架波音 747 的机翼取下来，将其竖过来安装在桅杆上，其大小与刚性帆相同。这种帆的两个帆可以从中间分开，事实上是两个机翼可以在中间伸缩，很像是一个巨大的折叠扇可以打开成一个全翼的形状。当风从正确的角度吹过来的时候，它不是利用传统帆船的推力方式，而是对垂直翼产生一个水平上升的力。这个上升的力又转化成了向前行进的动力。

在轻型船体、翼状帆、水翼以及训练有素的船员的整体配合下，这些船只的速度甚至超出了最好的预期。

帆的大小和水翼的压力需要液压驱动，电力泵干不了这事。所以你会看到船员们在比赛的时候疯狂地转动曲轴，他们是在为船驱动液压泵。

给水处理

约翰 · 斯诺（John Snow，1813—1858）

给水处理池。

现代污水处理系统（1859 年），脱盐（1959 年）

每天早上上百万人起床，其中要做的第一件事几乎都与用水有关。在美国，每人每天平均消费 80 加仑（300 升）水。每个城市都有许多工程师在水处理厂处理人们每日的这一需求。

在许多城市中，水来自蓄水池或人工湖。城市会挖一个湖，然后与一个大管径的水管连接。多亏了英国物理学家约翰 · 斯诺（John Snow）对 1854 年霍乱疫情的研究，我们现在知道 , 为了避免疾病，我们需要去除水中的两类污染物：（1）如土壤、树叶、鱼的排泄物等；（2）多种细菌和寄生物。其方法是 , 在引水口快速释放氯气杀死水藻和细菌，然后将其转化成微粒，第二步则是将所有的残骸清除掉。

清除残骸有一种普通的方法：加入明矾和其他凝结剂。一旦浸入水中，明矾分子有吸引颗粒的电荷。这个过程被称为絮凝作用，从而产生絮凝体。

工程师为水的通过创造了一个大型的、静止的沉淀区域。这给了絮凝体充足的沉淀时间。然后水流过一个大型的过滤器，像游泳池中的砂滤器，但是尺寸大得多。这些过滤器将过滤出所有残留的颗粒、寄生物和大量细菌。最后一步是消毒。目前有三种技术比较受欢迎：氯、臭氧、紫外线。有些人不喜欢氯的气味，但是它的优势是可以一直待在水管中，而且一旦进入家中，则很容易被过滤掉。对给水处理的研究引导人们找到了如何从潜在的被污染的原料中产生饮用水的方法，比如海水淡化。

贝塞麦炼钢法

亨利·贝塞麦（Henry Bessmer，1813—1898）

像水一样白热化的钢材从 35 吨的电炉中倾倒出来的场景，该照片大约是在 1941 年拍摄于美国宾夕法尼亚州布拉肯里奇的阿勒格尼卢德伦钢铁公司。

混凝土（公元前 1400 年），塑料（1856 年），霍尔－赫劳尔特电解炼铝法（1889 年），氮氧加速器（1978 年），米洛大桥（2004 年），迪拜塔（2010 年）

1855 年

在铁器时代，铁器工具的盛行改变了世界。然而，1855 年英国工程师亨利·贝塞麦发明的炼钢法，因生产出商业上使用的钢铁而获得了专利，同样对世界产生了革命性的影响。

钢铁从何而来？一切都始于铁矿石，人们将铁矿石从地下开采出来，然后在高炉中将其冶炼为铁。出来的是含碳量 5% 左右的生铁。将生铁放入碱性氧气转炉炼成钢铁。纯氧在压力的作用下吹入，燃烧掉大量的碳，最终只留下含碳量 0.1% 的低碳钢或含碳量 1.25% 的高碳钢。碳含量，加上合金金属和冷却方法，决定了钢铁的使用特性。

钢铁是一种非凡的材料：非常的坚固、极具抗疲劳能力、容易加工——它可以被塑造成各种不同的形式。比如对钢铁加热，然后用某种方式对它进行冷却，它会更加易延展。而用淬火方式冷却它，它会变得更加硬但易碎。通过表面硬化处理可以同时达到这两种效果。外壳坚硬，因此它很难被切断，同时内部柔软，抵抗其脆性。

随后出现了合金，在钢中加入一点铬，就不会生锈。加一点碳可以使其更加坚硬。加一点钨或钼，就能变成工具钢。加一些钒，耐久性就会更强。

这些合金的特性解释了为什么钢材几乎无处不在。工程师在汽车车身和发动机上使用钢材，从而将坚固、成本和耐久性结合在一起。工程师在迪拜塔这样的摩天大楼和米洛高架桥这样的高架桥上使用钢材，也是同样的原因。他们在混凝土中使用了钢筋，大大地提高了其拉伸强度。不过有一个问题是钢筋无法解决的，那就是自身的质量——铝材和碳纤维解决了这个问题。当强度和耐用性并不是最大的问题，而成本是最主要的问题的时候，塑料可以作为其代替品。

塑料

亚历山大 · 帕克斯（Alexander Parkes，1813—1890）

这种塑料玩具积木通常是由丙烯腈 - 丁二烯 - 苯乙烯塑料制成。

混凝土（公元前 1400 年），纱厂（1790 年），瓦姆萨特炼油厂（1861 年），碳纤维（1879 年），凯夫拉纤维（1971 年），3D 打印机（1984 年）

1856 年

人类使用橡胶和胶原等天然塑料已经有 1 000 年的历史了，但是是亚历山大 · 帕克斯于 1856 年发明了第一种人工塑料：硝化纤维素塑料，今天，我们身边的塑料制品多得数不清。塑料的低成本、可延展性、耐久性使其成为了人们首选的理想材料。

塑料被广泛使用的一个原因要仰仗化工工程师的工作，他们利用工厂大规模生产制造了低成本的塑料。另一个因素是机械工程师与工业工程师为塑料产品设计了零件，并创造了模具系统为其塑型。塑料的质量很轻，却很坚固，耐腐蚀，易塑形，可以为许多不同的性能塑造完全不同的形状。过去常常用来制造人工象牙的硝化纤维素塑料，是由纤维素制成的。由其他材料制成的现代塑料，可以成为高质量元件。聚乙烯是由碳原子和氢原子长链组成，所以它们本质上是固化的汽油。链的长度、分叉的数量、聚合的数量带给了聚乙烯许多不同的性质。

工程师也与科学家在一起创造出了上百种各种类型的塑料。一些塑料用于制作柔软的衣服或者枕头填充物的纤维。1935 年杜邦的发明家华莱士 · 卡罗瑟斯（Wallace Carothers）为降落伞、背包、帐篷开发了坚固耐磨的尼龙纤维。后来又开发了凯夫拉纤维，它坚固到可以用来制作防弹背心。一些塑料是橡胶状的，可以用于制作密封圈、垫片、O 形圈、车轮和把手。有些像玻璃一样干净，有些则完全不透明。有些非常坚固，拉伸强度可以和钢材媲美，同时又具有弹性，非常轻便。这样的多样性和丰富的功能意味着工程师可以用塑料制造几乎所有的东西。

大本钟

本杰明·霍尔（Benjamin Hall，1802—1867）

大本钟（Big Ben）是世界第三高自立式钟塔，以给全市报时的方式引入工业革命。

机械摆钟（1670 年），原子钟（1949 年），原子钟无线电台（1962 年），液晶屏幕（1970 年）

1858 年

大本钟是一座位于伦敦的钟塔，它是世界上最大的报时钟之一。1858 年，作为特派员的土木工程师本杰明·霍尔监督了大本钟的安装。从工程学的角度来说，大本钟如此令人关注的主要原因是它巨大的尺寸；而站在社会的角度，作为公共设施的大本钟帮助这座极速发展的工业化城市有了时间意识。

大本钟的钟摆重 682 磅（310 千克），长 13 英尺（4 米），是传统机械摆钟的升级版，它的摆动周期为 4 秒。考虑温度的变化，为了准确地调整钟摆，人们会在钟摆顶部放置硬币，每便士硬币每天可以将钟摆调快 0.4 秒。

钟摆控制着擒纵器（escapement），擒纵器将重锤的能量通过齿轮链使指针前进一格传递给齿轮组。同时，擒纵器也为钟摆提供摆动的能量。大本钟是世界上第一个使用双重三脚式重力擒纵器的钟表，这种擒纵器是专门为其设计的，并且相当可靠。

大本钟的动力来自于一个使用缆绳连接到缠索轮上重达半吨的重锤。机械师每周为钟表上弦三次。擒纵器的旋转通过齿轮链为时针和分针的运动提供动力，这些指针非常巨大：分针长 14 英尺（4.2 米），重 220 磅（100 千克）。钟的齿轮链中的一根轴把能量通过齿轮传递到四个钟面的驱动轴上，通过传动齿轮将动力传送到四个钟面的四根传动轴上。

在大本钟内部，还有另外两个重锤和两个齿轮组。一个齿轮组控制主钟的音锤用以报时，另一个齿轮组控制着其他四个钟的音锤，每 15 分钟演奏一次《威斯敏斯特编钟曲》（*Westminister Chimes*）。

油井

埃德温 · 德雷克（Edwin Drake，1819—1880）

大约 1900 年，位于宾夕法尼亚州泰特斯维尔的石油钻井机。

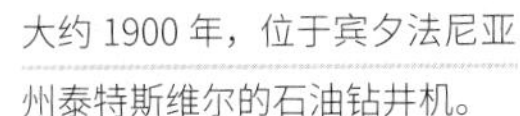

塑料（1856 年），瓦姆萨特炼油厂（1861 年），阿拉斯加输油管（1977 年），集装箱货运（1984 年）

为什么人们会认为地下有大量石油，就常识而言，人们已在地下挖井取水数千年了。另一方面，一些地方有原油渗漏出地面。1859 年，人们在宾夕法尼亚州的泰特斯维尔附近，尝试了第一次对渗透油田附近地块的商业化探井活动。埃德温 · 德雷克就职于塞内卡石油公司，他将旋转钻头钻到基岩的深度。整个钻孔内衬铸铁管，目的是将水隔绝在外面以防止钻孔遭其毁坏。钻孔机穿过基岩，在地下 69 英尺（22 米）的地方找到了原油。然后再用泵将油抽到地表。

今天，钻井的过程和过去很相似，但是有了更多的环境保障、法规和工程监督。钻头安装在管道的末端，被称为钻杆，它通过钻机的转盘带动旋转。钻井泥浆通过管道被灌注到下面去冷却钻头，并将碎屑弄出洞。当钻头到了预定的深度或基岩，钢套管将被嵌入钻孔中。然后用巨大的压力把水泥向下注入套管，使其达于套管的底部，并向上流回到钻孔口。完成以后，水泥将会锁定管道，对地下水起到保护作用，不让其受到原油的污染。

然后一个小一些的这套设备沿此管道下到原油的位置。放入更多的钢套管和水泥。那个时候，钻井设备被拆除，安装上井口，然后就可以开始抽取原油了。

今天，很多的经济都依赖于原油。每天人们要抽取并精炼大约 8 500 万桶油，几乎所有的油都是来源于油井，虽然在很多情况下是通过长距离运输或通过管道运输，例如阿拉斯加输油管道。

现代污水处理系统

约瑟夫·巴泽尔杰特（Joseph Bazagette，1819—1891）

040

当代污水处理站中的水循环。

庞贝古城（公元 79 年），给水处理（1854 年），速冻比萨（1957 年），滴灌（1964 年）

从罗马帝国时代开始，就有一个很重要的工程学事件将文明城市从非文明城市中区分出来：那就是处理废水的下水道系统。然而，直到 19 世纪，许多城市仍然将未处理的废水直接倒入水道中。这一情况在 1858 年，由于“伦敦大恶臭”而得以改变，这是伦敦全市范围内居民的需求，他们要求议会处理污水蔓延产生的污染及恶臭。由大都市工作委员会指派的总工程师约瑟夫·巴泽尔杰特提议的一套污水处理系统被广泛地接受，并于 1859 年得以实施。

巴泽尔杰特的污水处理网络与现代污水处理系统有很多相似之处。一个完整的排水系统包括两部分：从建筑中带出污水的管道，以及将水重新排放回大自然之前的污水处理厂。

为城市提供的淡水几乎一直通过管道加压，而下水道则几乎一直是一套重力作用的系统。污水处理厂坐落在地势尽可能低的地方，这样一来所有的污水都流入此处。当偶尔需要将污水转移到地势较高处的时候，就需要一个抽水站。

污水处理厂的污水处理需要三个步骤。第一步是去除水中的垃圾废物，让较重的东西沉淀下来，并除掉油和脂肪。第二步采用曝气池或储罐，去除细菌并沉淀掉一切可以从水中提取出来的物质。水经过再次沉淀，然后进入最终过滤和消毒的阶段。在一些城市，从污水处理厂出来的水流干净到可以直接进入城市的供水系统。

在每个城市中，污水处理是使一个工程师具有很大影响力，却并不能被人直观地看到的工程。如果排水系统出了问题，人们的生活条件将迅速恶化。但是因为工程师几乎完美地建立了这套系统，并使其良好地运转，使我们总觉得这是理所当然的。

041

路易斯维尔水塔

路易斯维尔水塔是美国保存完整的竖管水塔之一。

古罗马水渠系统（公元前 312 年），给水处理（1854 年），现代污水处理系统（1859 年），滴灌（1964 年）

1860 年

想象一下，你正在为一个小城市设计供水系统。你需要将水引入每家每户。为此你可能要先安排作为给水系统脊梁骨的总给水管线，即直径达数米的大管道。

一整套的管道将水从处理厂压出，然后注入总管线中。在总管线的另一端是分配网络，通过越来越小的管道，最终水进入建筑物中。

但是如果电力或者泵出问题了该怎么办？某个水系统出现渗漏怎么办，电力系统出了问题水系统失压怎么办？渗漏会使病原体进入水系统中，失去了给水处理的效果。然后，若某处起火时——基于墨菲法则，将没有水提供给连接着给水系统的消防栓。

通过工程学解决这些问题的办法则是水塔。它是一个简单的大储备罐，以某种高塔建筑结构的形式屹立在空中。这个罐中可能会存放 100 万加仑（379 万升）或更多的水。其操作原理极其简单，就是用一个大管道连接着水塔的底部和给水总管线。加压后的水顺着管道上升，填充到大储备罐中。

如果电力系统发生故障，系统会通过重力加压。如果水塔的高度是 200 英尺（61 米），重力可以通过储备罐中的水产生 86 磅 / 英寸（592 千帕）的压力。只要储备罐中有水，系统就有压力。储备罐的容量应能在解决管道维修、水泵维修等问题时，可对社区提供几个小时的供水服务。

水塔同样可以帮助应对用水量激增的情况。比如早晨城镇中的每个人都在大概同一时间洗澡。泵机为系统加压的压力不必太大。肯塔基州的路易斯维尔在 1860 年安装了美国的第一座水塔，从此之后，有上千座水塔屹立在了美国的土地上。

瓦姆萨特炼油厂

这是一座现代化的油气精炼厂。

油井（1859 年），汽车排放控制（1967 年），阿拉斯加输油管（1977 年），海上巨人号超级油轮（1979 年）

1861 年

刚从地下冒出来的原油（crude oil）是既无用又相当恶心的液体，但当化学工程师参与进来之后，经过炼油厂冶炼后的产品将具有广泛的用途。位于宾夕法尼亚州的瓦姆萨特炼油厂（Wamsutta Oil Refinery）建于 1861 年，是美国第一批炼油厂之一。

原油主要由氢原子和碳原子组成，因此被称为碳氢化合物。碳原子有连接成链的趋势，氢原子则会与这些碳链相结合。碳氢化合物的性质由碳链的长度决定，这是炼油最基本的原理。碳链越长，炼制品越黏稠。丁烷（常温常压下为气体）中的碳链含有 4 个碳原子，汽油中含有 8 个，煤油中含有 12 个，固体石蜡中含有 20 个。

冶炼原油的第一步是加热，不同长度的碳链气化的温度不同。根据这一原理，当蒸汽进入分馏柱时就可以实现不同种类炼制品的分离。

如果炼油的主要目的是生产汽油，则会有设计好的过程来产生汽油长度的碳链。例如，催化重整装置可以将较短碳链结合成汽油长度的碳链，催化裂化器可以将长碳链打碎成汽油长度的碳链。这些过程中的不同产物相混合可以产生具有特定辛烷含量的汽油。

炼油的另一个重要过程是去除污染物。硫是一种常见的污染物，混有硫的汽油会产生两大问题。其一是在燃烧室中燃烧会产生二氧化硫。二氧化硫与水混合会形成硫酸，也就是众所周知的酸雨，是一种主要的生态问题，它导致了 20 世纪的“汽车排放控制”。其二，二氧化硫会破坏清洁废气的催化转化装置。一种加氢处理装置可以将硫转化为便于处理的硫化氢气体。

最大的炼油厂每天的产油量可达 100 万桶，用于收集它们的铁塔、管道、阀门和储存罐的占地面积相当大。其生产过程中的每一个步骤都蕴含了工程学的原理。

043

电梯

以利沙 · 奥迪斯（Elisha Otis，1811—1861）
维尔纳 · 范 · 西门子（Werner von Siemens，1816—1892）

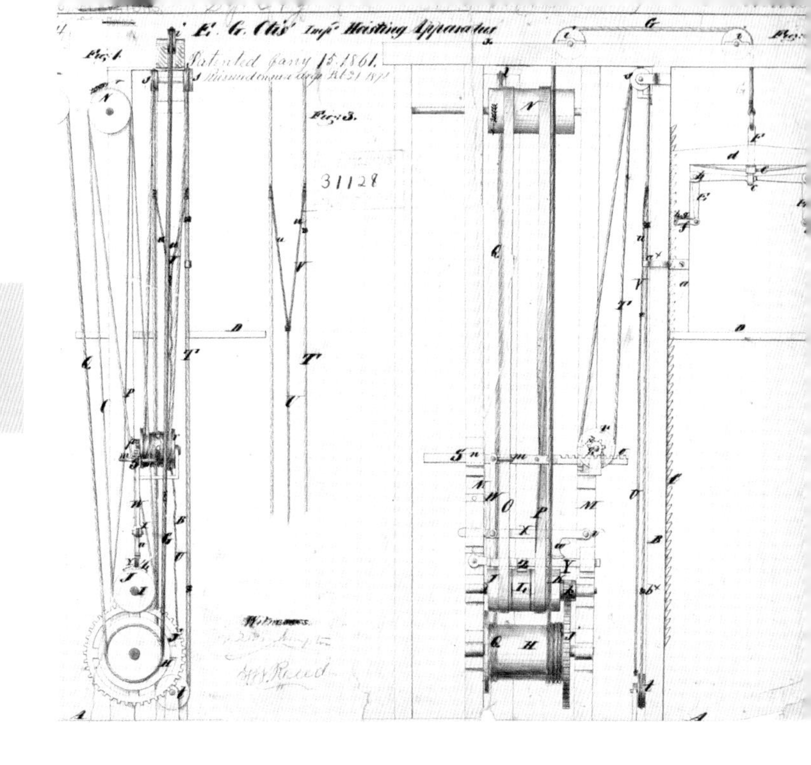

1861 年以利沙 · 奥迪斯电梯的发明专利证书，它是第一个在电缆断掉这种紧急情况下还能够安全运载乘客的电梯。

高压蒸汽机（1800 年），帝国大厦（1931 年）

1861 年

到 19 世纪中期，建筑师和结构工程师对建筑有了很多新的思路。这些思路允许他们创造出越来越高的结构。但是他们面临着一个问题，即楼梯的局限性。人们只能爬有限的高度，然后就累倒放弃了。

人们需要通过工程学发明一些比楼梯更好的东西来打破这一僵局。最终一个可以竖向移动的房间解决了这一问题——电梯。美国发明家以利沙 · 奥迪斯于 1861 年获得了蒸汽电梯的专利，后来他成立了奥迪斯电梯公司。

为了使蒸汽电梯能够在一栋建筑中发挥作用，他需要一个锅炉制造加压蒸汽，蒸汽机通过一个鼓状物缠绕缆绳。从那之后就是我们今天熟悉的升降机构的四个要素：轿厢、平衡物、缆绳及其滑轮。如果缆绳断了，它的制动装置迅速让轿厢停止运行，使其不会坠落。这个制动系统使得人们敢使用电梯，而免于恐惧。

1880 年，德国发明家维尔纳 · 范 · 西门子发明了第一台电动电梯。他被誉为电梯和其他发明的电子工程学之父。

到 1900 年，纽约城内已经有超过 3 000 台电梯在使用。它们每天会承载上百万的乘客。工程师为居住在城市的人们发明了一个极其有用而又安全的装置，使得摩天大楼的时代成为了可能。如果没有电梯，建筑的高度永远也无法超过四或五层。

横跨大陆铁路

这幅照片拍摄于 1869 年，横跨大陆铁路的最后一根铁轨铺设完成之时。

甘特链（1620 年），伊利运河（1825 年），电报系统（1837 年），专业工程师许可（1907 年），塔科马海峡大桥（1940 年）

1869 年

在 1869 年横跨大陆铁路竣工之前，一个人从像圣路易斯或奥马哈这样的城市到旧金山的一般方式就是坐牛车。这趟旅程需要花费几个月的时间，途中充满了危险。横跨大陆铁路竣工之后，从奥马哈出发的这趟行程只需要不到四天的时间。火车上的旅途要安全得多，也要舒适得多。你可以拿很多的行李，而且其价格非常合理，还不浪费大量的时间和精力。1869 年，从奥马哈到旧金山的火车票价为 81.5 美元，大约相当于今天的 1 400 美元。

但是，工程师是怎么做到的呢？当然，人们为此需要建非常多的铁路线。但是他们是如何从两个城市同时开工，然后经历 2 000 英里（3 200 千米）的路程，而又在中间相遇呢？

答案隐藏在工程勘测员那里。第一步是挑选路线。首先勘测出五条可能的线路，将其进行对比，这一过程通常是由国会授权的。测绘工程兵团——一支陆军部队，勘测了五条不同的路线。想象一下 ，通过像甘特链（测量长度的工具）和经纬仪（测量角度的工具）来测量 2 000 英里的平原和山脉地形是怎样的一个浩大工程啊。这项工程历时两年。虽然所使用的工具非常简单，但是其准确性却令人称赞。

而后，选好的路线成为了一个巨大的土木工程项目。工程师要为其设计和建造隧道和桥梁，为了创造平坦的路基，有时需要削平，有时需要填充，对于山体有时需要绕行，有时需要通过爆破打通，等等。铁轨穿过内华达山脉是一个巨大的挑战。在铁路铺设的过程中，也同时铺设了电报线，使得整个大陆的近乎即时通信成为了可能。北美是人类跨越的第一片大陆。

整个工程完成之后，位于奥马哈的铁轨与已有的铁路网络连接在了一起。人们则可以在一周之内就从纽约到达旧金山。这是一个不可思议的成就——19 世纪工程学方面最伟大的成就之一。

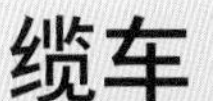

缆车

安德鲁·史密斯·海利得（Andrew Smith Hallidie，1836—1900）
威廉·埃佩尔斯海默（William Eppelsheimer，1842—卒年不详）

此处展示的缆车位于旧金山，今天依然在城市中运行。

高压蒸汽机（1800 年），伊利运河（1825 年），柴油机车（1897 年），内燃机（1908 年）

所有工程学的努力都被一个事实所约束：工程师需要利用当时已有的技术作为支持。因此，一个 19 世纪中期的工程师不可能使用激光器、微处理器或是廉价的铝制品。

所以从 1873 年到 1890 年，当发起人安德鲁·史密斯·海利得与工程师威廉·埃佩尔斯海默在旧金山着手设计一个交通系统的时候，他们需要克服的最大约束是现有蒸汽机的尺寸。蒸汽机又大又沉。它们需要供水系统和给煤系统，才能带动一个巨大的蒸汽火车头拉动长长的火车与数百名乘客。对于要在城市街道陡峭的山坡运行的小型车厢，这套系统完全不管用。

因此，蒸汽机的尺寸决定了交通系统的结构。蒸汽机要坐落在一个不动的建筑中，它产生的电力将分布在地下沟槽的运动电线中，如果缆车线有 2 英里（3 219 米）长，它则需要至少 4 英里长的金属缆绳使其运转一个闭路。缆绳上的滚轴和皮带轮能最大程度地减小摩擦力。

缆车上有为操作者设计的一个杠杆。杠杆操纵着控制缆绳的机械。当车厢“抓住”缆绳，车厢就移动，当它脱离缆绳，车厢则可以滑行或制动。

在路线的尽头，缆绳通过一个大滑轮运行，因此它可以向蒸汽机的方向返回。如果车厢只有一组控制装置，它则需要到转盘调转车头；如果它的两端都有控制，它只需要通过一个转换器将其转换到另一条轨道上。

时速 9.5 英里（15 千米）的缆车，其系统看上去非常的古老过时。但在当时，它们是最先进的交通工具。工程师建立了一整套的工作系统，使得人们在城市中的出行变得非常容易。一个世纪之后，这一系统依旧在城市中工作着。

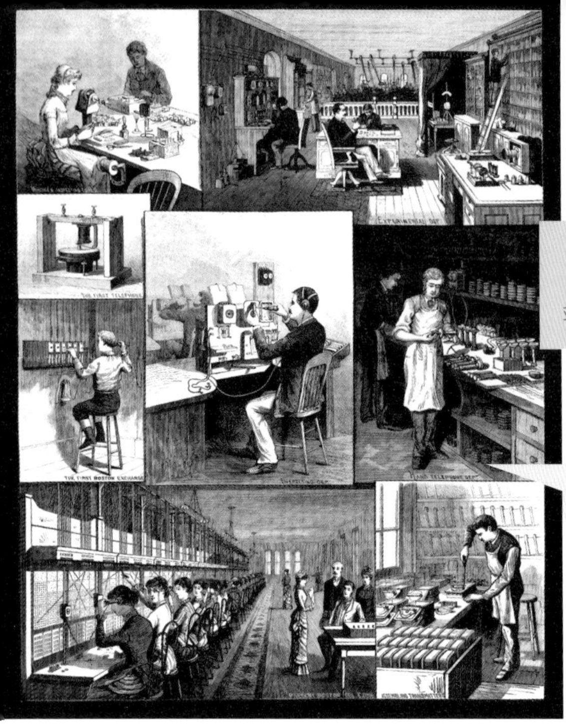

电话

亚历山大·格雷厄姆·贝尔（Alexand Craham Bell，1847—1922）

贝尔电话实验室。

电报系统（1837 年），TAT-1 海底电缆（1956 年），阿帕网（1969 年），光纤通信（1970 年），移动电话（1983 年），智能手机（2007 年）

1876 年

想象一下 1850 年的时候，如果你想与他人谈话，你有一种选择：经过一段旅程，面对面地与那个人见面，这件事可能会因距离花费几天或者几周的时间。你还有另一个选择：写一份亲笔信。即使到了 1850 年，电报系统开始被广泛使用，但是与他人对话这一简单的行为依然要求人们面对面才能进行。

直到 1876 年，亚历山大·格雷厄姆·贝尔获得了电话发明的专利。其装置本身非常简单—— 一个用碳粒制作的麦克风和一个扩音器。为了将两个电话连在一起，你所需要的仅仅是一根铜线和电源，例如电池——有了这项创新技术，人们首次实现了远距离对话。

工程师是如何办到的？第一个创新是交换机。在一座城镇中，每个家庭、办公室都会与交换机用铜导线连接起来。这样管理员可以将城镇中的任何两根铜导线连接。铜导线也可以连接任何两座城镇。这样一来，两座城镇中的任何人都可以通过电话进行交流。几座城镇之间的连接，就可以形成一个区域交换机。最终，干线会跨越国家，遍布全世界，现在全世界的任何两个人都可以通过电话交流。

工程师发明了一个机械转换器用来代替人工管理员。电话拨号会告诉转换器做什么。这使得打电话的成本下降。工程师创造了更小的计算机来取代机械转换器，使按键式的拨号成为了可能。打电话的成本又一次被降低。工程师将语音信号转换成了数码比特，并通过光纤电缆发送比特，大幅地降低了成本，提高其容量。而后，工程师发明了一种通过 IP 地址来打电话的方式，使得人们可以通过网络来通话。网络电话诞生了，通过网络打电话变成了一件免费的事情。这是关于工程学的成功故事：让一件过去看起来不可能的事情最终变为零成本的可能！

电网

没有电网，能源需要在就地取材。

胡佛水坝（1936 年），伊泰普大坝（1984 年），智能电网（1998 年），埃塔风能中心（2010 年），艾文帕太阳能发电系统（2014 年）

1878 年

在 1878 年的巴黎世界博览会上，游客们惊叹于由齐纳布 · 格拉姆发电机（Zénobe Gramme dynamos）供电的亚布罗契柯夫弧光灯［帕维尔 · 亚布罗契柯夫（Pavel Yablochov）于 1876 年取得的专利产品］。这是早期商业高压体系应用的一个实例，这个体系是一种电力网络，现今电力网络已存在于全世界而不被人们看见。

想象一下没有电网的社会是什么样子的：每家每户都在自己的场地上发电。但是这种方式存在着效率问题。一个大型电厂对于采购燃油可以实现规模经济，也可应用充分资源控制排放。像核能这样的先进技术没有大型电厂是不可能的。像水力发电、太阳能发电，以及风力发电这样站点特定的电力资源来说，只有形成网络才有意义。电网还可以增加可靠性。当一个大型电厂需要离线进行维护的时候，该区域的其他电厂可以通过网络弥补负荷。

令人惊奇的是，电网只需要两个主要的组成部分：电线与变压器。变压器可以将电压调上调下。对于远距离的送电，变压器会将电压升高至 700 000 伏甚至更高。一旦电被送达目的地，变压器会将其电压降低。社区层面是 40 000 伏，邻里层面是 3 000 伏。在你的家里，终端变压器会将电压降至 240 伏和 120 伏，用于你家墙上的插座和电灯开关。

网络不是完美的，我们偶尔会看到大面积停电。在一个闷热的夏天，全网高峰负荷运行时，一个关键的输电线路故障可能会导致一个无法解决的问题。其他线路尝试着承担起故障线路的工作，但是它们也会因超负荷而发生故障。连锁反应可能会使几个州都陷入黑暗之中。工程师正在为解决这一问题设计新的架构。一旦完善，电网将更加无形。

碳纤维

托马斯·爱迪生（Thomas Edison，1847—1931）

高性能自行车车架通常是由碳纤维制作而成的。

人力飞机（1977 年），V-22 鱼鹰（1981 年），布加迪·威航（2005 年），人力直升机（2012 年）

1879 年

如果你想建造一种又坚固又轻便的结构，那会怎样？坚固，我们指的是比金属坚固；轻便，我们指的是比铝制品轻便。如果这是你的需要的话，其预算可能会高到你支付不起，但在当今世界你的首选材料可以是碳纤维。它最初由托马斯·爱迪生发明于 1879 年。当时他用全部由碳纤维构成的灯丝点亮了第一盏白炽灯泡。

最初用硬质塑料包裹碳纤维，以稳固它，随后开发出碳纤维增强塑料。碳纤维来自高碳材料的丝，最常见的是聚丙烯腈。通过在氧气中加热纤维，然后再抽离氧气，除了碳原子之外，其他的东西就都会蒸发掉。这些保留下来的碳原子以长链的形式结合，抗拉强度极高。它们可以形成丝，而丝可以螺旋缠绕或织成纤维。

碳纤维最普遍的运用方式是将织物放在模具中，用塑料树脂将其浸泡。这样碳纤维的部分可以塑造成任何形状，但是这是一种昂贵，且需要手工完成的过程。在成本不受限制的情况下，制造例如赛车、超级汽车、飞机以及昂贵的自行车框架，都是没有问题的。但是这样局限了碳纤维的广泛推广使用。例如，典型的消费型汽车就因其成本太高而不采用碳纤维。

碳纤维有多坚固？想象同样是铅笔形状的一块金属和一块碳纤维。碳纤维可能比金属坚固三倍，但质量只有金属的三分之一。你第一次拿碳纤维材料的东西的时候，可能感觉它是来自另一个世界，因为它与金属相比既轻巧又坚固。

049

机械增压器与涡轮增压器

戈特利布·戴姆勒（Cottlieb Daimler，1834—1900）

美国汽车公司（AMC）定制的 1968 AMX 双座 GT- 类型车的机械增压器特写。

二冲程柴油发动机（1893 年），氮氧加速器（1978 年），布加迪·威航（2005 年）

想象一下柴油或汽油发动机的汽缸内部发生了什么。在进气冲程的过程中，活塞向下运动，吸入一定体积的空气。让我们假设空气的数量是 1 升。现在的问题是：这 1 升的空气需要燃烧多少燃料？汽缸中氧原子的数量决定了燃料的多少。氧气在燃烧时与碳原子、氢原子结合，形成二氧化碳和水。增加太多的燃料是一种浪费——因为氧气是有限的，所以燃料不能被充分燃烧。

工程师看到了这一情况，提出了一个十分明显的问题：有没有一种方式能够使汽缸中进入更多的氧气？一种方式是提高进入的空气的压力。如果进入的空气以两倍于正常情况的压力进来，则会有两倍的氧气充满于汽缸中，也就有两倍的燃料可以燃烧，便有两倍的能源可以被利用。只要增压设备本身不太重，工程师可以从根本上改善发动机的功率质量比。

机械增压器是由德国的工业工程师戈特利布·戴姆勒于 1885 年发明的，它是一个提高空气压力的标准方式，是一个通过皮带与机轴连接的空气泵。普遍使用的机械增压器有三种：离心式、螺旋式和鲁兹式。

如果你使用离心式的机械增压器，通过排气涡轮供能，而不是通过与曲轴连接的皮带供能，那么这就是涡轮增压器。其好处是：涡轮增压器不需要通过发动机供给太多的能源；缺点是：增加了复杂性，在低转速的状态下提速不足。

在大的发动机上，机械增压器是件容易的事。使用四冲程硝基甲烷发动机的高速赛车和使用二冲程柴油发动机的火车机车都使用机械增压器。考虑到机械增压器的尺寸、质量、成本、复杂性，再加上发动机高标准的设计要求，如果用于小发动机，就变得很不划算了。工程师会权衡利弊来决定使用哪种发动机。

1885 年

050

华盛顿纪念碑

虽然乔治·华盛顿纪念碑的方案是在 1799 年提出的，但是其结构直到 1885 年才完成。

混凝土（公元前 1400 年），贝塞麦炼钢法（1855 年），自由女神像（1886 年），埃菲尔铁塔（1889 年），圣路易斯拱门（1965 年）

1885 年

1832 年，华盛顿特区决定为纪念乔治·华盛顿建立一座纪念碑。到 1835 年，纪念碑执行委员会描述出了他们想要的纪念碑的样子——“天下无双”，并且应该将优雅与宏伟相结合，它的规模和美丽应成为美国人民为之骄傲的东西。最终确定的方案，是一个巨大的方尖碑，人们希望将其建成世界上最好的建筑物。

如果你去埃及，看过那里的方尖石碑，你会发现它们是坚硬的岩石，最高的大概有 100 英尺（30 米）。华盛顿纪念碑有 555 英尺（170 米）高，相比较而言，要庞大得多。所以它是空心的，而且是由石砖砌成的。这个空心的设计是为了能够让起重机从内部将建筑材料吊起，就像一根可以长高的柱子。今天这个核心筒内包含有楼梯和电梯。

方尖碑的第一个部件是地基——整个有 37 000 吨。它是一个 126 英尺（约 38.4 米）×126 英尺 ×37 英尺（约 1.3 米）的混凝土基座。纪念碑的底部 55 英尺（17 米）见方，处于基础的中心位置，上面树立着 16 英尺（约 4.9 米）厚的墙面。在柱子的顶端，也就是金字塔形状开始的位置，34.5 英尺（10 米）见方，此处的围墙只有 1.5 英尺（45 厘米）厚。整个纪念碑由 36 500 块砖组成，基座有内墙和外墙，中间由瓦砾填充。

虽然这个项目看上去非常简单——本质上就是一大堆砖块的堆砌——但是将其建造成一个纪念碑还是花费了很长的时间。1848 年就举行了奠基仪式，经历了 37 年之后，方尖碑才修建完成。这意味着华盛顿纪念碑作为全世界最高的建筑物只保持了四年的时间。埃菲尔铁塔于 1889 年落成之时便取代了其位置。

自由女神像

居斯塔夫 · 埃菲尔（Gustave Eiffel, 1832—1923）
弗雷德里克 · 奥古斯特 · 巴托尔迪（Frédéric Auguste Bartholdie, 1834—1904）
莫里斯 · 克什兰（Maurice Koechlin, 1856—1946）

从自由女神像的室内仰望的景观。

华盛顿纪念碑（1885 年），伍尔沃斯大厦（1913 年），迪拜塔（2010 年）

自由女神像是一个将艺术与工程学相结合的典范。正是因为其规模之大，才使得自由女神像的建造需要工程学的介入。事实上，将其表皮去掉，显而易见的，就是工程学。在表面之下，自由女神像看上去更像一个摩天大楼的骨架。这个骨架和埃菲尔铁塔出自同一设计公司。

设想一下雕塑家 / 设计师弗雷德里克 · 奥古斯特 · 巴托尔迪、其助理居斯塔夫 · 埃菲尔以及其结构工程师莫里斯 · 克什兰所面对的问题。首先，巴托尔迪设计了一个 150 英尺（45 米）高的雕塑，他希望这个雕塑能够在法国建造完成，而后将其海运到美洲。所以一个巨型大理石雕塑是行不通的。大理石制作举起的手臂也是很难实现的。于是他决定用薄铜皮将其做出来。但是当他做好之后，他发现一共需要 160 000 磅（72 600 千克）铜皮。而对于雕塑来说，一旦安装好，要能抵御飓风的袭击。

所以在雕塑的内部安装了一个巨大的金属框架。四根竖向的梁高达 100 英尺（30 米），锚住雕塑的基座，并对内部的楼梯提供支持。从那些梁延伸出金属桁架向外展开与 300 张铜皮铆固连接。与迪拜塔这样的现代摩天大楼的幕墙对于荷载的考虑方式类似：自由女神像居然是今天的摩天大楼的原型。

那高举的手臂是如何解决的呢？它有其自身的构架和供人爬上火炬的梯子。

雕塑建造于法国，然后又将其拆卸、装箱，海运到美国重新安装，整个过程经历了一年的时间。当自由女神像于 1886 年落成的时候，它代表了当时艺术与工程学两个领域的顶尖水平。

埃菲尔铁塔

埃米尔·努吉耶（Émile Nouguier，1840—1898）
莫里斯·克什兰（Maurice Koechlin，1856—1946）

埃菲尔铁塔是一个高度精准的工程学实例，它是一座经受住了时间考验的纪念碑。

华盛顿纪念碑（1885 年），自由女神像（1886 年），伍尔沃斯大厦（1913 年），帝国大厦（1931 年），米洛高架桥（2004 年）

1889 年

如果你有机会接近埃菲尔铁塔，将无可否认这是一个工程结构的项目。其规模巨大，由上千件金属部件组合而成，极其复杂。而且它经受住了时间的考验，于 1889 年向公众开放，迄今已开放超过百年。

在那个年代，这样规模的建筑物是惊人的。其塔顶在 300 米（将近 1 000 英尺）的高空处，它以世界最高建筑的角色存在了四年，直到被卡莱斯克大厦所取代，很快，又出现了另一个世界之最——纽约的帝国大厦。米洛高架桥是如今法国唯一能够超越它的建筑。

事实上，这么复杂的建筑在当时被提出、设计、施工，以及建造出来是一件非常令人钦佩的事情。如果你看高清晰度的照片或是能够亲自去登塔，你就深有体会。看一看这 4 根 187 英尺（57 米）高的柱子从地面直伸向 377 英尺高的二层（115 米）。这是该塔的设计概念最简单的部分，但其复杂程度已令人难忘。

这 4 根柱子几乎有 58 米（190 英尺）高。超过这个距离，柱子就会有轻度的弯曲，并组成微锥形。每根柱子都有四根厚重的金属梁与楼板铆接在一起，然后桁架梁将每根柱子连接成一个桁架。所有的这些铁质材料都是提前在工厂预先做好的，然后用马拉车运输到现场，通过铆钉安装在一起。为了安装的完美，每一个零件都要非常合适。结构工程师埃米尔·努吉耶与莫里斯·克什兰绘制了上千幅精确的图纸，告诉工厂如何制作，并告诉建筑工人如何安装。

据说埃菲尔铁塔总共包含了 18 035 个金属零件，250 万个铆钉。当你想象一下，一个工程师将每个金属零件和每个铆钉都绘制到纸上，而这些图纸的精确度高达 0.1 毫米，你就能体会到工程学的了不起之处了。

霍尔-赫劳尔特电解炼铝法

查尔斯·马丁·霍尔（Charles Martin Hall，1863—1914）
保罗·赫劳尔特（Paul Héroult，1863—1914）

铝材制作的轰炸机机身内实景。

贝塞麦炼钢法（1855 年），碳纤维（1879 年），波音 747 大型喷气式客机（1968 年），协和飞机（1976 年），航天飞机轨道器（1981 年），阿帕奇直升机（1986 年），国际空间站（1998 年）

1889 年

当今世界，铝制品已普及，它作为一种结构材料对工程师来说是多么重要。在车库里，我们会在自行车框架上找到铝，在一些汽车上，我们也能找到让机车变轻的铝材配件。不过，使用铝材比例最大的地方是飞机。到 2010 年为止，起飞的每一架客机都主要是由铝制成的。对于火箭、宇宙飞船，包括国际空间站来说，都是一样的道理。波音 787 是第一架由碳纤维代替铝做主要材料的商务客机。

铝之所以如此受欢迎，尤其是在制造飞机方面，是因为它的成本低，可塑性强，而且质量小。一块铝制品，其质量往往是同等强度钢材质量的一半。如果你拿一块 1 磅重的铝块，同样大小的钢材质量大概是 2.8 磅。

如果将飞机的材料从铝材换成钢材，其质量会增加一倍，飞机可能就飞不上天，或者说它只能零负载起飞。铝使得工程师设计的飞机实现了在空中飞翔。在铝普及之前，飞机都是用木头与布料制成的。

1825 年，铝才得以提纯。但是其成本很高——几乎与金子的价格相当。在 1889 年，一种被称作霍尔-赫劳尔特电解炼铝法的系统获得了发明专利，这种方法是由美国化学家查尔斯·马丁·霍尔和法国人保罗·赫劳尔特发明的，大幅度降低了铝的生产成本。一旦铝的生产成本降下来，产量增加，就能得到广泛的使用。今天，每年铝材的使用量超过 3 000 万吨。

对于汽车来说，越轻越好，所以工程师尽可能地发挥铝材的作用。再加上新型大规模生产技术的出现，铝材已逐渐替代钢材在汽车制造过程中的地位。

蒸汽轮机

查尔斯 · 帕森斯爵士（Sir Charles Parsons，1854—1931）

当代涡轮机的制作非常精确，它只能通过计算机来建造。

高压蒸汽机（1800 年），泰坦尼克号（1912 年），加拿大重水铀反应堆（CANDU）（1971 年）

如今，你去任何一座大型电力厂，其中最夺目的是一个比公交车还要大的大型汽轮机。你也可以在航空母舰和核潜艇上找到类似的汽轮机。有了汽轮机，工程师则有了放弃使用活塞，从蒸汽中获取电力的设想。

让我们随着时间机器回到 1912 年泰坦尼克号的机舱中。在这里，从一百多个大型燃煤锅炉中制取的蒸汽进入三个蒸汽引擎中，来带动三个螺旋桨。其中的两个引擎是巨大的活塞式蒸汽机，每个引擎能够产生 30 000 马力（2 200 万瓦特）的动力，第三个则是蒸汽轮机，它产生大约一半的马力。我们在此目睹的是整个转变的过程。蒸汽轮机由查尔斯 · 帕森斯爵士发明于 1890 年，虽然当时的发明并不完美，但是它很快就取代了活塞式，从蒸汽中获取旋转能量。

蒸汽轮机的原理非常简单。膨胀的蒸汽带动一系列附连到一个轴的叶轮。叶轮逐渐变大，从而使得其膨胀的时候可以捕获到蒸汽的能量。与泰坦尼克号的活塞式引擎比较，这种活塞式引擎使用三个尺寸逐渐增大的汽缸。蒸汽首先在最小的汽缸中膨胀，然后进入第二个尺寸略大的汽缸中，从而从密度较小的那个排气汽缸中提取更多的能量。然后再进入第三个更大的汽缸中。这个虽然也能工作，但是需要大而笨重的设备。泰坦尼克号的一个蒸汽活塞式发动机重约 1 000 吨。

蒸汽轮机与活塞式引擎完成相同的工作，但与其相比，它小巧、轻便、更加高效。今天，因为这些优势，现代蒸汽轮机几乎出现在每个大型燃煤电厂和核电站中。它们不是用三个膨胀室，而是用多级的叶轮尽可能多地提取能量。这一装置充分地展示了工程师如何将一个全新的概念变得更好。■

卡耐基音乐厅

丹克马·阿德勒（Dankmar Adler，1844—1900）
威廉·伯内特·泰悉尔（William Burnett Tuthill，1855—1929）

荷兰阿姆斯特丹的“音乐大厦”音乐厅，使用了与纽约市卡耐基音乐厅相同的一些声学原理。

帕特农神庙（公元前 438 年），录音机（1935 年），可伸缩体育场屋顶（1963 年），体育场巨幕（1980 年）

纽约市的卡耐基音乐厅建成于 1891 年，它可容纳 2 800 名观众，但是乐队演出的时候不需要扩音设备。其建筑师威廉·伯内特·泰悉尔是一名大提琴家，并为欧洲音乐厅研究声学问题。在建造该音乐厅时，他也征求了声学专家丹克马·阿德勒的意见。

考虑一下以下两种不同的情况，你就可以很容易理解他们面临的一些问题了。首先，想象一个人在巨大的、开阔的野外作演讲。声音从演讲者的口中发出来之后，进入了非常大的空间中，可利用的能量迅速消散，没有任何回音。再想象一下，如果你在一个封闭的空间中，例如壁球场。所有的墙面都是平坦、光滑和坚实的。从演讲者口中发出的声音一直存在于一个有限的空间中，所以你肯定可以听到声音。但是回音可能会造成人们听起来非常含混。

设计卡耐基音乐厅的时候，声学工程师将这两种情况综合在一起。听众可以得益于声音的“深度”。当声音从演讲者的口中传出或乐器演奏而出，通过多条路径到达听众的耳朵，第一条路径是直线的，其他的路径，例如从天花板和侧墙反射而来的声音的到达，创造了这里所谓的“深度”。更多的回音被听众自己、沉重的帘幕，或是房间后面的用于吸声的吸音板给抵消了。这就使得音乐厅成为一端的乐队的狭长空间，而不是一个宽阔的房间或者说从舞台开始变宽的房间。在宽阔的房间中，声音能量的耗散和在野外的效果是一样的，坐在后面的人们就听不到了。

为了让演出或活动的效果达到最好，工程师继续对此进行了改进，从大型体育场的巨幕到可伸缩的屋顶等都是生活中可见的工程实例。

须德海工程

科尼利厄斯·莱利（Cornelius Lely，1854—1929）

马仕朗防风暴大坝北半侧部分，位于荷兰鹿特丹与胡克附近的风暴潮屏障。

胡佛水坝（1936 年），威尼斯防洪系统（2016 年）

从工程学的角度来说，荷兰是一个令人惊叹的国家。它有着极高的人口密度（每平方英里 1 200 人），是美国的 15 倍。因为这样高的人口密度，再结合其地理位置，这个国家几个世纪以来一直在通过填海向大海要土地。几乎整个国家四分之一的土地都在海平面以下——有一些甚至低于海平面 23 英尺（7 米）。大约一半的国家领土勉强与海平面持平。其实，荷兰（Netherlands）这个词的意思就是“低地”。

一般情况下，海水只会在堤坝的外侧。但是当风暴发生的时候，问题就出现了。因为这个国家的大部分领土低于或平齐于海平面，风暴可能会造成灾难性的打击。

所以荷兰在抵御风暴、保护家园方面投入了重金。须德海工程是由十几个不同的工程组成的：水坝、排水沟、水闸，等等。整个项目是基于土木工程师科尼利厄斯·莱利 1891 年设计的原始规划，1920 年才开始施工，一直到 1986 年才正式完成。

这些工程中，迄今为止最令人印象深刻的是横跨莱茵河口的一个巨大的、可移动的风暴潮屏障，因为它是通向大海的出口处。大多数时候，屏障的两部分都坐落在河流两侧的陆地平台上。河流宽达 1 180 英尺（360 米）。当预报有风暴潮要来的时候，平台会被洪水淹掉。两个屏障就会移动到河中，在中间交汇。然后它们潜入水中，封堵住河流的出海口，以阻挡来自海上的风暴潮。

屏障封闭了河流之后，河水不会从其身后倒流吗？这种情况会发生的。所以闸门可以再部分地浮起来，使得多余的水能够从下面流走。

如果你考虑一下这些屏障的规模，你会意识到，这是地球上最大的移动物体之一。它们可以水平和垂直移动，这就意味着它们有着地球上最大的两个球状关节。

风暴潮对于荷兰来说是一个大问题，工程师通过移动式的屏障成功解决了这一问题。

二冲程柴油发动机

鲁道夫·迪塞尔（Rudolf Diesel，1858—1913）

韩国昌原斗山发动机有限公司的 Wärtsilä X72 和 Wärtsilä X62 二冲程柴油发动机。

机械增压器与涡轮增压器（1885 年），柴油机车（1897 年），海上巨人号超级油轮（1979 年），集装箱货运（1984 年）

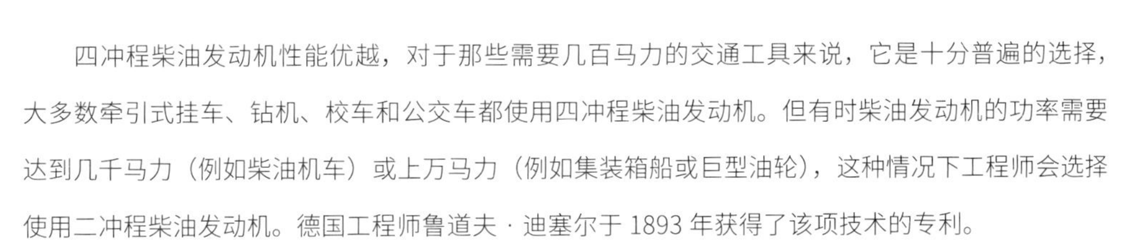

四冲程柴油发动机性能优越，对于那些需要几百马力的交通工具来说，它是十分普遍的选择，大多数牵引式挂车、钻机、校车和公交车都使用四冲程柴油发动机。但有时柴油发动机的功率需要达到几千马力（例如柴油机车）或上万马力（例如集装箱船或巨型油轮），这种情况下工程师会选择使用二冲程柴油发动机。德国工程师鲁道夫·迪塞尔于 1893 年获得了该项技术的专利。

之所以工程师会如此选择，是因为二冲程的一大优点是对于任何尺寸的发动机它都能提供两倍的功率。当八缸四冲程柴油发动机以 1 000 转 / 分钟的速度运转时，每分钟会产生 4 000 个动力冲程，但如果这台发动机是二冲程的，每分钟就会产生 8 000 个动力冲程。

对于二冲程柴油发动机，在一个动力冲程中活塞向下运动，当活塞达到最低点时会打开进气道，与此同时汽缸顶部的排气阀会打开排放废气。经进气道进入汽缸的空气被增压器增压，以两个大气压或更高的压力进入汽缸内，达到最低点后重新向上运动的活塞会将汽缸内的空气进一步压缩。刚好到达最高点时柴油会喷出，点燃汽缸内高温高压的空气，产生的推力将使活塞重新向汽缸底部运动。

典型的柴油机车中的二冲程柴油发动机体积已经是非常巨大了，重达 30 000 磅（13 600 千克）。如果换成四冲程柴油发动机，为了提供相同的动力，尺寸更会增大一倍。这就是为什么在像机车和货船这样的大型运输工具中，二冲程柴油发动机是如此常见。

对于小型运输工具，二冲程所需要的增压器通常会抵消掉二冲程发动机在功重比方面的优势。对于给定的情形，为了得到最佳结果，工程师需要平衡各项参数：质量、能耗、花费和增压器的复杂程度。如果只需要 100 马力，与二冲程发动机其他方面的优势相比，增压器的复杂度才是最需要考虑的因素。

1893 年

摩天轮

小乔治·华盛顿·盖尔·费里斯 (George Washington Gale Ferris, Jr.，1859—1896)

1893 年哥伦布世界博览会上的摩天轮。

过山车（1919 年），帝国大厦（1931 年），加拿大国家电视塔（1976 年），调谐质块阻尼器（1977 年），哈利·波特禁忌之旅（2010 年）

1893 年

人们会爬到山顶或乘坐电梯到像帝国大厦那样的摩天大楼的顶层去观赏美景。

如果你想让工程师设计一个能够给人们带来山顶景色，但又不用攀登的设施——你会怎么做？答案是摩天轮。小乔治·华盛顿·盖尔·费里斯设计的第一个摩天轮于 1893 年在芝加哥向公众开放。

看看现在世界上最高的摩天轮——拉斯维加斯的云霄飞车——你就可以看出为什么摩天轮是工程师的最爱：它的材料利用率极高，就像自行车轮一样，兼具了坚固和轻巧两个方面，因为它轮辐的张力，其结构看上去特别简单，只有轮缘、轮辐、轮毂和底座。为旅客提供的车厢与轮辋连接，通过电动机旋转来保持车厢处于水平位置。

因为摩天轮的直径长达 560 英尺（167 米），在用料方面又如此少，特别容易搞不清楚它的载重量到底有多大。外表是会骗人的。首先，摩天轮可以同时承载 1 000 人以上。在总共的 28 个车厢中，每个车厢可以承载 40 个人。每个车厢都与一组长约 53 英尺（16 米）的轮缘链接。四根金属缆索（轮辐）将一组轮缘和轮轴绑在一起。每个车厢，如果在空载的情况下重约 45 000 磅（20 500 千克），如果满载则要达到 55 000 磅（25 000 千克）。所以这就等于是有 150 万磅（680 000 千克）的重物悬挂在轮缘上。这对于一个可旋转的支承结构来说是一个非常巨大的承重。另外，还有十几个位于底座部分的调谐质量阻尼器以平稳振动，以创建一个极度平稳的运行系统。

摩天轮每小时转两圈，这就意味着乘客在摩天轮上待大约 30 分钟，因此能够使得每小时有大约 2 000 人观景。

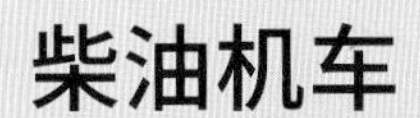

柴油机车

鲁道夫 · 迪塞尔 (Rudolf Diesel，1858—1913)

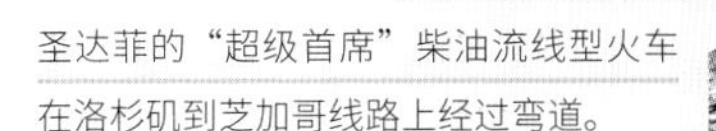

圣达菲的“超级首席”柴油流线型火车在洛杉矶到芝加哥线路上经过弯道。

机械增压器和涡轮增压器（1885 年），二冲程柴油发动机（1893 年），普锐斯混合动力汽车（1997 年）

想象一下，如果你是一位生活在 20 世纪 30 年代的工程师，而你想基于柴油发动机创造一种新型的机车，第一次成功的尝试来自 1897 年的鲁道夫 · 迪塞尔。蒸汽机在过去的一百年间为人类做出了巨大的贡献，但是柴油发动机是一个完全不同的巨兽。如果人们想要拉动一列由一百辆汽车组成的那么长的火车，其荷载可能会有成千上万吨。如果再将其拉过一座山峰，那对发动机的要求就更高。但你依然希望它的工作效率尽可能高。

你的第一感觉可能是做一个像柴油汽车一样的机车。这辆车可以拉动很重的荷载。但问题是变速器。汽车需要四速或五速的变速器，而卡车可能需要九个齿轮、十三个齿轮，甚至是十八个齿轮，因为其荷载更大。因此，从卡车到机车，我们需要加更多的齿轮，更大的尺寸，变速器的复杂程度可能会超出我们的想象。火车头不用变速器，通过二冲程柴油机来带动。发动机非常巨大，有 12 ～ 20 个汽缸，还有一个增压器提高其效率。

这个发动机与发电机或交流发电机连接，而不是变速器。如果其功率在 4 000 马力，交流发电机可以达到 300 万瓦特。这就是说，柴油机车事实上是一个小型发电厂，电流流入电机内。如果机车有六个车轴，就有六个电机。

这一工程发明的优势巨大。首先，电动机省去了一个大而复杂的传动过程。其次，驱动具有六个电动机的六轴要比通过轴的传动将它们连在一起还要简单得多。第三，如果某一方电动机发生故障，火车依然可以正常工作。第四，发动机在一个独立的速度下运行，提高了工作效率，也能够使得多个机车捆绑在一起成为了可能。

内燃机车的小型化，再加上电池的使用，使得混合动力汽车成为了可能。工程师们在关于效率的问题上有了重大的突破。■

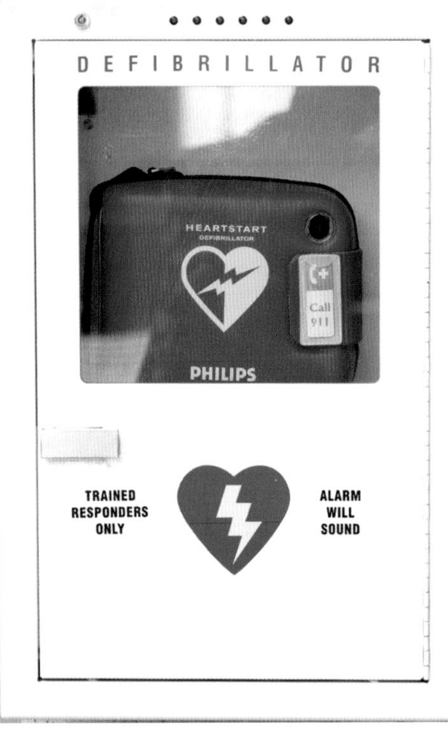

除颤器

让-路易·普雷沃斯特（Jean-Louis Prévost，1838—1927）
弗雷德里克·贝塔丽（Frédéric Batelli，生卒年不详）
弗兰克·潘垂德（Frank Pantridge，1916—2004）

第一台除颤器大得令人望而却步，但如今轻巧的除颤器已经遍布大多数的公共建筑之中了。

1899年

微处理器（1971 年），人工心脏（1982 年），关西国际机场（1994 年）

想象一下当你正走在机场的中央大厅时，一个走在你前面的人突然紧抓自己的胸部摔倒在地。他正处在心脏骤停的状态。好消息是如今许多公共建筑中都配备手提式的除颤器。工程师降低了这些保护生命安全的机器的生产成本，这一事实体现了工程学的精神。除颤器的概念要追溯到 1899 年，当时两位瑞士日内瓦大学的生理学家让-路易·普雷沃斯特与弗雷德里克·贝塔丽证实了电流对狗的心脏的影响。手提式除颤器直到 1965 年后才开始出现，那时爱尔兰教授弗兰克·潘垂德开发了一个早期的质量超过 150 磅（70 千克）的模型。

我们在机场和商场里看到的手提式除颤器称为 AEDs 或者自动体外除颤器，第一部手提式除颤器从 1980 年开始在医院以外的地方使用。除颤器的目标是让心房停止颤动，重新建立规律的心跳。它是通过强电击来实现的。

心脏骤停的时候，心脏由于某些原因停止了规律的跳动。人类的心脏有自主神经网络来引导规律心跳，如果这个网络被干扰（例如心脏肌肉上的动脉阻塞），心脏将进入一个心房颤动循环，在这个循环中，神经网络不再按照常规运行，心脏开始不规律跳动并加速。

当将自黏电极放置在患者胸部之后，设备中的微处理器会分析心脏跳动的节奏，检测是否有心房颤动发生。如果发生，除颤器会用其内置电池给一个电容器施以 700 伏的高压电荷，然后将其传输给患者。在很多情况下，一次充电就可以令心跳恢复正常，但是如果不成功，设备会尝试多次。

解决心脏骤停的最好办法是尽可能早地使用除颤器。电力工程师、软件工程师、工业工程师所能做的是创造一个廉价、轻便、可以大批量生产的设备，来应对这一致命情况。

空调

威利斯·凯利尔（Willis Carrier，1876—1950）

一座屋顶上的空调系统。

电冰箱（1927 年），速冻比萨（1957 年），辐照食品（1963 年），《玩具总动员》（1995 年）

工程师发明的许多技术，在世界上的某些特定区域，对于使生活环境可被忍受是非常有必要的。空调就是一个很好的例子。

空调是美国的工程师威利斯·凯利尔在 1902 年发明的，其原理惊人简单。将沸点在零下 20 华氏度（零下 29 摄氏度）的液体在低压的情况下压入管道，液体在管道中达到沸点，在零下 20 华氏度的情况下离开管道。然后，用泵将蒸汽吸出。在高压的情况下压缩蒸汽，然后填满到另一个管道中。该管道会因为压缩产生的热量而变热，当蒸汽冷却后，它又凝结成液体。液体又喷回到冷管中，循环往复。将冷管与电扇安装在室内，热管与另一个电扇装在室外，空调就装好了。

当这个简单的循环装置被发明出来之后，工程师紧接着就会考虑其工作效率问题，廉价的发动机和压缩机问题，并制造大小不同的空调系统。今天，你可以花 100 美元为一个小房间购买一台空调，也可以花更多为一整座体育馆或庞大的机场购置一个完整的、整个建筑范围内的空调系统来为其降温。

一旦空调技术在建筑中的使用达到完美，它又变形成了冰箱。冰箱本质上就是一个非常小而有良好绝缘效果的盒子。

如今我们理所当然地认为很多事情如果没有空调和冰箱都是不可能实现的：首先浮现在脑海中的便是冷冻食品和现代伺服农场。

有了低成本、可靠的空调系统，地球上那些极度炎热的地区也变得可以忍受，那些地方的发展变得越来越快。这项重要的技术改变了那里的整个经济环境。

心电图

威廉 · 埃因托芬（William Einthoven，1860—1927）

现代心电图机器比埃因托芬设计的原始版本要高效得多。

除颤器（1899 年），广播电台（1920 年），人工心肺机（1926 年），人工心脏（1982 年）

1903 年

想象一下，如果工程师发明一种可以监控心脏的廉价又可靠的设备，那将是多么有用啊！这样可以简单地通过在患者的皮肤上连接几个电极，让医生看到一个患者心脏的工作状态。这是一个完全不需要放入身体内的设备，它帮助医生监视正常或多种异常的心脏功能。心电图机（ECG，也可以称为 EKG），是让这一梦想变成现实的诊断设备。

第一台可靠的心电图机是在 1903 年由一位在荷兰工作的医生威廉 · 埃因托芬发明的。由于心脏的信号强度非常弱，它需要敏感性很强的设备来感知和记录它。他当时设计的系统没有使用电极，而是将患者的四肢放到盐水桶中，以得到好的连接。在极薄的玻璃纤维外面涂一层银，然后放置在强磁场中，它会根据心脏的微弱信号做出移动反应。为什么用这么奇怪的方法呢？因为电气工程师还没有开发出可靠的、灵便的放大电路。

通过投影在屏幕上的玻纤线的震动图像，可以看到心电图并被翻译出来，然后，埃因托芬开发了一套标准的图象去识别心电图信号。

机器的发明和信号的解读是一个重要的进步，威廉 · 埃因托芬因此获得了诺贝尔奖。

但是这个原始机器的质量远比患者和其他为了使机器实现其功能的人的质量大得多。在这个科学原理的基础奠定之后，又有一波工程师介入进来，他们找到了将机器缩小、更好地捕捉和重现信号，使得机器更加可靠、更加廉价的方法。他们的成功使得心电图机如今被广泛采用。

在当今的世界，他们又让这个机器跨越了一大步。计算机可以读取手提式除颤器中的心电图信号，判断患者目前是否心脏病发作，以此来监控整个过程，这一切都是全自动的。这为后来的人工医疗产品，例如人工心脏奠定了基础。

莱特兄弟的飞机

威尔伯·莱特（Wilbur Wright，1867—1912）
奥维尔·莱特（Orville Wright，1871—1948）

莱特兄弟设计的第一架飞机。

二冲程柴油机（1839 年），波音 747 喷气式客机（1968 年），人力驱动飞机（1977 年），航天飞机轨道器（1981 年）

1903 年

飞机现在已经非常普及了，所以让人很难想象当年没有飞机的日子。但是在 20 世纪早期，这个世界上根本就不存在飞机这个东西。很多人都认为人类永远都不能飞起来。

莱特兄弟在 1903 年的北卡罗莱纳州实现了人类飞翔的梦想。他们当然是工程师，但是他们也是科学家和发明家。他们需要解决很多的麻烦，处理很多基础的问题：如何产生升力？如何产生足够的推力？如何控制飞行？如何使飞机足够轻？如何将所有的这些都结合在一起？

例如，他们建造了一个风洞，并对什么形状的机翼能提供最大的升力作了基础性研究。然后他们必须使这些机翼坚固又轻巧，最初的莱特飞行器的双翼采用木材、纺织品和线组成。然后通过在飞行过程中弯曲机翼来控制飞行。以今天的标准看，他们当初的解决方案非常奇异，整个机翼都是扭曲的，他们用臀部来控制其扭曲程度。我们认为他们的前面装置的控制面板也非常奇怪。这是因为莱特兄弟最初使用的是一种纸，一切都是未知的，没有先例。而当莱特兄弟破解了飞行的核心机密，方向舵、升降舵以及副翼就都得到了迅速的演进。

整个飞机空载时质量为 605 磅（275 千克）。如何能够让它离开地面？引擎与今天的标准相比非常原始。在体积约 200 立方英寸（3.3 升），质量约 200 磅（91 千克）的情况下，它仅仅产生 12 马力（9 000 瓦特）的动力。发动机进气口处的一小盘汽油担当汽化器，它与产生火花的在汽缸处的断路器相连接。用水的蒸发来冷却发动机。一个名叫查理斯·泰勒的人用与莱特兄弟三方对话得到的草图制作了这一切。但是它可靠地制作了 12 马力来带动两个反向旋转、手工雕刻的木质螺旋桨。

看上去，三个人就算有再多的想法也不可能创造一个飞行机器。但是灵感、好奇、坚持，以及发明的快感驱使着他们一路走了下来。

工程木料

加拿大魁北克蒙莫朗西森林中横跨蒙莫朗西河的一架木桥，这座桥采用的是工程木料。

桁架桥（1823 年），速成的摩天大楼（2011 年）

1905 年

标准的伐木都是用锯切断树。像 2×4 或 2×6 的木料都不是工程木料——都是自然形成的形式，包含了木结和其他的所有部分。问题是，人们往往需要的不是 2×4 的木料。这个时候，就需要工程学了。例如，当需要做一个尺寸不是 2×4 的楼板时，大多数情况下会产生浪费。于 1905 年由波特兰制造公司首次制作出来的胶合板这种工业产品，则是更好的选择，它更轻巧、更薄、更便宜。

用实木做一根跨度 6 米的梁是可能的，但是这样非常浪费。木桁架和层压板产品是两种功能相同，但可以采用更少木料的工程形式。这就是说，工程师可将碎木片制成有用的东西。这就是定向刨花板背后的原理，定向刨花板是由小片的木头通过胶结合在一起，创造出来的跟胶合板相似的板产品。实木需要整木材，而胶合板只需要一整块的碎木就行了，定向刨花板可以将多余的小木片转化成有用的转板产品，而不是将其扔掉。

另一个实例是工字梁。两个翼缘和腹板来自于不同类型的层压板，将它们粘在一起。与实木梁相比，工字梁明显更坚固、轻巧，它还避免了例如随着时间的推移而产生的开裂、翘曲、收缩等问题。工字梁做地板龙骨还可以防止地板吱吱作响。

另一个普遍需要工程学的地方是屋顶桁架。桁架是在工厂夹具中制造的，所以它们都能够完美地组装在一起。它们被带到建筑场地以待安装，它们组装起来非常快，减少了建造成本。因为减少了木材使用量，屋顶桁架比一般的结构造价要低。

工程木材展示了工程学总体的优势：同样功能的产品可以以更轻便、更坚固、更廉价的方式存在。

专业工程师执照

1907 年，由于工程失误，魁北克桥坍塌，正是这次事故提醒了人们关于专业工程师执照的必要性。

测链（1620 年），伦斯勒理工学院（1824 年），伊利运河（1825 年），女工程师协会（1919 年），塔科马海峡大桥（1940 年）

想象一下你的城市需要为一条河流筑坝建造一座新的水库，但是沿河居住的上百万人的住所都低于大坝。如果大坝坍塌，这上百万的人就会死于洪水。你会希望一个 22 岁的工程师乔伊带着他新印制的土木工程学大学毕业证书来设计这座大坝吗？当然不会。还有很多别的事情，你不会想要让 22 岁的工程师乔伊成为结构工程、摩天大楼、汽车等项目的总工程师吧？如果需要设计的对象非常重要，你肯定希望由一个非常能干、非常有经验、非常专业的工程师来接手这个项目。

这就是专业工程师执照存在的目的，这一制度始于 1907 年的美国。在美国对于一个工程师有四个要求，必须同时满足以下四个要求，才能获得许可。

1. 得到 ABET 认证的大学四年学制工程学学位，ABET 是工程与技术认证委员会（Accreditation Board for Engineering and Technology）。这确保了大学提供高质量的工程学学位。

2. 参加并通过基础工程学考试。这是一个专业细分的时长五小时的考试。例如化学工程师和土木工程师的考试内容是不同的。通常这个考试都是毕业后不久开考。

3. 在专业工程师的指导下工作四年，就像一个学徒一样获得有价值的经验。

4. 参加并通过工程学原理与实践考试。这个考试时长八小时，是在专业工程师指导工作四年之后参加的，考试内容非常专业。例如结构土木工程师的考试与交通土木工程师考的是完全不同的内容。

在顺利通过这些考试之后，工程师可以在专业领域申请专业工程师执照。只有获得执照，工程师才可以在工程平面图上签名和盖章，包括所有的公共项目和许多大型私人项目。

内燃机

1949 年，大概是在福特汽车公司拍摄的一张照片，图中是技术人员正在内燃机上工作。

贝塞麦炼钢法（1855 年），瓦姆萨特炼油厂（1861 年），涡轮喷气发动机（1937 年），一级方程式赛车（1938 年），布加迪·威航（2005 年）

1908 年

第一款被广泛采用的内燃机被安装在 1908 年生产的福特 T 型车中。福特 T 型车的发动机是基于奥托循环发动机开发的，也被称为四冲程发动机，由阿方斯·博·德·罗莎（Alphonse Beau de Rochas）发明于 1861 年。大量先进的工程学理念被运用到福特 T 型车建造过程，使人们在当时的制作材料和制造工艺下，获得廉价、可靠、持久耐用的产品。在 1927 年停产的时候，一共制造了超过 1 500 万辆 T 型车。

发动机包括好几个工程学的奇迹。材料工程师在转炉流程的基础上发明了钒钢，这种材料非常坚固，使得福特 T 型车至今还可以被使用。电子工程师创造了振荡线圈点火系统，它使发动机能使用汽油、煤油或乙醇。工程师还创造了热虹吸系统，无须通过水泵，而是通过散热器让水运转。但是真正的英雄是制造工程师，是他们以惊人的效率和低廉的成本，使每年制造 200 万辆汽车成为了可能。

但是如果将 T 型发动机与今天的发动机相比，你可以看到工程师又取得了一系列辉煌的成就。T 型发动机有 4 个 2.9 升的汽缸，但只能产生 20 马力的动力。而今天的许多汽车通过 1 升的发动机就能产生 200 马力的动力。这是如何做到的？工程师创造了顶置气门机构和高压缩比，来取代 T 型发动机的平头设计。他们发明了燃油喷射系统，以取代化油器。他们设计了功能更加强大，更加精确的点火系统。他们还发明了可调的进气和排气系统。

如果没有重新概念化设计，几乎没有哪种技术能够被如此广泛地使用，被如此高度地优化。在超过一百年的改变之后，所有的这些 T 型发动机的核心概念——活塞、阀门、火花塞、水冷法、汽油都还在，但是每一个部分都被工程师进行了微调和高度优化，从而创造了今天结构紧凑、大功率的发动机。

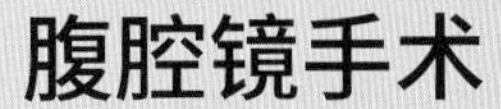

腹腔镜手术

汉斯·克里斯蒂安·雅克比斯（Hans Christian Jacobaeus，1879—1937）

正在进行中的胃绕道手术。

除颤器（1899 年），计算机断层（CT）扫描（1971 年），磁共振成像（1977），人工心脏（1982 年），外科手术机器人（1984 年）

1910 年

一百多年以来，手术的过程都特别直截了当。外科医生用解剖刀在病人的身上切一道大口子——这个口子要大到有足够的空间放进去他的手。整个过程执行完后，再将口子缝起来。

但问题是，病人身上的这个大口子会产生很多副作用。它们可能会感染，会引起疼痛。外科医生可能需要划破大量的肌肉，这需要很长时间才能愈合。还会留下很大的疤痕、延长痊愈的时间。所以，医生、科学家和工程师想出了一个办法来减少伤口的尺寸。腹腔镜手术是这一思路的结果。1910 年，瑞典内科医生汉斯·克里斯蒂安·雅克比斯通过使用膀胱镜，进行了第一次胸腔镜诊断，这是一次再概念化的手术过程。虽然腹腔镜手术不能代替所有的手术，但是它一旦能使用就可避免了在人身上开洞，也避免了随后出现的所有问题。

腹腔镜手术核心的基本概念是不需要外科医生直接看和直接接触手术区域。这就意味着在病人身上开几个小口子（每个口子都只有 1 厘米，甚至更小）。两个口子插入长而小的远程操作工具。一个口子插入小型摄像机和灯。再有一个允许流入气体，以保持腹壁膨胀，以远离手术部位。这些小口子比一个单独的大口子痊愈快得多。

外科医生现在可以在视频监视器上看到所有的东西，并通过长而小的工具来完成整个过程。这些工具包括夹持工具、刀具、缝纫工具，外科医生会通过端口将其插入人的身体中，再通过剪刀状的手柄在体外操作这些工具。

腹腔镜手术是一个科学家和工程师如何看待问题，然后找到比传统方式更好的、全新的解决方法的很好实例。新的解决办法总是非同寻常的。没有工程师的努力，包括人造心脏植入这样精细的手术是不可能实现的。

泰坦尼克号

托马斯·安德鲁斯（Thomas Andrews，1837—1912）

1912 年 4 月 10 日，泰坦尼克号在南安普顿起航时的照片。

兴登堡（1937 年），塔科马海峡大桥（1940 年），阿波罗 13 号（1970 年），福岛核事故（2011 年）

1912 年

回想一下世界上著名的几次工程学失败的项目：阿波罗 13 号、塔科马海峡大桥、福岛等。泰坦尼克则是它们中最著名的一个。它被称作永不沉没的船，然而它却在其处女航就沉没了。媒体的炒作、新技术、死亡人数、著名的乘客等关键词将泰坦尼克号推向了风口浪尖。

一个明显的问题是：永不沉没的船只是如何沉没的？造船工程师托马斯·安德鲁斯与其工程师助理做错了什么？

泰坦尼克号长 883 英尺（269 米），宽 92 英尺（28 米）。所以想象一下，如果我们做一个这样尺寸的浴缸，并将其置于水中，它会很好地漂浮着。现在我们用大炮在浴缸里打一个洞，水将通过洞流入其中，然后浴缸就会沉没。良好的舱底泵可以解决这一问题。如果有能比水进入速度快的泵排水，那么，即使有一个洞，浴缸还是可以永久地漂浮着。

泰坦尼克号的工程师是通过以下方案来证明其永不沉没的：他们用 15 个密封舱壁把船做成 16 个隔离舱。船上也有一个舱底泵，每小时可以排除大约 400 磅（170 千克）水。如果泰坦尼克漏水，一个船舱将被灌水。舱底泵可以轻松地处理其中的水。但是即使一个泵坏了，其所在的那个船舱被淹没也没关系。因此这艘船事实上是永不沉没的船。

问题是，当泰坦尼克号侧击到冰山上的时候，它的 6 个船舱受损。太多的水灌进来，超出了舱底泵能承受的极限。6 个船舱都被水灌满。不幸的是，隔板墙没有升到船壳的顶部。所以当一个船舱的水到达其舱壁顶部，水就会蔓延到下一个船舱。因此永不沉没的船被水灌满。

回想起来，工程师可能做了很多事情来防患于未然，但是很显然，他们从来都没有考虑一个意外可以冲破 6 个船舱的可能性。泰坦尼克号就这样于 1912 年由于工程师考虑不够周全而沉没在北大西洋。■

伍尔沃斯大厦

冈瓦尔德·奥斯（Gunvald Aus，1851—1950）
卡斯·吉尔伯特（Cass Gilbert，1859—1934）
科特·波利（Korte Berle，生卒年不详）

1912 年伍尔沃斯大楼在建的场景。

圣丹尼斯大教堂（1144 年），贝塞麦炼钢法（1855 年），自由女神像（1886 年），帝国大厦（1931 年），迪拜塔（2010 年）

18 世纪的建筑师或工程师通常使用木材、石材和砖作为建筑材料。外墙和内柱承受着建筑的全部荷载。如果使用石材来建造多层建筑，就意味着墙体，特别是底部的墙体必须特别厚。开窗会削弱结构的，所以此类建筑的开窗都很小。

到了 19 世纪，铸铁出现。柱子和墙可以变得很薄，窗户可以变得很大，但是建筑高度依然是一个局限。七八层就已经是建筑的最高极限了。

所有这一切都因贝塞麦炼钢法制造了廉价的钢材而得以改变。因为钢材的坚固性，工字钢梁框架可以将建筑高度提升到非常高，而且这样一来建筑外墙不再需要承担建筑荷载。现代摩天大楼的建筑外墙被称为幕墙，从这里可以看出它们的角色是如何改变的——外墙可以悬挂在钢结构上。如果工程师想要让外墙完全是玻璃材料，对于现代结构来说也是可能的。

其他的技术也成就了摩天大楼的高度。摩天大楼如果没有电梯是不可能实现的——没有人愿意爬 50 层的楼梯。辅助泵和储水罐使得高层建筑中有了可利用水压。所有这些元素在 19 世纪末期都相继出现。

纽约熨斗大厦有 21 层，在 1903 年使用了所有上述这些技术。但是它是“摩天大楼”吗？工程师们的技术开发非常快，仅仅 10 年之后，60 层的伍尔沃斯大厦成为了后来 17 年中世界上最高的建筑。伍尔沃斯大厦是由建筑师卡斯·吉尔伯特设计的，并由结构工程师冈瓦尔德·奥斯与其合伙人科特·波利协助完成，在当时可以称得上结构工程的奇迹，它有 34 部高速电梯，5 000 扇窗，几乎 100 万平方英尺（93 000 平方米）的建筑面积。

摩天大楼展示了工程学一贯的主题——一旦有新技术和新材料，工程师就能创造出新的东西。

070

巴拿马运河

约翰·芬德利·华莱士（John Findlay Wallace，1852—1951）
约翰·弗兰克·史蒂文斯（John Frank Stevens，1853—1943）
乔治·华盛顿·戈索尔斯（George Washington Goethals，1858—1928）

拍摄于 2009 年的巴拿马运河照片。

中国的万里长城（1600 年），伊利运河（1825 年），胡佛水坝（1936 年），集装箱运输（1984 年），三峡大坝（2008 年）

1914 年

20 世纪初，从纽约到洛杉矶旅行，乘船是一种主要的方式，这种方式历时两个月，全程 13 000 英里（21 000 千米），要绕道南美南部的好望角。

1914 年，巴拿马运河成为了一个急需的捷径，通过巴拿马运河，旅程直接缩短到 7 000 英里（11 300 千米）。运河是一个令人惊叹的工程学成果。工程师创造了一条穿越丛林和山区地形的几乎 80 千米长的水上通路。

巴拿马运河的建筑非常有趣，因为工程师通过很多不同的方式解决了问题。主创工程师约翰·芬德利·华莱士（1904—1905），约翰·弗兰克·史蒂文斯（1905—1907），以及乔治·华盛顿·戈索尔斯（1907—1914）选择了这样的解决方式：他们修建了世界上最大的水坝形成了加通湖（Lake Gatun），后来成为了世界上最大的人造湖泊。船舶通过加通闸，从大西洋到加通湖提升了三个梯极的高度。当湖建好之后，这些水闸是最大的混凝土项目。船舶在湖上运行 20 英里（33 千米），然后穿过 7.8 英里（12.6 千米）的人造水渠库莱布拉水道（Culebra Cut）。水闸再将船舶降低至米拉弗洛雷斯湖（Miraflores Lake），然后再由两个水闸将船舶降至太平洋上。

运河修建完成之后，运行者注意到供水问题。每次水闸循环往复地提高或降低船舶的时候，都会有大量的水从加通湖流入海洋。在旱季的时候，没有足够的水，而到了雨季，水又过多。马登大坝（Madden Dam）和阿拉胡埃拉湖（Alajuela Lake）通过储水解决了这个问题，并允许运行者在需要的时候放水。

运河开放之后，人们庆祝这一工程学的巨大成就。这一捷径节省了上亿美元的成本。修建运河的过程后来也被改进用于中国三峡大坝的修建。■

激光

阿尔伯特·爱因斯坦（Albert Einstein，1879—1955）

雅朴（Yepun）激光导星望远镜，是组成甚大望远镜（Very Big Telescope）的四台独立望远镜之一，位于智利的阿塔卡玛沙漠。

指南针（1040 年），“三位一体”核弹（1945 年），光纤通信（1970 年）

激光笔、激光扫描仪、激光打印机、大型激光武器……为什么跟激光有关的东西这么多？很大一部分原因在于它的名字：受激辐射光放大器（Light Amplification by Stimulated Emission of Radiation，LASER）。受激辐射部件是很重要的：激光在远距离传输时通常也能保持单色单相位和窄光束，这样的光线就像是有组织的一样。日常的灯泡所发出的光子的颜色不同、方向不同，相位也不相同。

掌握有组织的激光，工程师就可以做到很多使用杂乱无章的光线做不到的事情。例如，工程师可以将一小束激光打在 DVD 或 CD 的镜面上，并观察它是否会顺利地反射回来。如果发生反射，代表 1；没有，代表 0。小束集中的激光还可以准确地切割纸张、木材或金属。激光束可以将数百瓦的能量集中在针孔大小的范围内。

激光使光纤成为了可能。光纤的基本原理非常简单：位于光纤一端的光源通过开闭将信号 1 和 0 传递到另一端。激光可以快速开闭，聚焦的强力光束可以在现代光纤中传播数十英里而不需要中继器。并且由于激光的单色性，多种颜色的激光可以在同一根光纤中传播，这样就增加了光纤的容量。这样一来便可以通过一根光纤传输海量数据——没有激光是做不到的。

激光向我们展示了工程学有趣的一面。当基本原理的发现完成后（阿尔伯特·爱因斯坦在 1917 年发表的一篇文章中写下了激光和脉泽的基本原理），工程师通常可以找到多种方式来开发运用激光。最初的激光器非常粗糙，工程师想方设法使它变得更小、更快、更亮，也更便宜。这些改进为激光带来了新的应用前景，很快我们就会发现工程师将激光应用在了数百种产品中。这就是工程学的方法。

胡克望远镜

乔治·艾勒里·霍尔（George Ellery Hale，1868—1938）

威尔逊山天文台上 2.5 米反射式望远镜的平面图。

哈勃太空望远镜（1990 年），凯克望远镜（1993 年）

1917 年

20 世纪早期，科学家们还没有发现河外星系，因为他们的望远镜还没有大到可以分辨出遥远星系中的恒星。胡克望远镜是第一架可以做到这一点的望远镜，它的口径为 2.5 米，受美国天文学家乔治·艾勒里·霍尔的委托于 1917 年进行了首次观测。在胡克望远镜的帮助下，1929 年埃德温·哈勃（Edwin Hubble）宣告了银河外星系的存在。

胡克望远镜作为世界上最大的望远镜的时间长达三十年，作为第二大望远镜的时间也有三十年。在当时这是一项惊人的工程杰作，为了使望远镜良好地运行，需要将许多巨大的精密部件集合在一起。

望远镜直径 2.5 米的主镜是玻片状的，厚 30 厘米，重 9 000 磅（4 100 千克）。为了将主镜打磨、抛光到精确的形状，人们制造了一架巨大的磨床。主镜在镀银后被安装在一个可以稳定支撑它的支架上，这样既可以防止主镜的形变与晃动，又可以平滑、准确地转动它。

支撑主镜的支架和桁架结构由一家战舰工厂制造，连同主镜共重 100 吨。整个装置安装在汞轴承上以方便操纵，主镜背后的充水管道网可以使它的温度保持恒定。整架望远镜的移动由钟表装置驱动，它可以在地球旋转的过程中保证望远镜在天空中指向同一点长时间保持不变，从而使人们可以对暗弱天体进行长时间曝光观测。一个 4 000 磅（1 800 千克）下垂的重物对缆绳产生拉力，使望远镜和圆顶缓慢地移动，与地球的旋转同步。

胡克望远镜的设计和精度使它可以在 20 世纪 20 年代首次通过拍摄照片证实银河外星系的存在。令人惊奇的是，在它的主镜浇筑完成超过一百年后的今天，胡克望远镜仍然在使用。像哈勃望远镜（Hubble）和凯克望远镜（Keck）这些后来的望远镜，它们的开发都是基于胡克望远镜的一些基本原理。

女工程师协会

维蕾娜·福尔摩斯（Verena Holmes，1889—1964）

THE WOMAN ENGINEER
THE ORGAN OF THE WOMEN'S ENGINEERING SOCIETY (Incorporated 1920).
VOL. I., No. 10. MARCH, 1922. PRICE 6D.
MRS. CARLIA S. WESTCOTT,
THE FIRST AMERICAN WOMAN MARINE ENGINEER.
(See page 138)
THE "WOMAN ENGINEER" IS ISSUED QUARTERLY—PRICE 6d.

1920 年的女性工程师。

伦斯勒理工学院（1824 年），专业工程师许可（1907 年），
顶装式洗衣机（1946 年），微波炉（1946 年）

1818 年，土木工程师学会（the Institution for Civil Engineers）在伦敦成立了，它是历史最悠久的一个工程师学会。到第一次世界大战的时候，又有许多新的组织成立，例如机械工程师学会（the Institution of Mechanical Engineers，建立于 1847 年）、德国工程师协会（the Association of German Engineers，1856 年）、加拿大土木工程学会（the Canadian Society for Civil Engineering，1887 年）、美国机械工程师学会（the American Society of Mechanical Engineers，1880 年）等。这个时期也涌现出了一大批工程学方面的专业技术院校。

然而，在第一次世界大战时期，大批女性进入职场，战争结束之后，许多还继续工作。在第一次世界大战期间，英国有 800 000 男性战死，所以留下了“多余的女性”没有结婚，她们必须通过有报酬的工作来养活自己。过去对她们关闭的专业如今也都打开了，尽管一些雇主倾向于当幸存的士兵从前线返回之后，解聘女性员工，让她们回家。

维蕾娜·福尔摩斯倾注了她一生的心血做一个工程师。从牛津女子高中毕业之后，她在技术学校研修夜大的课程，做绘图员学徒。在这段时间，她建立了女工程师协会，以促进对工程学感兴趣的女性的教育和培训工作。她于 1922 年获得了伦敦大学的学位，于 1924 年成为了机械工程师学会的第一位女性准会员。

《女工程师》（*Woman Engineer*）会刊提供了很多有用的服务。例如，1924年，编辑卡洛琳·赫斯莱特（Caroline Haslett）举行了一场比赛，以确定哪些设想的家庭改进对于将女性从枯燥繁重的家庭生活中解救出来是有用的：开始的获胜者是手压泵操作的洗碗机，随后是恒温炉。在为家庭改善电气工程的带动下，她创办了妇女机电商会（Electrical Association for Women）。

随后又有其他的女性工程师的组织应运而生，例如美国的女工程师协会（SWE），建立于 1950 年。这些组织都会提供奖学金、课程、项目给那些对工程学学习和实践感兴趣的女性。

过山车

约翰 · 米勒（John Miller，1872—1941）

美国俄亥俄州国王岛的“野兽之子”过山车。

电网（1878 年），摩天轮（1893 年），哈利 · 波特的禁忌之旅（2010 年）

1919 年

想一下过山车的原理，其实非常简单。你可以将一个自由滚动的汽车放置在第一座山的顶端，然后让其滚到山底。在这个过程中，汽车会释放掉自己储存的所有势能，将其转化成速度。下一座山会矮一些，以适应摩擦力和阻力的损失。过程如此重复下去。

如果建造者使用的是木材，那么过山车通常会做得非常简单。

但是 1919 年美国企业家约翰 · 米勒取得专利摩擦轮下的过山车的出现，推出了更具创造性的路线。通过“米勒的摩擦力下的车轮”，过山车行进时可以扭曲和螺旋。现在，由于钢管轨道的出现，人体能承受的重力极限成为了设计唯一的真正障碍。

爬上第一座山的传统办法是使用链条。它允许过山车在一分钟，甚至更长的时间里慢慢地积攒势能。但是像在奥兰多的“绿巨人过山车”采用的是完全不同的方法。车子从第一座山下出发时，由连接着 230 个大型电机的橡胶轮驱动。车子的速度在两秒钟之内，从零增加到每小时 40 英里（每小时 64 千米），跨过第一座山的顶部，直接进入一个反冲阶段，落到第一个谷底。

带着 32 名乘客满载上山，对其进行快速的加速需要大约 11 000 马力（8 000 000 瓦特）。工程师不能对均衡的电网说“请在两秒钟之内为我提供 8 兆瓦”，而不考虑多种断电的可能所带来的严重后果。所以，在两次出发的时间之间，系统利用惯性轮释放出它们积累的能量。这使得电网上的负荷趋于均衡。

075

金索勒栈桥

美国阿拉斯加塔纳纳谷，正在穿过福克斯峡谷栈桥的一列火车。

桁架桥（1823 年），柴油机车（1897 年），过山车（1919 年）

1920 年

西方老电影里的一个经典桥段—— 一座山谷中，一列拉着货的火车正行驶在木栈桥上。之所以如此经典，是因为这些桥在 20 世纪特别普遍，特别是为了在美国西部的火车行驶。如果你修建一条铁路，它需要穿过这个山谷，工程师往往会选择使用栈桥来解决问题。这是一个简单、可行性强、成本又低的方式。

金索勒栈桥位于不列颠哥伦比亚，竣工于 1920 年，是现存的大型木栈桥之一。它有 617 英尺（约 188 米）长，144 英尺（约 44 米）高，坐落于山谷的最深处。其结构呈现出优美的曲线。它是由木材和螺栓建造而成，水泥地基将地面与木材分开。

栈桥的基本工程学原理非常简单。铁轨坐落于一系列 A 字形框架的顶端。A 字的两个向外伸展的腿提供了两侧和竖向的稳定性，在这两只腿之间还可以有一个或多个竖向中心点，这样一来，水平和对角交叉支撑可以帮助结构保持稳固。

用铁或钢材制作栈桥也是可能的，现代有很多这样的例子。南印第安纳州的郁金香栈桥，全长 2 307 英尺（703 米），它则是由钢结构梁做成的，它是美国最长的一座栈桥。如今，你可以见到的另一种栈桥类型的设计是主题公园内的经典木制过山车和在海滩上的长长的木栈桥。

广播电台

一位妇女正在打开一个较早时期的收音机。

电报系统（1837 年），录音机（1935 年）

如果我们可以乘坐时光机回到 1912 年，站在正在下沉的泰坦尼克号的甲板上，我们将会看到一个记录着新的通信时代开始的东西。泰坦尼克号有两个船桅，每个坐落于船的一段，中间拉着一根长长的线。这是一个 500 瓦火花隙电台，泰坦尼克号正在用它向外发送莫尔斯电码求救信号。

泰坦尼克号让电台出了名，因为这场灾难，1912 年的“电台行动”要求船舶每天二十四小时为求救进行监视，并得到美国政府的广播电台许可，建立了一套系统。

到 1920 年，第一个调幅电台在美国开始广播：它就是宾夕法尼亚州匹兹堡的 KDKA。1912 年到 1920 年，因为第一次世界大战，真空管生产大规模加速。真空管为电力工程师提供了为无线电发射机和接收机创造扩音器的能力。一旦工程师制造了生产设备，收音机就变得非常普及了。每个人都有一台收音机。到 1922 年，美国拥有超过一百万台广播接收器。上百个组织——报纸、大学、百货商店和个人——拥有了自己的广播电台。广播的黄金时代就此诞生。

NBC 电台始于 1926 年，CBS 电台始于 1927 年。政府法规的改变则让广告在广播中成为了可能。因为有适当的收益，广播员就有理由去扩展自己的业务，花钱去购买更多的内容。

这个故事整个都非常令人激动。是战争造就了真空管，又是真空管造就了广播。其结果造就了一种全新的思维方式——由广告赞助的、全国范围内、上百万人的、实时同步的、电子的、免费的大众传媒。1920 年，所有这一切都不存在，而到了 1930 年，美国有一半的家庭都拥有了收音机。大萧条开始之时，收音机提供了一种低成本的新闻与娱乐形式。电子工程师创造了一个大规模的社会变革。

077

机器人

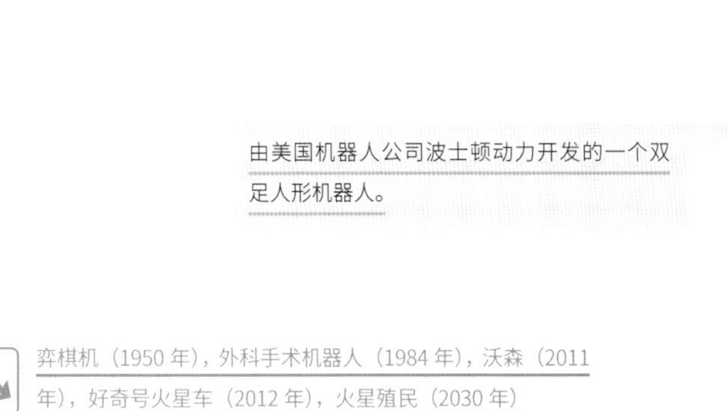

由美国机器人公司波士顿动力开发的一个双足人形机器人。

弈棋机（1950 年），外科手术机器人（1984 年），沃森（2011 年），好奇号火星车（2012 年），火星殖民（2030 年）

1921 年

“机器人”这个词第一次出现是在捷克作家卡雷尔 · 恰佩克（Karel Capek）于 1921 年创作的《RUR》中。但什么是机器人？棋牌电脑与人类对战，它算不算机器人？好奇号火星车登陆到火星，它算不算机器人？在 ATM 机上取钱，它算不算机器人？《梅里亚姆-韦伯斯特词典》（*Merriam-Webster*）对于机器人的定义是：“可以承担人的工作的机器，它的运行是自动化的，或者是通过计算机控制的。”通过这个定义，上述的这三个实例当然全都是机器人。工程师创造了机器人来代替人的工作。机器人取代人力的目的与金钱、安全、方便、单调的工作等有关。例如，我们将机器人送上火星的原因，是因为这样比送一个人上火星更便宜、更安全，这趟往返的行程太过单调。

今天，我们看到机器人有许多不同的角色。美国大多数的制造工厂都是高度自动化的，机器人会做所有的焊接、绘图、加工和制模的工作。许多仓库和船舶港口也都全部变成了机器人工作。上百个自动化机器人可以同时在一层仓库中运转和工作。无人驾驶汽车和卡车正在迅速发展，在不久的将来，每辆机动车都会由机器人来操控了。

目前，机器人尚缺乏总体展望能力。人类可以理顺全系列产品的现货供应，将停车场、洗衣房所有的购物车都收集在一起，还能将洗碗机清空。因为人类有很好的展望能力。一旦这个系统也能存在于机器人身体中，机器人的功能会有爆炸性的突破。一旦机器人能够拥有展望力，并有更多一点点的灵活性，零售业、餐馆、建筑工地等的职业都会有消失的可能性。

使这一切成为可能的正是多种工程学领域跨学科的结合。发动机、结构、传感器、计算机、电池、电源管理系统所有这一切组合到一起就使得机器人成为可能。工程师还需努力降低机器人的成本，提高其性能。工程师让机器人取代人类去做今天人类所做的一切工作，仅仅是个时间上的问题了。

人工心肺机

谢盖尔·布鲁克霍年科（Sergei Brukhonenko，1890—1960）

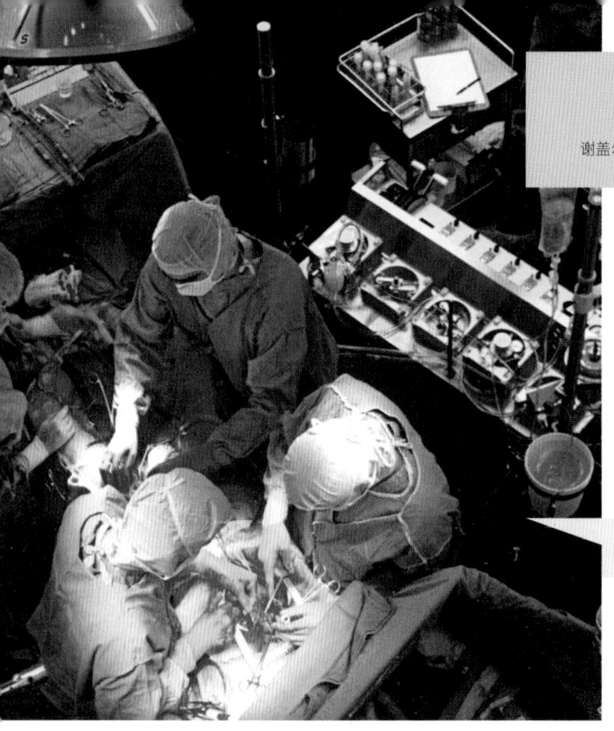

心脏手术时的人工心肺机。

心电图（1903 年），透析机（1943 年），人工心脏（1982 年），外科手术机器人（1984 年）

1926 年

用别人捐赠的心脏代替自己的心脏，这个想法听上去几乎是不可能的。再比如，修复瓣膜这样的心脏手术听上去也很不可思议。人们理所当然地认为，一个人的心脏停止了跳动，这个人就死了。为了使心脏手术能够成为可能，工程师不得不为挑战死亡创建一座桥梁，以保证当病人的心脏不跳动的时候他也不会死去。所以，工程师创造了一个可靠的人工心肺机。

人工心肺机是由苏联科学家谢盖尔·布鲁克霍年科于 1926 年发明的，它是一个代替人的心脏和肺部泵动血液与充氧功能的设备。还有一个难题是：机器通常需要在几个小时之内，在不破坏人的血细胞的情况下完成这件事情。

工程师解决了所有这些问题。现在，人工心肺机每天都会在医院中被使用上百次。

人工心肺机的基本原理非常简单，分为四部分。它有一个管子作连接，通常这个管子要插到心脏的动脉之一，将血液从身体中抽出来。一台血液泵将血推送到机器里。转膜系统允许氧气进入血液，并让二氧化碳离开血液。血液通常被冷却，以降低人的代谢，减少对氧气的需求。然后再通过另一个管子，新鲜的携氧血细胞流回到人体内。

一旦人工心肺机安装好，人的心脏就可以停止跳动，为修复作准备，甚至可以被移除，用人工心脏来取代。人工心肺机的工程学原理是非常令人感慨的——它能够接手人类生命的一段非常重要的时间，为外科医生完成他们的任务开了一扇窗。■

电冰箱

冰盒之后，电冰箱是一个巨大的进步。

给水处理（1854 年），空调（1902 年），速冻比萨（1957 年），绿色革命（1961 年），辐照食物（1963 年）

1927 年

大概现代世界的每个家庭都有一个冰箱或冰柜，为什么？因为它可以帮助食物保存更长的时间。1 加仑（3.79 升）的牛奶放在厨房的柜台上，短短几个小时就会变质。牛奶中的细菌会产生酸使其凝固。将一片生肉放在橱柜上，肉会开始腐烂，因为肉里有细菌。

把食物放到冰箱里，细菌的繁殖速度会放慢。现在，牛奶、肉、食材、生菜和更多的东西都可以在细菌腐坏它们之前储存一周的时间。在冰柜里，细菌会因为寒冷而停止生长，因此冷冻食品可以保存几个月之久。

冰箱使用的第一个被广泛传播的技术来自于冰盒的形式。送冰的人会每隔几天送新鲜的冰来。两个问题：家用冰的运输费非常昂贵，冰盒温度不够低。

为了创造一个真正的冰箱或冰柜，工程师需要采用在空调中使用的蒸汽压缩原理，将其变小，变得更有效、更安全。早期的冰箱非常大，它采用的是剧毒液体，例如液氨。一个重大发展是电机和压缩机的小型化，这使得 GE（通用电气，General Electric）公司的第一台家用电冰箱于 1927 年问世。作为制冷剂的氟利昂的发明也是一个关键因素。很快，电冰箱普及每一个家庭。1965 年，带冷冻室的冰箱问世。

然而，有一个美中不足的问题工程师没有预料到，氟利昂分子会从冰箱中泄露出来，在空气中它可以残留一百年或者更长的时间。氟利昂本身对人没有毒，但是如果氟利昂分子飘入平流层，就会破坏臭氧层。禁用氟利昂和新技术的开发，更加安全的冰箱被发明，氟利昂污染有了一定的改善，但是想要完全解决这个问题，还需要十几年的时间。■

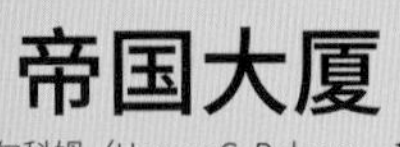

帝国大厦

荷马 · G. 巴尔科姆（Homer G. Balcom，1870—1938）

纽约上空拍摄的一张聚焦帝国大厦的鸟瞰图。

调谐质块阻尼器（1977 年），迪拜塔（2010 年），速成的摩天大楼（2011 年）

1931 年

坐落于纽约城的帝国大厦保持全球最高建筑纪录长达 40 年。这仅仅是它的众多世界纪录之一。

自从它于 1931 年竣工，帝国大厦就被认为是世界上伟大的工程学成就之一。它最初是由设计公司什里夫（Shreve）、兰埔（Lamb）和哈蒙（Harmon）公司设计的。由约翰 · J. 拉斯科布（John J. Raskob）开发，它的主创结构工程师是荷马 · G. 巴尔科姆。它的装配工艺高度协调，速度惊人——从第一个基础工作到完成仅用了 405 天的时间。为了确保这种建设速度的可能性，用于建设的 5 800 吨的钢材在工厂就做成了预制柱和预制梁，然后将其用卡车运到场地。这是“按需生产”制造业的先例。工人用螺栓和热铆钉将钢材组件连接在一起。建造速度为每周 4.5 层，每个月钢材到达场地的速度大概是 10 000 吨。

另一个加快建设的关键是平行作业。当工人完成每层楼的钢结构之后，它就被沉重的木地板覆盖，以创造一个在上面施工的平台。管道工和电工紧跟着钢材工人作业，外包层的施工在钢结构起来之后的几周就开始了。

外包层工程学在施工速度方面就具有很大的贡献。如果你看向最底部几层的上面，你会看到规范的镀铬装饰构建垂直上升。然后是 6 400 个窗户，窗户的竖向之间是铸铝板，窗户旁边有石灰石板。铝板和石灰石板后面是 8 英寸（约 20 厘米）厚的砖墙，砖墙是由每层放置在钢梁上的 1 000 万块砖组成的。覆盖在砖上的石膏形成了内墙。每层的楼板都是现浇混凝土楼板。工程师发明了创新型的模块化建筑实践，创建了随后几十年的一个纪录，使得迪拜塔这样难以想象的摩天大楼成为了可能。但是以 1931 年的技术能力，其建设速度和高度至今仍然令人印象深刻。

081

录音机

弗里茨 · 普夫劳默（Fritz Pfleumer，1881—1945）

第一台录音机是 1935 年发明的。图中的模型来自于 20 世纪 70 年代。

硬盘（1956 年），家用录像带（1976 年）

想一想，能够记录声音是多么有用的一件事。今天，我们通过按一下我们智能手机上的一个按键，就能记录音频和视频，非常便捷。

1888 年，当录音技术推向市场时，就立刻风靡一时。其原始技术——蜡筒和一根针——使得记录和回放声音成为了可能。飞机起飞时播放的音乐是预先录制好的，从那时起，播放音乐变成了一件很流行的事。

磁带录音始于 1935 年德国磁带录音机 AEG Magnetophon K1 的发明，由德国电子公司 AEG 开发，它基于工程师弗里茨 · 普夫劳默发明的磁带，薄塑料涂上三氧化二铁形成磁带条，上百米长的磁条卷在一起形成一条磁带。电动机拉着磁带，通过一个读写磁头，从这头拉到那一头。在磁头上变化的电流将产生的磁场记录到氧化铁上，或者已经录音的氧化铁将在磁头上产生小电流，然后将其放大到能被人听到。最初的系统就是这么简单，但是它们却实现了录音这件事。

一旦工程师拥有了这个录音和回放的基本技术，他们就在几个不同的方向上将其演变。八通道盒与后来的小型盒式磁带使得磁带非常易于使用。螺旋记录头使录像成为了可能，这演化成了允许人们在家中录制电视节目和播放电影的家用视频系统（VHS）。计算机磁带驱动器存储数据在 20 世纪六七十年代非常重要。看老的科幻电影如《奇爱博士》（*Dr.Strangelove*）时，驱动磁带机可增加高科技的感觉。工程师还改进了记录介质的形式，从而为计算机创造了软盘。这种用于磁盘的相同技术使随机访问更快捷。我们甚至可以在我们信用卡的背面找到一小片磁带。

磁带录音证明了，通过掌握一种技术，工程师可以将其延伸扩展到很多不同方向。

1935 年

胡佛水坝

约翰·L. 萨维奇（John L. Savage，1879—1967）

胡佛水坝是建于科罗拉多河的黑峡谷的一座混凝土拱形重力水坝，它坐落于美国亚利桑那州和内华达州的边界处。

混凝土（公元前 1400 年），脱盐（1959 年），伊泰普水电站（1984 年），三峡大坝（2008 年）

1936 年

水被看成理所当然的存在——直到有一天没有水了。如果你住的地方离水源很远，或者遇上干旱、水源枯竭，就会出问题。没有水，人类几天之内就会死去。

胡佛水坝于 1936 年竣工，它因两个原因成为工程学的一个伟大成就。第一个原因是它在沙漠中形成了一个巨大的人造湖泊——米德湖。当整个湖装满水的时候，总共可以储存 7 700 立方英里的水（32 000 立方千米），米德湖是美国最大的一个人造湖。它可以为周边的亚利桑那州、内华达州以及加利福尼亚州的城市和农场的干旱贮存水源。

另一个工程学的成就是水坝本身。世界上有三种水坝类型：重力坝是一个由土、岩石和混凝土组成的大土堆，它是靠其庞大的重量将水挡住；拱坝是一个薄的混凝土拱形，通常建在两座石壁之间。胡佛水坝是一座拱形重力水坝，它在技术上将这两种水坝结合在一起，因为其背后的湖泊太大。

围垦局任命的主创设计工程师约翰·L. 萨维奇监督了整个的大坝的修建，他在设计和建造大坝的时候，面临着几十个重大挑战。从哪儿弄来这么多混凝土？如何在硬化前运输这么多混凝土？将这么大的河转移到哪里去？怎么移？可能最有趣的问题是硬化中的混凝土产生的热量。水坝包括 325 万立方码（250 万立方米）混凝土。如果一次性将所有的这些混凝土都倾倒出来，核心部分的混凝土会升温上百度，从而毁掉水坝。所以最终采用一批一批地倾倒混凝土的方法，并将装着冷却水的管子穿过每块混凝土中为其降温。之后，管子中会填入灌浆。

胡佛水坝非常宏伟，其结构紧凑，应该可以永远完美地与其所在的峡谷结合在一起。

金门大桥

约瑟夫 · 斯特劳斯（Joseph Strauss，1870—1938）
莱昂 · 莫伊塞弗（Leon Moisseiff，1872—1943）
查尔斯 · 奥尔顿 · 埃利斯（Charles Alton Ellis，1876—1949）

取景于南塔上的金门大桥。

桁架桥（1823 年），塔科马海峡大桥（1940 年），
米洛高架桥（2004 年）

金门大桥于 1937 年竣工开放使用，它的主跨长 4 200 英尺（1 280 米），它至今依然是地球上最长的十座吊桥之一。令人惊叹的是，工程师和几百个建筑工人建造出这么巨大的一座桥，仅用了四年的时间。

这座桥最初的设计师和主创工程师是约瑟夫 · 斯特劳斯，其助理是莱昂 · 莫伊塞弗（后来他设计了塔科马海峡大桥）。随后，高级工程师查尔斯 · 奥尔顿 · 埃利斯接任这个项目的主创工程师。工程师认为拥有两个塔的吊桥是最优的，因为旧金山湾主水道的水非常深，很多大船需要通过这里进入旧金山港。修建多个塔的方法在这个场地行不通。两个塔之间的跨度有 4 200 英尺，用一个拱、一个桁架或悬臂梁等任何的方式都是不可能的。

塔坐落在巨大的浇筑在基岩上的混凝土基础之上。南塔在水中，用 40 英尺（约 12 米）厚的钢筋混凝土包围其基础作为防护墙。这堵墙是为了防止船舶撞到塔上。塔身由钢筋制成，其高度高出水面 746 英尺（227 米）。

两根主要的悬索直径 3 英尺（1 米）。然而，它们不是实心钢。而是由 27 000 根钢丝“织”成的。两个原因：第一，这是唯一可行的方式；第二，悬索需要一定的柔性——在大风天气的时候，桥梁会有 27 英尺（8.2 米）的摆幅。悬吊的缆索下，悬挂着作为道路的甲板。桁架支撑着悬索之间的甲板。

最后的难题是桥梁端部的两个锚固。两座塔是通过缆索、甲板和道路的巨大质量互相拉扯着。为了保持塔的树立不倒，两边的缆索通过跟每个重达 13 000 万磅（6 000 万千克）的锚块链接在一起而向外拉伸。

1937 年

兴登堡

图为兴登堡刚爆炸时拍摄的照片，1937 年 5 月 6 日，在莱克赫斯特海军航空站，正飞行在 804 英尺（245 米）高空的德国飞艇在爆炸后轰然坠落。

泰坦尼克号（1912 年），海上巨人号超级油轮（1979 年）

1937 年

每隔一阵子，工程师就会创造出一些东西，将其公之于众，然后人们会看到并说："这个看上去并不是一个很好的想法。"或者他们可能会说："这个看上去像是一场灾难。"也或者可能是："一定还有更好的办法。"有时候，工程师做这些是出于无知，有时是因为经济，有时纯粹是因为傲慢或错觉。单舱超级油轮就是一个实例。任何人看到这个想法都会说："好吧，如果你撞到东西怎么办？那样就会有 100 万加仑（379 万升）的原油进入海洋生态系统。"这与将 10 亿吨二氧化碳倾倒到大气中是一个级别。

然后就有了兴登堡。兴登堡是一艘坚固的飞船，它是用一种轻于空气的气体来作为提升气飞行。最初的想法是用氦气作为提升气，但是德国飞艇公司制作的兴登堡不能保证可以获得足够的氦气，所以他们换成了氢气作为提升气。氢气便宜、容易制作，是可用的提升气中最轻的一种气体。它最大的问题是极其易燃。飞艇公司感觉到他们已采取了一切必要的措施防止爆炸的发生，兴登堡顺利飞行了上万千米。

兴登堡的飞行是工程学上的一个奇迹——携带 50 名乘客在空中进行奢侈的巡航。这艘飞船只有 800 英尺（245 米）长，与乘客车厢相比，它的体积算是非常小的。里面的旅客住宿区域可以与那个时代的邮轮相比，但是兴登堡的速度却要快一些，其速度高达每小时 75 英里（约 120.7 千米）。

但是，在 1937 年 5 月 6 日，它出现了状况。氢气燃烧，整个荷载——大概有 700 万立方英尺（200 000 平方米）的氢气——在仅仅几秒钟的时间内付之一炬。

从那之后，人们做出了很多努力来改进飞艇和刚性飞艇，使用的是氦气，而不再是氢气。这个想法非常诱人，因为这种采用比空气轻的气体升起的方式，不需要燃料，因此是零成本的。问题是飞船需要特别巨大才有升起的可能性，所以它们的运行不能太快，在严酷的天气下也会有问题。与在任何天气状况下都可以达到时速 500 英里（约 804.7 千米）的喷气式飞机相比，飞船没有竞争力。

085

涡轮喷气发动机

弗兰克·惠特尔（Frank Whittle，1907—1996）

飞机上一台涡轮喷气发动机的特写。

喷气发动机测试（1951 年），M1 坦克（1980 年），阿帕奇直升机（1986 年）

1937 年

冲压式喷气发动机（ramjet engine）是一种结构非常简单的发动机，它的外形像一支在空气中穿梭的利箭。在发动机向前运动的时候空气由其前端开口流入，在进气锥管（inlet cone）的辅助下空气被压缩。在发动机中部，燃料被喷入空气流中，并在火焰稳定器（flame holder）的辅助下于燃烧部发生燃烧。燃料燃烧产生的热量使空气急剧膨胀，膨胀的空气由发动机尾部喷出，产生推力。冲压式喷气发动机的问题在于其在静止时无法工作。20 世纪 30 年代末，英国空军工程师弗兰克·惠特尔找到了解决方案，这一方案促成了 1937 年第一代涡轮喷气发动机（turbojet engine）的出现。

在涡轮喷气发动机的进气口处有一架大功率的涡扇，即便在发动机静止的时候涡扇也可以使空气流入发动机。工程师将惠特尔这一最初的想法发展为了一台多级压缩机—— 一系列的涡扇和叶片。通过将进入的空气压缩 10 倍或更多，发动机可以燃烧更多的燃料并产生更大的推力。压缩机可以由电动机驱动，但工程师意识到用排出的气流推动汽轮机是一种更好的方法。汽轮机和压缩机由绕发动机中心旋转的轴连接，这是一项非常高效的设计。

汽轮机周围气流的温度非常高。材料科学家和工程师通过研发新的合金和工艺避免了汽轮机熔化。其次，轴承的转速非常高，因此系统的平衡和润滑是非常重要的。

通过轴转动带动大型涵道风扇，高效的涡轮风扇发动机（turbofan engine）于 1943 年诞生。与动力传输轴连接后，我们就得到了阿帕奇直升机和 M1 坦克都在使用的燃气涡轮发动机。

磁悬浮列车

上海磁悬浮列车，它是世界上第一个商业运营的高速磁悬浮列车。

拇指汤姆蒸汽机车（1830 年），柴油机车（1897 年），防抱死制动（1971 年），真空管道高速列车（约 2020 年）

火车在时速 100 英里（160 千米）以下的速度下行驶的时候，钢制车轮运行得很好。它们的造价低，效率也高，没有任何大的缺点。而时速达到 100 英里以上时，车轮开始出现问题，速度越快问题越大，越难解决。其中的一个问题是振动，另一个是加速和制动。在某种程度上的制动，钢轮会失去对铁轨的抓力造成滑动。用轮缘保持火车在轨道上行驶这一简单的动作会引起摩擦，特别是在曲线轨道上。

解决所有这些问题的办法就是取消车轮。最好的替代品是磁悬浮。磁悬浮列车的概念来自于德国工程师赫尔曼 · 肯佩尔（Hermann Kemper）在 1937—1941 年间所获得的一系列设备专利。

磁悬浮列车事实上采用了三组磁效应：一组磁铁将火车提升，高于地面，所以它才能够漂浮着；另一组磁铁保持火车在轨道上的左右平衡，特别是当火车拐弯的时候；第三组磁铁（通常与提升磁铁结合在一起）组成一个直线电机来为火车加速或减速。

通过调制一组电磁铁，火车可以精确地控制其距离地面的高度、它的运行速度，以及加速和减速的情况。

除了平滑、加速和减速的好处之外，取消车轮也相当于取消掉了车轮引起的摩擦。然而，在时速超过 200 英里（约 322 千米）的情况下，大多数的能量都被消耗来克服空气阻力。因此，工程师对空气动力学给予非常大的关注，其对磁悬浮列车的重要性与喷气式飞机相同。

中国上海的磁悬浮列车于 2004 年开始投入使用，它是第一个行驶时速超过 200 英里的公共交通系统。其最高速度可达到每小时 310 英里（501 千米），列车在轨道上 7 分钟之内可行驶 19 英里（约 30.6 千米）。■

一级方程式赛车

焦阿基诺·科伦坡（Gioacchino Colombo，1903—1988）

现代一级方程式赛车时速可超过200 英里（322 千米）。

机械增压器和涡轮增压器（1885 年），内燃机（1908 年），布加迪·威航（2005 年）

1938 年

一级方程式赛车速度惊人——车子可以推动人达到所能承受的重力的极限。

工程师是如何创造出这种时速最高可以达到 200 英里（322 千米），并可以如此迅速地加速和减速的汽车呢？一切都始于 1938 年的“Alfa Romeo 158”。其主创工程师是一位意大利汽车设计师焦阿基诺·科伦坡。不可思议的是，这辆汽车赢得了所有的比赛，进入了 1950 年的一级方程式赛车的第一个赛季。从那之后，一级方程式赛车得到了飞速的发展。

一级方程式赛车的性能始于涡轮增压发动机，其关键在于发动机的最大转速。一台典型的汽车发动机的转速最高可达到每分钟 6 000 转。一级方程式发动机可以超过汽车发动机的三倍，甚至更多。这意味着一级方程式发动机可以比一个相同尺寸的正常发动机在每个单位时间内多处理三倍多的燃料。发动机的功率质量比是一流的，它可以飞快地旋转，因为有一队机械师对其进行完美的调整，而且它只需要持续两场比赛。

质量是非常重要的——它控制着汽车的加速和减速能有多快。一级方程式赛车的质量不足 1 100 磅（500 千克）。它有一个减重的技术：发动机代替了部分框架。发动机缸体不仅作为一个缸体，还作为一个受力部件连接着后轮和变速器到汽车其余部分。汽车自重也因为碳纤维底盘而降低，轻质合金材料遍及整个汽车。

然后我们来说说空气动力学。一级方程式赛车的前后翼提供了一个向下而不是向上的压力，使 F1 赛车可以倒车，可以贴到通道的顶板。它将轮胎和赛道很好地贴合在一起，能达到更好的转弯和刹车效果。

一级方程式赛车是工程师的一个游乐场，其规则约束着他们。一级方程式赛车具有达到最高性能的最大工程质量。

诺登投弹瞄准器

卡尔·诺登（Carl Norden，1880—1965）

诺登投弹瞄准器的照片。

“三位一体”核弹（1945 年），集束炸弹（1965 年），微处理器（1971 年），全球定位系统（GPS）（1994 年）

1939 年

今天，如果空军想要精确地向一个目标投射炸弹，炸弹会装有一组翼片，它可以由电脑与全球定位系统接收器和惯性制导系统相连接的计算机来进行调整。在炸弹被投射之前，计算机会接收到目标的经纬度。只要炸弹在目标附近的任何地方投放，都可以精确地袭击目标。

现在，让我们坐着时光机器回到 20 世纪 30 年代。那个时候没有全球定位系统的卫星，然而，随着第二次世界大战欧洲战场的展开，有了从飞机上向下投掷炸弹的需要，并且需要尽可能精准。为了解决这一问题，荷兰裔美国工程师卡尔·诺登于 1939 年发明了诺登投弹瞄准器。

在投射瞄准器使用之前，飞机在没有引导系统的情况下投掷重力炸弹。重力炸弹在飞机投射开始就会遵循一个弧形轨迹。弧形的精确形状是由飞机的速度、航向、风速和风向，以及炸弹释放的高度所控制的。因此，在轰炸的战场上，飞机投射炸弹需要一个精确的地点和时间。诺登投弹瞄准器帮助飞机找到确切的地点，计算精确的时间，使得弹弧能够精确地与目标相交。

在没有微处理器的情况下，这可不简单。诺登投弹瞄准器使用的是两个系统：陀螺稳定平台在轰炸期间保持投弹瞄准器水平，一个机械计算机作计算。机械计算机有效性的关键是用户界面。初始设置后，投弹手会把目标置于十字准线上，然后调整旋钮，让目标锁定在十字准线上。然后机械计算机在正确的时间释放炸弹。

当绝密等级取消后，我们发现诺登投弹瞄准器有一个巨大的广告运作在帮助它。在现实世界中，它从来没有像对公众声称的那样精准。但是考虑到当时的技术，这仍是一个了不起的大工程。

彩色电视

彼得·卡尔·戈德马克（Peter Carl Goldmark，1906—1977）

20 世纪 60 年代在商店售卖的彩色电视。

广播电台（1920 年），体育场巨幕（1980 年），高清电视（1996 年）

在 20 世纪 50 年代，黑白电视机盛行，它们接收免费的广播电视频道。工程师如何才能把彩色电视带给人们的同时又不使这些已有的电视机遭到遗弃呢？从黑白电视到彩色电视的转变代表着工程师经常要做出的一类决定：与现有仪器兼容是否有价值？或者，是时候放弃这些旧式的硬件了吗？

为了达到兼容的目的，工程师需要为彩色电视开发出一种新型的彩色信号。在携带所有必要的彩色图像信息的同时，该信号也可以模拟老式的黑白信号，因此不能识别彩色信号的老式黑白电视机也可以接收这种信号。

人们用一种卓越的方法解决了这一问题：在传统的黑白信号中加入以正弦波形式编码的彩色信号。老式黑白电视会忽略这种正弦波，而彩色电视可以对其进行解码。

工程学需要面对的另一个问题也具有挑战性：如何制造一台可以显示这种新型彩色信号的设备。德裔匈牙利工程师彼得·戈德马克在 1939 年首次为美国无线电公司（RCA）做出了尝试，他的方法是在显示器前安转一个可以转动的机械色环。这一方法有诸多问题：图像会抖动，并且机械色环比显示器本身大三倍，整个装置看上去就像是拼凑起来的一样。另一个系统包括多根阴极射线管和多面镜子。

1953 年，美国无线电公司推出了最终解决方案——工程师设计了一种新型的拥有三个电子枪、屏幕有三色荧光剂的阴极射线管，以及一种新型的位于电子枪和屏幕间的荫罩。随着兼容性彩色信号和全电子显像管的出现，彩色电视最终走入了人们的生活。工程师创造了一套简洁的系统。第一个彩色广播电视节目是 1954 年的玫瑰花车大游行（Tournament of Roses Parade）。2006 年从模拟信号到高清电视（HDTV）的转变也要归功于这一最初的创新。

塔科马海峡大桥

莱昂·莫伊塞弗（Leon Moisseiff，1872—1943）

塔科马海峡大桥坍塌时的场景。

桁架桥（1823 年），泰坦尼克号（1912 年），金门大桥（1937 年），阿波罗 13 号（1970 年），福岛核事故（2011 年）

1940 年

想象一下，如果你是一个正在设计桥梁的工程师，你将最好的经验全部用于这座桥梁的建设，但它却轰然坍塌了。当这一情况发生，工程师会发现他们的经验不是完美的。其结果是：最好的实践是不断地更新，经验需要调整，工程结构的世界才会变得更安全。这说的正是塔科马海峡大吊桥所发生的一切，它是由莱昂·莫伊塞弗设计的，于 1940 年垮塌。

吊桥在 1940 年非常普遍。莫伊塞弗自己在 1909 年设计了曼哈顿大桥，在 1937 年设计了金门大桥。这些都是有大跨度的大桥梁，莫伊塞弗成为了备受推崇的吊桥设计专家。

所以当莫伊塞弗设计西雅图附近的跨越普吉特海湾塔科马海峡大桥的时候，事情看上去非常的理所当然，建桥需要塔、悬索、锚缆索、吊索和桥板。因为预算的控制，莫伊塞弗提出了一个不那么贵的设计方案，采用更小的梁来支撑桥板，而不是工程师过去使用的三倍于此的桁架。他的设计胜出了。其原因有二：(1) 建造成本较低，因为减少了钢筋的用量；(2) 更薄的甲板横截面更具美感。莫伊塞弗自己称塔科马海峡大桥为“世界上最美的桥梁”。

问题是：工程师没有完全理解气动弹性颤振（aeroelastic flutter）。如果你体会过在强风下紧绷的绳索的振动，你就会明白这一现象了。塔科马海峡大桥的梁不够硬，在强风中它也跟着摆动。在这种情况下，桥板变成了冗长而又沉重的绳索，所以它的摆动是大幅度的上下的动作，这引起了它自身的断裂。如果你看这座桥坍塌前的视频，你会看到这么巨大的摆动简直是不可能的。

幸运的是，桥梁的坍塌并没有人员的伤亡。工程师分析了其失败的原因。从那之后，吊桥的桥板必须足够坚硬，以避免这样的问题再出现。

091

雷达

海因里希·赫兹（Heinrich Hertz，1857—1894）
罗伯特·沃森-瓦特（Robert Watson-Watt，1892—1973）
阿诺德·弗雷德里克·威尔金斯（Arnold Frederic Wilkins，1907—1985）
爱德华·乔治·鲍恩（Edward George Bowen，1912—1991）

日本的声音探测器，因为雷达的发明而被废弃。

高压蒸汽机（1800 年），集束炸弹（1965 年），F-117 隐形战斗机（1983 年），自动驾驶汽车（2011 年）

1940 年

在第一次世界大战的时候，飞机是一个新发明，它成为了战争中最大的威胁。同时，士兵也可以通过发射炮弹来击落飞机，他们需要大量的预警，因为飞机非常快。问题是，人们当时没有一种很好的方式能够远距离感受到飞机的到来。当时最好的技术是使用巨大的喇叭耳朵，当飞机接近的时候，能够听到飞机的声音。今天，这些做法看上去都特别荒谬，因为它们并不太管用。然而，到了第二次世界大战时期，技术有了一些发展。

“雷达”一词全称为无线电检测和测距。关于雷达的研究早在 1886 年就开始了，当时德国物理学家海因里希·赫兹证实了电磁波的存在。然而，直到第二次世界大战，雷达才被用于远距离检测飞机。1940 年，英国配置了“链向系统”（The Chain Home System）。罗伯特·沃森-瓦特（他是发明了蒸汽机车的詹姆斯·瓦特的后裔）、阿诺德·弗雷德里克·威尔金斯和物理学家爱德华·乔治·鲍恩发明了一种方法，就是用雷达系统以英国为中心向外检测大概 100 英里（160 千米）的飞机。这个系统在不列颠战役中变得极其重要，因为当时德国试图通过空战迫使英国投降。

雷达基于一个非常简单的原理：发出脉冲无线电波，然后寻找反射回来的无线电波。通过测量反射往返时间的长度，便可以估计出距离。类似示波器的显示器在屏幕上显示反射能量的光点。有趣的是，链向系统包含了一种逐步改进的工程学哲学。第一次尝试远不完美或不理想，但是它在接收反射并提供距离和方向上已经足够好了。随着时间的推移，开发和安装了改进的雷达系统。发射功率增加后，增大了检测范围。新系统能够在更接近地面的位置检测到飞机，也有了旋转天线和更好的显示系统。

电子工程师为人类发明了一套全新的感知系统。今天，我们依然在许多应用中使用雷达，包括自动驾驶汽车。

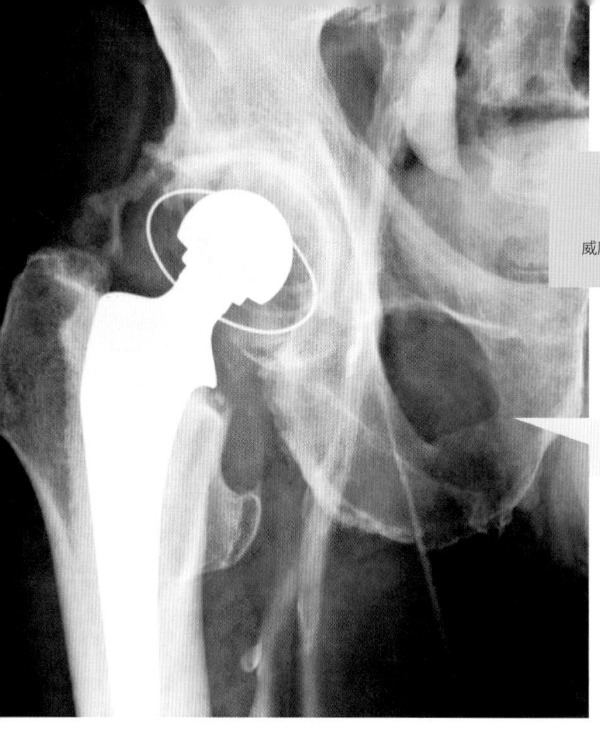

钛

威廉·贾斯汀·克罗尔（William Justin Kroll，1889—1973）

钛材料制作的髋关节假肢的 X 光片。

贝塞麦炼钢法（1855 年），霍尔-赫劳尔特电解炼铝法（1889 年），SR-71 侦察机（1962 年）

想象一下，如果你是一个工程师，你通常与铝和钢打交道。钢材具有很强的优势，因为它低廉的成本和坚固性，但是它相对比较重。铝的优点在于它与钢材有同样的坚固性，同时比钢材质量轻百分之五十。但是它在更低的温度下就会融化，而且更易产生金属疲劳。

作为一个工程师，你可能会问自己：“有没有一种金属，像铝一样轻，像钢一样坚固，还能在高温下保持其强度？”答案便是钛。这就是为什么 SR-71 侦察机几乎都是用钛材料制作的。如果用钢材制作，SR-71 侦察机是不可能飞离地面的——因为钢材太重了。如果它是铝材制作的，它不可能达到 3 马赫——因为这样一来 SR-71 表面会非常热，铝制的 SR-71 会被瓦解。钛解决了这一切问题。另外，它还没有生锈、腐蚀和金属疲劳的问题。

所以，有什么理由不喜欢钛呢？为什么不是所有的飞机都用这种金属材料呢？最大的问题就是成本。在 1940 年，由冶金学家威廉·贾斯汀·克罗尔发明的克罗尔冶金术，他已经做到能够让钛的成本低到可以在实验室之外使用，但是还没有人能够在钛的制作过程中真正做到低成本。如果一磅钢材花费 X 费用的话，那么一磅铝花费 2X 的费用，而一磅钛则要花费 20X 的费用。

钛的另一个问题则是其可加工性。没有办法铸造钛元件，钛的加工过程比钢材更慢，问题更多。焊接钛对焊缝的污染情况要求非常高。有时候，钛首饰色彩斑斓，这些颜色是由氧污染造成的，从结构上来说，这是不好的。对于金属，任何的油（包括指纹）都会引起污染。

除了运用在高速飞机和火箭上，工程师还在人体内使用钛，因为它的坚固、轻便和惰性。如果你有一个人造髋关节，其材料可能就是钛。

掺杂硅

约翰·罗伯特·伍德亚德（John Robert Woodyard，1904—1981）

硅晶片，它是半导体材料薄片。

混凝土（公元前 1400 年），沥青（公元前 625 年），瓦姆萨特炼油厂（1861 年），AK-47（1947 年），晶体管（1947 年），集束炸弹（1965 年），微处理器（1971 年），高清电视（1996 年）

如果我们必须选一种工程师使用的、对人类影响最大的物质，这种物质可能是什么？可能是工程师在枪、大炮和炸弹中使用的火药，火药的破坏力很大，虽然这不是一个令人感到愉快的影响；还可能是工程师用在核轰炸和核电站中的铀；或者是铺设公路所使用的沥青；还有可能是为许许多多建筑结构所使用的混凝土。那么我们大部分车辆使用的能源，汽油呢？

最具影响力的材料获奖者是……（请鼓掌）掺杂硅。掺杂硅是由约翰·罗伯特·伍德亚德于 1941 年在斯佩里陀螺仪公司工作时发明的。这种材料是晶体管的基础，在各个方面改变了我们的社会。环顾你的四周，数一数有多少种东西是以这种或那种形式使用着计算机。想一想你每天在笔记本电脑、平板电脑或智能手机上花费的时间有多少？想一想这个世界上正有上亿台的电脑连接着网络。

想一想我们正朝着什么方向前进。“物联网”将是下一个大事件。预计在未来的十年或二十年间，将会有 100 万亿个物体与网络连接。物联网与我们的生活息息相关：家庭应用、摄像机、传感器、跟踪装置、无人驾驶飞机、安防系统。掺杂硅使得计算机的成本大幅度降低，非常节能，非常智能，使得它能够嵌入任何东西之中，并与网络连接在一起。在不太遥远的未来，一大波机器人将向我们袭来。

掺杂硅的工艺在概念上非常简单。它始于纯的硅晶体，加入各种掺杂物，比如硼创造了一些空洞，磷创造了自由电子。准确地讲，这些掺杂区结合在一起，工程师可以创造出二极管和晶体管。有了晶体管，工程师可以创造出扩音器、接收器和计算机。我们的计算机和电子工业都是建立在掺杂硅的技术之上的。

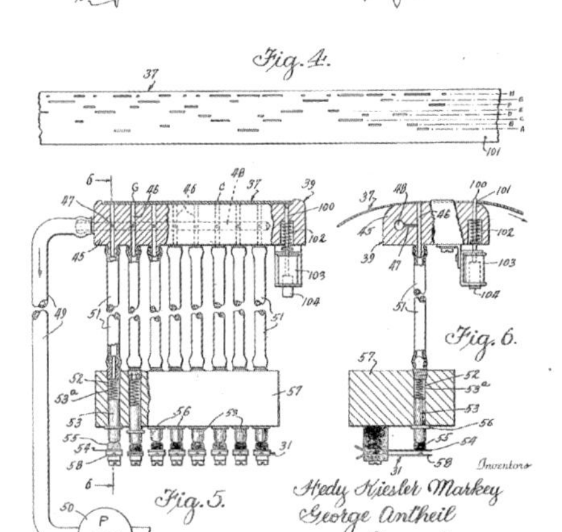

扩频

乔治 · 安泰尔（George Antheil，1900—1959）
赫蒂 · 拉玛尔（Hedy Lamarr，1914—2000）

"加密通信系统"的专利，由赫蒂 · 拉玛尔和她的丈夫乔治 · 安泰尔开发。他们的创新最终促使了我们今天所熟知的扩频技术的出现。

女工程师协会（1919 年），广播电台（1920 年），雷达（1940 年），无线上网技术（Wi-Fi）（1999 年）

1942 年

试想一下，你在使用军用电台向战地发布命令。如果使用固定的频率，敌人会很容易找到并干扰信号的传输。即便加密，敌人也可以进行破解。他们还可以使用高功率的发射器发送垃圾信息使该波段的信号传输达到饱和。

为了避免这些问题，工程师首次使用了扩频技术（spread spectrum technique）。1942 年，美国前卫作曲家乔治 · 安泰尔和他的电影明星妻子赫蒂 · 拉玛尔获得了"加密通信系统"的专利。这项技术最终演变为了 1962 年古巴导弹危机中美国军方所使用的电子扩频系统。

在电子扩频系统中，无线电发射器以某一频率发出一个短暂信号，然后跳到一个新的频率，传输一段距离，再调到一个新的频率，如此循环往复。信号传输会跨过多个频率，而不再是使用单一频率。接收机需要能够跟随信号的跳频，常用的方法是在发射端和接收端都使用相同的伪随机数产生器。现在敌人更难发现信号的传输，也更难阻滞它了。

事实证明，这项技术在今天由于一个新的问题而有了更重要的应用。假如世界上有很多人都想装配他们自己的小型信号发射器，让他们都得到具体安排好的频率几乎是不可能的。这时，扩频技术就有了用武之地。只要所有的信号发射器都是用不同的跳频模式，它们就可以在互不干扰下共存。人们怎样装配信号发射器呢？Wi-Fi 热点和蓝牙就是信号发射器。由于扩频技术，数以百计的这类发射器可以在公寓大楼或机场这样的人口密集地同时工作。工程师为军事问题所提出的解决方案，同样可以运用在民用问题上。■

透析机

威廉·约翰·科尔夫（Willem Johan Kolff，1911—2009）

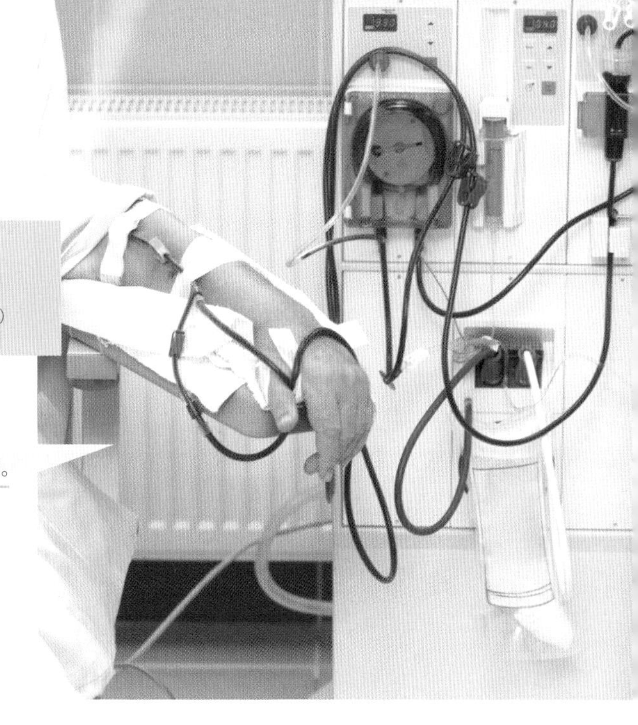

透析机可以在家或医院使用。

除颤器（1899 年），腹腔镜手术（1910 年），人工心脏（1982 年），外科手术机器人（1984 年）

在美国，十分之一的成年人口患有肾脏疾病。大概 400 000 人肾功能衰竭，需要做透析或肾移植。如果没有透析，病人将因为肾脏不能有效地去除血液中的毒素，而在几周内就会死亡。

物理学家、发明家威廉·约翰·科尔夫看到了这一情况，考虑是否能够有一种机器完成肾脏的任务。于是在 1943 年制成了最早的一台透析机，它的基本原理非常容易理解。

透析始于两个基本要素—— 一张膜和一种液体。膜是使用天然肠衣制作的，它是动物体内小肠的一段。想象一下血液在肠衣内流动，而纯粹的、无菌水在外部流动。血液中某些不被需要的化学物质，比如尿素，将通过该膜在水中被吸收。许多其他的有用化学物质也是如此。

在透析机中，水被称作透析液，它与化学物质很小心地混合在一起，所以有害的化学物质从血中转移到透析液中，而让有用的化学物质留在血液中。

典型的肾脏完全衰竭的病人需要每周在治疗中心透析三次，或用家庭设备更频繁地治疗。它要求流入和流出机器的血液量相当大。为了能够使常规透析成为可能，病人需要做手术，以便于血液的导入导出，这个手术通常是在人的前臂上做。

工程师能否像创造人工心脏一样，创造人工肾脏呢？人工肾脏能否制造出自然流入膀胱的尿液呢？目前在这个方向有很多的研究。这种设备可能会在体外进行——一个称作“可穿戴式”的版本。工程师将其再进一步地缩小，将这种设备植入体内的那一天指日可待。

水中呼吸器

埃米尔·加尼安（Emile Gagnan，1900—1979）
雅克-伊夫·库斯托（Jacques-Yves Cousteau，1910—1997）

现代化潜水装备，它比原型更简便。

碳纤维（1879 年），霍尔 – 赫劳尔特电解炼铝法（1889 年），座舱增压（1958 年），火星殖民（约 2030 年）

那些喜欢游泳的人都会有这样一个梦想：如果我能够在水下呼吸该有多好啊！几代发明家带着人类的创造力，为这个问题寻找答案。埃米尔·加尼安和雅克–伊夫·库斯托于 1943 年，创造了一个被他们称为“水肺”的设备——这便是第一台水中呼吸器，或叫作自备水下呼吸器，也被称为肩背式供氧装置。

水中呼吸器系统的主要零件非常简单明了：它就是一个压缩空气罐。空气在其中被尽可能地高度压缩，所以罐子是由钢材或铝材制成的，一般压力是每平方英寸 3 000 磅（207 巴）。如果罐子的体积是 15 升，它就意味着罐子里存放着大约标准气压 207 倍的空气，或者说是 3 100 升的空气。如果一个人在干燥的地面上正常呼吸着行走，每分钟需要 30 升的空气，那么罐子里的空气可以使用 100 分钟。（相比较而言，消防员每分钟需要 40 升的空气。）

但是如果一个人带着水中呼吸器潜水，水的深度是呼吸空气量的一个巨大影响因素。与水中呼吸器相连接的调节器的工作是将罐压调节降低到呼吸必要的压力。潜水者潜得越深，潜水员的肺部所承受的来自周围的压力就越大，因此将空气推送给肺部所需要调节的压力就越多，这样才能够使潜水员继续呼吸。这就意味着在深水区域，一罐空气被用光的速度远远超过在水面上。

另一个在水下呼吸的方式是闭路系统，也叫作呼吸器。呼吸器的设计是用碱石灰颗粒吸收二氧化碳，用一小罐纯氧补充潜水员所消耗的氧气。

水中呼吸器是一个很好的例子，证明了工程师可以创造出实用的、廉价的，能够将梦想变成现实的解决方案。

097

直升机

世界上第一批大规模生产的直升机西科斯基 R-4，从南极水域调查归来。

批量生产（1845 年），兴登堡（1937 年），V-22 鱼鹰（1981 年），阿帕奇直升机（1986 年），人力直升机（2012 年）

1944 年

飞机可真了不起，它让我们像鸟一样穿越云层。现代航空业的发展让机票价格非常合理，在几个小时的时间之内，就能够穿越大西洋和太平洋。

但是飞机有一个问题：它们需要跑道用于起飞和降落，而跑道往往占据了很大的地面空间。至今我们还没改用私人飞机上下班，因为地面不可能提供这么多的跑道空间。

我们需要一种能够垂直起飞和降落的飞行机器，不用跑道。由此，直升机的概念应运而生，1944 年，西科斯基（Sikorsky）完成了直升机的第一批大规模生产。

从外行人的角度来看，直升机非常简单——用一个飞机螺旋桨，竖向而不是水平急速旋转，对吗？但是从工程师的角度来看，没有那么简单。

如果我们让一个螺旋桨竖向旋转，发动机则会以同样的速度向相反的方向旋转。为了抵消发动机的旋转，工程师在飞机尾杆部连上一个推进器。尾部推进器需要动力，所以发动机将动力传送到一个长驱动轴。飞行员需控制这个推进器，他们用脚踏板来控制。

现在机器可以直接上升到空中。工程师是如何控制方向，以及上升和下降的速度呢？有一个设备称为旋转斜盘，它可以在水平旋翼旋转的时候改变其角度。所以就能在旋翼背后产生升力，而不是其前方，使直升机向前倾斜从而向前飞。相反的，想让直升机后退也是同样简单。

让沉重的飞机在空中盘旋的想法听上去几乎是不可能的，但是机械工程师却办到了。

铀浓缩

气体离心机用来生产浓缩铀。照片为 1984 年拍摄的俄亥俄州皮克顿的美国气体离心机。

瓦姆萨特炼油法（1861 年），“三位一体”核弹（1945 年），轻水反应堆（1946 年），加拿大重水铀反应堆（CANDU）（1971 年）

想象一下 1942 年工程师在曼哈顿计划中遇到的以下情况：来自地下的铀几乎全都是铀-238，但是偶尔还有铀-235 原子混入铀-238 原子中（其含量少于百分之一）。铀-235 原子是工程师建造核炸弹所需的原子。如何从铀-238 原子中将铀-235 原子分离出来呢？

为了将一个东西从另一种东西中分离出来，工程师需要在工厂进行很多道工序。炼油的原理是不同的沸点和凝点，采石场用筛子分离不同尺寸的砂石。如果盐和沙砾混在一起，水可以化学溶解盐分从而将其分离出来。但是将铀-235 原子从铀-238 原子中分离出来却非常困难，因为两种原子几乎是相同的。

人们想尽了各种不同的办法来分离铀-235 和铀-238：热、磁、离心机等。当时最佳的分离手段被称为气体扩散，它包括两个步骤：将固体铀转化成称为六氟化铀的气体，然后让气体通过数百个微孔膜扩散，微孔膜只能让铀-235 原子通过，而不让铀-238 原子通过。

这个过程听上去很简单，但能够让工程学设计一个结构可靠地执行操作是一个巨大的挑战。K-25 建筑——第一个全面的气体扩散工厂位于田纳西州橡树岭，于 1945 年开始工作，它在当时花费了 5 亿美金（相当于今天的 80 亿美金），占用了很大一部分全国电力。这座建筑是世界上最大的建筑之一，占地面积大概有 50 亩（33 333 平方米），包括成千上万的扩散室与它们的泵、密封件、阀门和温度控制等相连。它最大的问题是六氟化铀的高腐蚀性。像聚四氟乙烯这样新开发的材料，可以帮助阻止其高腐蚀性的发生。

以前所未有的保密程度和惊人的速度，工程师建起了 K-25 建筑（与另外的一些工厂），利用它们为第一个原子弹爆炸作铀提纯。第二次世界大战以后，六氟化铀提取法一直作为铀提纯的方法，直到它被更有效的离心分离机所代替。

“三位一体”核弹

罗伯特·奥本海默（Robert Oppenheimer，1904—1967）

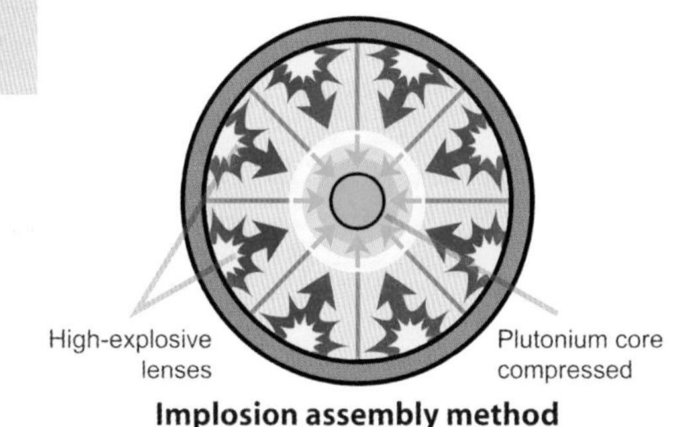

原子弹两种装配方式的示意图。

弓与箭（公元前 30000 年），常春藤麦克氢弹（1952 年），集束炸弹（1965 年），福岛核事故（2011 年）

核弹依靠一个简单的核心原则发挥威力：如果 115 磅（52 千克）或更多的铀-235 聚集成一个近似的球体，这个球体就会以惊人的威力爆炸。这是因为铀-235 原子有着一个惊人的特性：捕获一个中子后，铀原子会分裂成两个更小的部分，同时释放出三个新的中子。这些中子会飞走，触发其他铀-235 原子相同的反应。这两个更小的部分和三个中子的质量相加小于原来的铀原子质量，丢失的质量就会转化为能量，这是根据公式 $E=mc^2$。换言之，通过质能转换过程可以获得巨大的能量，因此核弹有惊人的爆炸威力。捕获和分裂的过程几乎是一瞬间发生的。

要利用这一自然规律制造核弹，工程师要做的是找到一种高效的方法使大量的铀-235 处于分离状态，在需要爆炸的时候再将它们合在一起。第一种设计简单得让人难以置信。处于临界质量的铀-235 被分成两部分，其中一部分静止，另一部分被装入炮筒内。当火炮点火，两部分合在一起，变成超临界状态，随后就会发生爆炸。

这一设计的问题是效率低。炸弹爆炸后，铀-235 便不再处于超临界状态，因此仅有 1% 的铀有机会发生裂变反应。工程师因此致力于提高反应效率。一种方法是将铀-235（或钚）的形状改为中空、破损的球形，然后使用传统炸弹在球体周围爆炸以制造一个实心的超临界层。最初的爆炸力和动量会在更长一些的时间内保持球体聚集，因此可以提高反应效率。这一设计被应用于历史上第一枚核弹——“三位一体”核弹，这枚核弹由隶属于曼哈顿计划（Manhattan Project）的科学家们于 1945 年制造。其中包括罗伯特·奥本海默——这枚核弹的命名者。其他工程技术包括中子反射器和填塞器——通过坚固、厚重的容器提高反应效率，更进一步的聚变实验将导致氢弹的出现。

举着计算机主板的人，从左到右依次是：帕特西·西莫斯（Patsy Simmers），盖尔·泰勒（Gail Taylor），米莉·贝克（Milly Beck）。

电子数字积分计算机（ENIAC）——第一台数字计算机

约翰·莫奇利（John Mauchly，1907—1980）
J. 普雷斯伯·埃克特（J. Presper Eckert Jr.，1919—1995）

晶体管（1947 年），常春藤麦克氢弹（1952 年），微处理器（1971 年），沃森（2011 年）

1946 年

当计算机还不存在的时候，如果军队想要计算炮兵射击的射程表，他们需要有一个屋子，里面坐满了人，每个人手里拿着纸和笔为此作计算，或者是通过一个机械加法机。人们也会用同样的方式来计算彗星的轨道，或是一根结构梁上的受力。当你发现将两个复杂的数字加在一起都需要一个人花五到十秒钟的时间的时候，你就能够意识到作任何一个真正的计算需要花费多长的时间了。

1946 年，工程师约翰·莫奇利与 J. 普雷斯伯·埃克特带着一个设计工程师团队，创造了改变一切的第一台机器——电子数字积分器和计算器。

电子数字积分计算机是第一台通用可编程计算机。与今天的标准相比，它非常原始。它使用了 18 000 个真空管。这意味着一台计算机和一个房子一样大，其质量达到 60 000 磅（27 000 千克），需要 150 千瓦的电力来运行。它每秒钟可执行 5 000 次的加法运算。

电子数字积分计算机与我们今天使用的计算机一点都不一样，就像今天的飞机与当年莱特兄弟发明的第一架飞机的区别一样。电子数字积分计算机以十进制的方式工作，而不是二进制，它可以同时处理十位数字。数据通过一个读卡器进入，由一个卡片穿孔机出来。程序员需要通过配置开关和电线来设置计算机，这一过程往往需要好几天才能完成。

但是电子数字积分计算机可以作通用计算，这正是工程师们需要的。电子数字积分计算机使得曼哈顿工程开发的第一颗氢弹爆炸中的计算成为了可能。它使用了 500 000 个穿孔卡片来向机器输入问题数据。可以想象如果是靠人工和机械加法机来做此类的计算将是多么困难的一件事。

计算机成为了工程师的使能器。很多之前几乎不可能解决的问题一下子成为了可能。今天，几乎工程学的每一个方面都需要用到计算机。

101

顶装式洗衣机

1946 年，通用电气推出了他们生产的第一台顶装式洗衣机。

古罗马沟渠系统（公元前 312 年），塑料（1856 年），现代水处理系统（1859 年），电网（1878 年），女工程师协会（1919 年），轻水反应堆（1946 年）

1946 年

瑞典著名的医生、演说家，汉斯 · 罗斯林（Hans Rosling）有一个著名的讲座，是讨论洗衣机的。他有很多非常伟大的观点，其中有两个相关的：(1) 每个人都想要一台洗衣机——即便是最忠诚的环保主义者也会用洗衣机洗衣服；(2) 感谢工程师，让洗衣机成本低廉，每个人都能用得起。

洗衣机的大量生产要求廉价的钢材、廉价的塑料、廉价的发动机、齿轮和控制器。为了能够使用洗衣机，我们还需要给水系统、下水道系统、发电厂和电网。只有当所有这些东西都是现成的、大众能够负担得起的时候，人们才能使用洗衣机。地球上有二十亿人口使用洗衣机，这真是一件令人欢欣鼓舞的事情。但地球上还有五十亿人口告诉我们，在经济平等和基础设施的发展方面还有很长的路要走。

我们今天所使用的全自动洗衣机在第二次世界大战之后很快就出现了。因为配给的问题，在战争期间没有人生产洗衣机，但是到了战后的生育潮，美国洗衣机的销售量是惊人的。这得益于“农村电气化运动”（1935，1944），美国的家家户户都通上了电。欧洲随后也有同样的趋势。

从一个工程师的角度来说，顶装式洗衣机是一个极其简单的装置。它需要一个桶来装水，一个内置的篮子装衣服。这个篮子在洗衣机甩干模式旋转的时候非常重要。搅拌机在洗涤模式的时候来回扭动。一个耐用的电机和变速器处理搅动、甩干和驱动排除桶中的水所需的水泵。机电或电子控制系统负责告诉电机、变速器和电磁阀该做什么。

洗衣机是工程学上的一个伟大的成就，它让上亿人的生活变得更加简单。希望有一天，世界上的每个人都能过上平等、简单的生活。

微波炉

珀西·斯宾塞（Percy Spencer，1894—1970）

大约在1958年的时候，厨师使用早期的商用微波炉——雷神Radarange Ⅲ的画面。

女工程师协会（1919年），电冰箱（1927年），雷达（1940年），速冻比萨（1957年）

1946年

每一种发明都是一场意外。虽然如此，工程师却把握住这个发现，将其逐步发展成为几乎人人可以负担得起的一个新的发明。这也是微波炉的故事。

微波的烹饪能力是由珀西·斯宾塞于1945年发现的，他是一个每日工作于雷达设备站的工程师。雷达通过上千瓦的微波脉冲探测飞机。工程师注意到他口袋中的巧克力棒会在微波的作用下熔化。当然，如果巧克力棒能够熔化，他自己也可能在某个温度下被烤熟。可能这一发现还引申出了一些安全预防方面的发明。

如果你有一个便利的雷达装置，就可以简单地制作一个粗糙的微波炉。你可以通过雷达发射机将无线电波发送到一个金属盒子里。无线电波将会被盒壁反射，任何放在盒子中的食物都会被加热，因为无线电波会驱使水和脂肪的分子运动。

1946年，世界上第一台商业微波炉被售出。它是由雷神公司（Raytheon）制造的，被称为Radaranges，它还做了熔化糖果雷达装置。Radaranges基本上是一个雷达发射机和一个带门的金属盒子，尺寸和质量都相当于一个电冰箱。用今天的美元来换算的话，这台微波炉的价格大概是50 000美金。

微波炉对大多数人来说都太过昂贵，直到工程师找到了一个简化它的方式，在20世纪70年代将其成本降了下来。这些新的设计同时也解决了一个大问题，那就是防止空转状态。在20世纪70年代之前，如果微波炉中什么都没有的空转是灾难性的事情。

今天，我们对微波炉已经习以为常，其价格也非常便宜。我们能够在任何地方看到微波炉——在酒店房间里，在休息室，在宿舍里。它们比一般的烤箱更加快速、更加高效——几乎微波炉的所有能量都用来加热食物了。微波炉是工程学将能量用于技术造福人类的一个伟大实例。

轻水反应堆

尤金·魏格纳（Eugene Wigner，1902—1995）
阿尔文·温伯格（Alvin Weinberg，1915—2006）

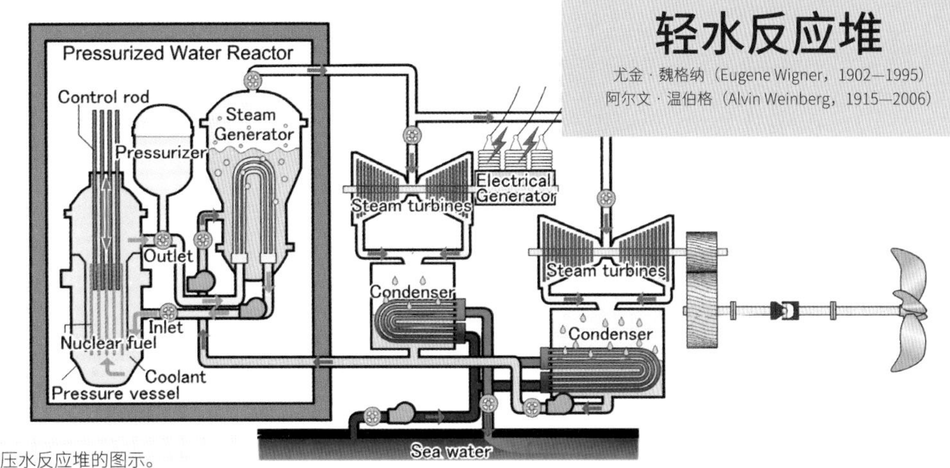

在船上使用的压水反应堆的图示。

“三位一体”核电站（1945 年），球床核反应堆（1966 年），电厂除尘器（1971 年），切尔诺贝利（1986 年），福岛核事故（2011 年）

核燃料是革命性的。非常少量的燃料——少于 100 吨——就可以为一个城市提供一年的电而且不会产生空气污染物。发同样多的电，需要 20 000 倍甚至更多的煤。

其基本思路非常简单，它的原理与核爆炸相同。当中子撞击铀-235 原子的时候它发生分裂，产生热量。一个分裂的铀-235 原子会产生三个新的中子，可能会发生一系列的连锁反应。如果允许这一过程不受控制，那么其连锁反应就会形成核弹。然而，如果加以控制，它就会成为一个强有力的、持续的热源。

工程师需要做的一切都是为了设计一个反应堆，使它可以在不熔化、不爆炸的情况下安全地获取核燃料的热量。最受欢迎的解决问题方式是轻水反应堆。1946 年，理论物理学家尤金·魏格纳和核物理学家阿尔文·温伯格提出并开发了现在我们知道的轻水反应堆。

首先，工程师需要一种安全承载燃料的方式，然后需要一种控制产热速率的方式。把浓缩铀颗粒充填的金属管排成阵列。为了控制产热，控制棒可以降低到燃烧棒之间，其中的材料会吸收中子。为了停止反应，所有的控制棒都要全部插入。

工程师还需要一个减速器——使中子放慢速度，足以引起铀-235 的分裂。他们选择水来达到这个目的，因为水也能以蒸汽的形式从反应中提取热量。

这看上去非常简单——燃料棒、控制棒和水是必需的元素。那为什么核反应复杂而又昂贵？因为如果水停止流动，反应堆就会过热或熔化，可能会在其过程中对环境造成放射性的破坏。工程师尝试着将巨大的冗余量和安全性结合到一个核电厂中。

AK-47

米哈伊尔 · 卡拉什尼科夫（Mikhail Kalashnikov，1919—2013）

1954 年造于苏联的一把 AK-47。

弓与箭（公元前 30000 年），投石机（1300 年），“三位一体”核弹（1945 年），常春藤麦克氢弹（1952 年），集束炸弹（1965 年）

1947 年

武器的进化之路始于数万年前的弓箭。AK-47 在 1947 年诞生于苏联，既是工程学的杰作，也是一件可怕的武器。

任何一种步枪都有点像一个往复式发动机（reciprocating engine），每次发射子弹所产生的能量都足以为下一次射击做好准备。在枪管中间的上部有一个洞，当子弹经过这个洞的时候，膨胀的气体会经此流入导气管中，向后推动活塞。

活塞与枪机相连，当活塞向后运动时，枪机会将空弹壳射出，并将击锤复位。当枪管内压力下降时，一个弹簧会开始将枪机向前推。在这个过程中它还会从弹夹中取出下一枚子弹装填好，并关闭后部的螺栓。在自动射击模式下，撞针会立刻撞击下一枚子弹，整个过程循环往复。

米哈伊尔 · 卡拉什尼科夫所设计的 AK-47 达到了三个目标：廉价、不卡壳、易清洁。因此部件数量要尽量少，枪身——将所有机械结构合在一起的主体——是钢铁冲压件，没有华而不实的加工，没有铸造也没有锻造，只是一块被冲压弯曲的钢板。

为了防止卡壳，各个部件之间的空隙非常大，并且活动部件极少。为了防止堵塞，导气管比普通步枪的大。击锤则是一块巨大的钝金属。

AK-47 清洁起来很容易，按一下按钮卸下顶盖后，枪机、弹簧、活塞都很容易取出。这样一来，就很容易清洁扳机、击锤、枪栓、枪膛、撞针等部件。

AK-47 的设计目的是廉价与可靠，哪怕是在最恶劣的环境下。这就是为什么全球有数百万支 AK-47。

晶体管

沃尔特·布拉顿（Walter Brattain，1902—1987）
约翰·巴丁（John Bardeen，1908—1991）

IBM 公司早期使用的晶体管。

广播电台（1920 年），彩色电视（1939 年），
雷达（1940 年）

1947 年

如果我们穿越到 1945 或 1946 年，我们会发现电子产业正在美国蓬勃发展。人们当时开始购买收音机和电视机。像雷达这样的电子创新产品正在经历着一场革命性的发展。世界上第一台真正的数码计算机——电子数字积分计算机（ENIAC），也于 1946 年诞生。所有这些电子设备都是由真空管提供动力。但是使用真空管也很痛苦，它们个头庞大（大约有一个药瓶大小）、发热、易烧坏、成本高，需要使用很多的电。当 ENIAC 第一次使用的时候，它的管子需要不断地更替。为此，人们需要一个更好的解决办法。

1947 年 AT&T 贝尔实验室的美国科学家约翰·巴丁和沃尔特·布拉顿发明了晶体管。1953 年和 1954 年，锗晶体、硅晶体管先后开始大规模生产。

在这个时代，一个典型的晶体管是三线装置，其尺寸大概是一粒豌豆大小。晶体管可以依其设计的不同而做两件不同的事情。它们可以扮演通断开关的角色，这是晶体管在计算机中的角色。它还可以扮演放大器的角色，在收音机和电视机中的晶体管就是这样的角色。晶体管小、重量轻、实用、高效，而且成本极低。工程师很快就用晶体管代替了真空管。

第一个出现在市场上的晶体管装置之一是 1954 年的晶体管收音机。晶体管收音机是很小的便携装置，它可以通过一个 9 伏电池运转起来，它小到可以装进口袋。随着大规模的生产，它的成本非常低。人们从未见过这样的东西，上亿个晶体管收音机被售出。于是便携式音乐的发烧友问世。

同样是在 1954 年，第一台晶体管计算机问世：TRADIC。与真空管机器相比，它非常小，只用 100 瓦特的电就能带动。这意味着计算机可以搭载在飞机上，而这对于真空管的计算机来说，是不可能的。

晶体管使工程师发展出了上千种新的装置。与技术的替代相比，它给予工程师更多的是设计上的自由。

有线电视

罗伯特 · 塔尔顿（Robert Tarlton，1914—2006）
约翰 · 沃尔森（John Walson，1915—1993）

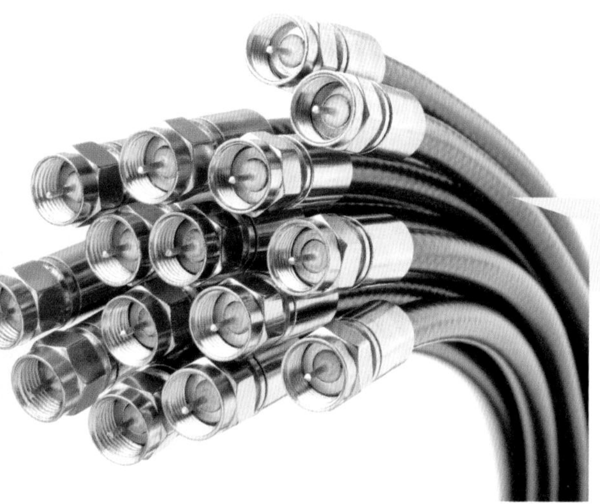

有线电视改变了我们与电视娱乐互动的方式。

广播电台（1920 年），彩色电视（1939 年），高清电视（1996 年）

有线电视的出现一般归功于一家电子商店的老板约翰 · 沃尔森。因为他的商店坐落于宾夕法尼亚州的马哈诺伊城，四周被山环绕，当地的居民不能接收到来自附近费城广播站的广播。沃尔森对此困境的解决办法是在山顶上放置一个天线，然后用放大器和电缆将信号带入山谷中，由此，第一台有线系统诞生了。

到了 1950 年，一位名叫罗伯特 · 塔尔顿的电视零售商与另一群电视销售员一起为费城地区的居民提供收费的播放服务。有线电视大受欢迎，因为它的画面更清晰（特别是在城市中，建筑会影响信号的效果，从而产生重影），而且可以观看到更多的电视台的节目。因为这些优势，人们愿意每月付费收看有线电视。

一旦有线系统在城市中安装好，有足够多的人使用起来，系统就能够创造一个有保证的观众群体和收入流。因此它给了（在规则允许的前提下）那些想要开设新的有线电视频道的人一种可能性。HBO（Home Box Office，家庭影院频道）频道是第一个这样的电视频道，它创建于 1972 年。有线电视系统已经有了一套计费模式，所以 HBO 能够简单地设定其月租费。HBO 也创建了一套卫星系统，简单地将它的内容发送到世界各地的有线电视公司。

WTBS—— 一家亚特兰大当地的电视台创造了另一个像 HBO 这样的卫星分发系统。这之后，一些监管的调整，美国和其他国家的有线电视都在频道的数目和用户数量上进行了分配。人们非常想看付费电视，几乎每个人都切换到了电缆，即使广播电视是免费的。这表明，如果一个新的系统能够提供非常显著的优势，人们非常愿意接受。这将导致大规模的转变，例如从模拟广播到高清电视。

塔式起重机

汉斯 · 利勃海尔（Hans Liebherr，1915—1993）

塔式起重机使得建筑工人能够应对新的项目。

大金字塔（公元前 2550 年），伍尔沃斯大厦（1913 年），金索勒栈桥（1920 年）

任何一座新的摩天大楼屹立起来，都离不开塔式起重机。但是当我们看到一个正在工作中的塔式起重机的时候，它看上去几乎是不可能的存在。我们看到这个瘦长、长腿桁架形式的“塔”和另一根瘦长、桁架形式的胳膊，这根胳膊能够承受得住巨大的荷载吗？德国的发明家汉斯 · 利勃海尔是如何与许多设计工程师联手，使得一个塔式起重机运作起来的呢？

整个过程的关键是其基座，正常情况下基座都被隐藏起来了。在塔式起重机到达之前的一个月，建筑工人会浇筑一个巨大的混凝土块。这个基座大概有 50 英尺（15 米）或更大的边长，有 10 英尺（3 米）厚，它的质量达到好几千吨。整座塔都是与这个基座用螺栓连在一起的。

竖向的桁架看上去像一条长腿，但是它设计得非常粗壮。而且它有最大限度的安全高度。随着它建筑的升高，垂直桁架被夹在建筑上。

横向的悬臂梁或铁臂是同一种类型的桁架——从外表看不出来，但它却极其坚固。它的一边是砝码，以平衡塔身而不至于翻倒。起重机有时候还会有缆绳，其效果与斜拉相同。

所有这些都到位之后，塔式起重机则变得强壮、稳固，尽管看上去其貌不扬。塔式起重机最大荷载会随着向起重臂的末端移动而改变，如果荷载接近塔身，它可以承受 50 吨的质量，但是如果荷载接近起重臂的末端，那么它可能只能提起 1 吨的质量。

塔式起重机能使荷载在水平面和垂直方向都滑动，从而使得塔式起重机特别有用。滑动的动作使得塔式起重机可以独立工作，它可以做它最初希望做的——重建战后的德国，为利勃海尔集团（Liebherr Group）成为国际化的制造业公司奠定了坚实的基础。

原子钟

路易斯 · 埃森（Louis Essen，1908—1997）

第一台原子钟建在美国国家标准局（现在是国家标准技术局），建于1949年，建造者为哈罗德 · 莱昂斯与他的助理。

机械摆钟（1670年），大本钟（1858年），原子钟无线电台（1962年）

什么是时间？科学家也不是非常确定。但是我们知道如何测量时间，工程师为了改进测量时间的精确程度探索了好几个世纪。我们用钟表来衡量时间。

如果你想一想钟表，就会发现它有两个重要的部分：一个振荡器和一个计数器。振荡器在已知的频率下工作，例如摆钟中的摆每秒摆一个往返。这是简单的振荡器。简单的计数器用齿轮移动表盘上的指针。

如果你希望有一个更准确的钟，你要将振荡器做得更加精准。石英晶体震荡比钟摆更加精确，也更快。你永远也无法通过钟摆测量出一秒的千分之一，但是你可以用石英晶体测量出来。

原子振荡更快、更精确。官方定义的秒是铯-133（Cesium-133）原子的9 192 631 770个振荡，这一定义设定于1967年。原子振荡是人类最精确的钟表的基础。它们有一个醒目的名字：原子钟。第一个原子钟是于1949年由美国国家标准局（US National Board of Standards）建造的。英国物理学家路易斯 · 埃森在1955年开发了第一个精确的原子钟。

工程师是如何使一个原子精确振荡的？又是如何统计振荡的？人们发明了许多种方法，其中一种方法是用微波能量流激发原子云或原子流。通过确定使大多数受激发的原子达到正确能级的精确的微波频率，工程师创建了一个超精确的振荡器。

第一个原子钟非常大，但是现在它们已经缩小，变得更加实用和精确。最新的、最小的商业原子钟与一个火柴盒的大小相同。它们被称为“芯片原子钟”。

在写这本书的时候，最精确的原子钟采用的是镱原子（ytterbium atoms），它是由激光激发的。像这样的钟表可能走十亿年才会慢一秒。与摆钟这种每天都会快一秒或慢一秒的钟相比，其精确程度近乎完美了。

集成电路

维尔纳·雅克比（Werner Jacobi，1904—1985）
杰克·基尔比（Jack Kilby，1923—2005）
罗伯特·诺伊斯（Robert Noyce，1927—1990）

一个集成电路的芯片特写镜头。

电子数字积分计算机（ENIAC）——第一台数字计算机（1946 年），晶体管（1947 年），微处理器（1971 年），智能手机（2007 年），平板电脑（2010 年）

在集成电路被广泛使用之前，像计算机这样的电子装置是由分立式晶体管组成的。每个晶体管排在一个大约只有一粒豌豆大小的小罐子里，用三根线连接出来。这些晶体管焊接在一个印刷电路板上。那个时代的计算机可能使用了上千个晶体管，镶嵌在十个或者是更多的电路板上，而每个电路板都有一张纸那么大。最简单的计算机的电路板都要填满一个文件柜尺寸的盒子。最大的计算机要填满整个房间，又大、又重、又贵、又慢，还特别耗电。

1949 年，集成电路的出现改变了这一切。德国工程师维尔纳·雅克比在 1958 年提出了一个类似于集成电路的装置，当年正在为西门子（Siemens）工作的电子工程师杰克·基尔比通过硅片对此进行了发展。集成电路技术改变了计算机和电子产业。

集成电路的基本原理非常简单，它始于一个抛光的硅晶片，这种硅晶片是从实验室中生长出来的大晶体硅切片。会有三件事情发生在晶片身上：第一，部分晶片表面可以选择性地与其他物质掺杂在一起，形成晶体管；第二，氧化层可以用于做绝缘体；第三，金属线可以存留出来将晶体管连接在一起。近几年来，工程学越来越复杂，有许多金属层结构和三维晶体管的开发使得越来越小、越来越复杂的电路成为可能。

集成电路是工程学领域中逐步改善的最好实例之一。随着时间的推移，工程师从根本上改进了它的成本和性能。每两年，芯片上的晶体管的数量就会翻倍——这一速度被称为摩尔定律。所以，今天的微处理器有上亿的晶体管高效地在一个低电压、高速度的状态下运转。智能手机、平板电脑和家庭计算机等充分显示了集成电路的优势。

弈棋机

阿兰·图灵（Alan Turing，1912—1954）
克劳德·埃尔伍德·香农（Claude Elwood Shannon，1916—2001）

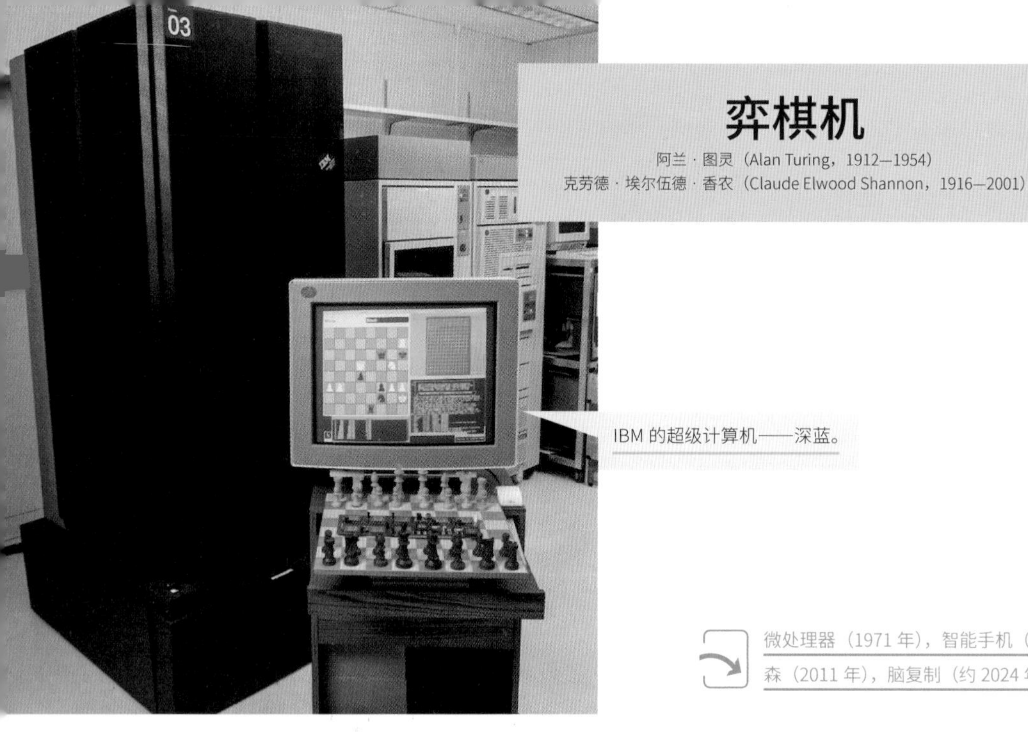

IBM 的超级计算机——深蓝。

微处理器（1971 年），智能手机（2007 年），沃森（2011 年），脑复制（约 2024 年）

1950 年

1950 年，美国数学家克劳德·埃尔伍德·香农写了一篇关于如何编写电脑下国际象棋的程序的论文。1951 年，英国数学家、计算机科学家阿兰·图灵成为了第一个编写出完整游戏程序的人。自那时起，软件工程师和硬件工程师分别提高了计算机软硬件的性能。1997 年，由 IBM 公司开发的专用计算机“深蓝”（Deep Blue）首次击败了人类最优秀的棋手。从那时起，人类再也没有击败计算机的机会了，因为弈棋机的软硬件性能每年都在不断提高。

工程师怎样制造一台会下棋的计算机呢？他们采用机器智能（machine intelligence）。在国际象棋这个例子中，机器智能与人类智能（human intelligence）是非常不同的，它是一种使用蛮力解决国际象棋问题的途径。

想象一个棋盘，上面有一些棋子，工程师创造了一种方式对这些棋子的布局进行“计分”。计分系统也许包括双方棋子的数量、棋子的位置、国王是否安全等。现在我们来考虑一个非常简单的下棋程序，你执黑，计算机执白，你刚刚走了一步。计算机可以尝试白棋的每一种走法，然后算出这些走法的分数，之后它将选择一种得分最高的走法。这一算法也许不会玩得很好，但它确实可以下棋了。

如果计算机更进一步呢？它在尝试所有白棋的走法后，再尝试所有黑棋的应对方法，并计算这些走法的分数。计算量显著提高了，但现在计算机可以下得更好了。

如果计算机看的步数更多呢？每多看一步，计算量就会暴增一次，计算机也会下得更好。当 1996 年深蓝取胜时，它每秒钟可以计算 200 万种局面的分数。深蓝已经储存了所有的常规开局和弃兵局，它可以判断出某些定式走法的无用，并据此去掉大量可能的下法。使用相同的技术，今天即使一台笔记本电脑或智能手机也可以击败大多数人类。

喷气发动机测试

一台型号为 F119-PW-100 的发动机正在进行完全再燃烧测试。

莱特兄弟的飞机（1903 年），波音 747 喷气式客机（1968 年），“C-5 超级银河”运输机（1968 年）

工程师需要考虑产品的边界情况，这是我们这些消费者平时很少考虑的。对于一件产品来说，在非正常环境下使用会发生什么呢？

测试喷气发动机的边界情况是最为吸引人的事情之一。对于喷气发动机来说，在 30 000 英尺（9 144 米）高空的平稳、干净的空气中运行是一回事，在其他环境下就是另一回事了，发动机要能够应付各种不同的环境。工程师在设计过程中会考虑到这一点，并且通过严格的测试保证发动机在这些边界情况下运行而不会引起事故。

其中最简单的是雨中测试。雨水会对发动机产生很大的影响——发动机会直接吸入雨水并将其喷入燃烧室。要确保发动机在吸入雨水后不会熄火，即使身处飓风之中。因此，对于大型喷气发动机，测试时水的流速会达到每分钟 1 000 加仑（3 800 升）。对于雪、冰雹、冰和沙暴环境，也会进行同样的测试。

喷气发动机需要面对的所有状况中，最令人惊奇的是鸟群的撞击。鸟群是很常见的，因此大型喷气发动机需要向进气口射入 5 磅（2.2 千克）重的鸡来进行测试。风扇叶片在切割鸡之后不能损坏，压缩机也要有能力处理这些经过风扇切割的鸡。哈维兰航空公司（Havilland Aircraft Company）于 1951 年发明了第一代用于测试发动机的“鸡炮弹”。

然而，凡事总有极限。2009 年，全美航空公司（US Airways）一架航班号为 1549 的飞机在大约 915 米的高空与一群加拿大黑雁相撞。黑雁的翼展有 5 英尺（1.6 米），质量超过 10 磅（4.5 千克）。飞机的两台发动机承受不住黑雁的撞击，全部熄火，这导致了历史性的哈德逊河迫降事件。所幸工程师早已预料到了飞机在水面漂浮的问题。没有人员伤亡的事实证明了飞行员的个人能力和工程学的作用。

中心旋转灌溉

弗兰克·佐巴奇（Frank Zybach，1894—1980）

中心旋转灌溉系统正在对一片农田进行晨灌。

绿色革命（1961 年），滴灌（1964 年）

1952 年

灌溉农田的标准方式是在田间铺设相互平行的水平管道，间距为 40 英尺（约 12 米）。每条管道上都有竖直的管子，间距也是 40 英尺，管子顶部是巨大的喷头。所有这些管道都与一个巨大的水泵连在一起，水泵为整个系统供水。

这个方法当然管用，但效率并不高。一块 9 英亩（3.65 公顷）的土地需要超过 10 000 英尺（3 050 米）长的水平管道和 200 多个喷头。一个名叫弗兰克·佐巴奇的农民在 1952 年获得了中心旋转灌溉的专利。在随后的日子里，工程师们不断完善最初的系统，大幅度地减少了管道的总长度和喷头的数量。

为了更好地了解这个新的系统是如何工作的，我们不妨用一个直径 700 英尺（213 米）的圆形区域代替 9 英亩的土地。圆形中心是水源，通过一根竖管与一根 350 英尺（107 米）的水平管道相连。管道总长度缩小了 30 倍，因转动可以进行更长时间的灌溉。

这一灌溉法最具独创性的是水平管道运动的方式。管道由带有轮子的三角形支架支撑起来，支架的间隔是 100 英尺（30 米），也就是说每对支架间的那部分管道长 100 英尺。轮子在电动或水力发动机的推动下缓慢移动。

这一系统不仅节约了大量的管道，也节约了大量的水。高高架起的水平管道上的喷头直接指向地面，减少了水由于蒸发和风力带来的损失。

通过新的灌溉方式，工程师节约了开支并提高了效率。下次当你飞越美国中西部时，向地面望去你就会感受到这一技术革新所带来的影响。近些年，像表面滴灌这样更进一步的革新被证明是更加实用的。

三维眼镜

米尔顿·根茨堡（Milton Gunzberg，1910—1991）

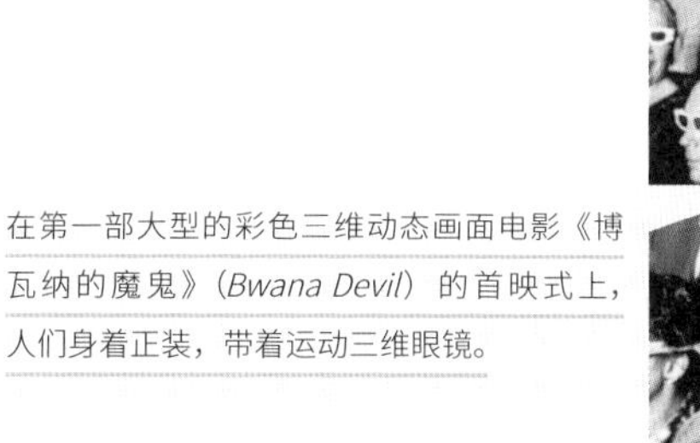

在第一部大型的彩色三维动态画面电影《博瓦纳的魔鬼》（*Bwana Devil*）的首映式上，人们身着正装，带着运动三维眼镜。

液晶屏幕（1970 年），高清电视（1996 年），主动矩阵有机发光二极管屏（2006 年）

当人类看这个真实的世界的时候，我们能够看到其深度，是因为我们视觉系统的双目特性。一只眼睛可以从一个角度来看世界，另一只眼睛则可以从另一个不同的角度，我们的大脑会对此做出计算，来判断眼前的这个物体大概与我们距离多远。当我们看照片或电视屏幕的时候，我们会失掉景深，它们看上去都是平的。为了给这些平面的图像赋予深度，关键就是能够在同一时间向我们的两只眼睛输入有一点点不同的图像，这样一来大脑的双目计算功能可以创造出一个有景深的图像。工程师将四种技术带入了市场中。

第一种技术是 20 世纪 50 年代流行的红蓝眼镜。它是由发明家米尔顿·根茨堡在 1952 年第一次将这种眼镜带到了电影《博瓦纳的魔鬼》之中。这个技术非常的简单。两个有点不同的黑白图像——一个是红色镜片，一个是蓝色镜片——同时投影到人的眼睛中。红色的透镜可以让蓝色的图像透过一只眼睛，蓝色的透镜可以让红色的图像透过另一只眼睛。

更好的一种技术是：偏光镜片。一个透镜可以通过垂直偏振光，另一个可以通过水平偏振光。两个投影机通过偏光滤镜，向同一个屏幕上播放有一点点不同的电影。眼镜上的透镜解读两个图像。彩色三维图像的传递因此而变得非常廉价。

第三种技术使用的是液晶快门眼镜。电视机通过交错播放两帧画面。一个帧进入左眼，另一个进入右眼，而眼镜交错地屏蔽进入每只眼睛的光。以每秒 120 帧的速度，每只眼睛看到 60 帧，大脑则能看到三维的图像。

最终，人们发明了内置两个小电视屏幕的护目镜。一个屏幕对左眼投影，一个对右眼。用户则能看到双眼的图像。这个技术是最昂贵的，但是，它可以提供身临其境的感觉。小型主动矩阵有机发光二极体（AMOLED）屏幕的发展使这项技术变得可行。

常春藤麦克氢弹

理查德·加尔文（Richard Garwin，1928— ）

从空中拍摄到的常春藤麦克氢弹爆炸产生的蘑菇云。

“三位一体”核弹（1945 年），铀浓缩（1945 年），国际热核聚变实验堆（ITER）（1985 年）

1952 年

原子弹使用铀-235 或钚（plutonium）这样的燃料利用核裂变反应释放出巨大的爆炸威力。如果工程师要制造出威力更大的炸弹，他们就要利用氢核聚变（hydrogen fusion）而不是裂变了。但要使氢原子发生核聚变并不是一件容易的事情，它需要极高的温度和压力，就像太阳内部的环境一样。有一种产生这样环境的方法：传统核弹。

因此常春藤麦克氢弹有着这样的设计：传统炸弹爆炸将处于临界质量的钚压缩在一起发生核裂变，核裂变释放的能量产生高温高压的状态，使氢原子发生核聚变。工程师需要克服的困难有两个：首先，他们需要在正确的时间正确的地点放置一批正确种类的氢原子；其次，由于核反应产生的辐射压力会使炸弹四分五裂，工程师需要保证所有的材料聚合在一起的时间足够长，从而触发核聚变过程。

世界上第一枚氢弹——1952 年是由美国物理学家理查德·加尔文设计的“常春藤麦克”（Ivy Mike）——使用的是放在真空瓶中的液态氘。尽管这一方法成功了，但它并不是一枚具有实用性的可靠的炸弹。突破来自于氘化锂—— 一种被中子轰击后会分解为氘的固体——的使用。

外壳没什么神秘的——它只是一块 1 英尺（30 厘米）厚的超坚固的钢铁而已。裂变过程中产生的辐射和中子的速度大于冲击波，理解这一点很重要。正因如此，核聚变才可以在炸弹爆裂前被触发。由于军事机密的关系，并不是所有的事情都一清二楚。但根据成功的核试验，我们知道工程师解决了这个问题。

在允许的时间内可以在反应过程中再加入另一个阶段，因此氢弹爆炸时可以再点燃另一枚氢弹。这就是苏联的沙皇氢弹（Tsar bomb）中所采用的机制，它是人类制造过的威力最大的炸弹，相当于 5 000 万吨 TNT 爆炸时的威力。

汽车安全气囊

沃尔特·林德尔（Walter Linderer，生卒年不详）
约翰·赫特雷克（John Hetrick，生卒年不详）

碰撞测试假人展示的气囊功效。

电子数字积分计算机（ENIAC）——第一台数字计算机（1946 年），防抱死制动系统（1971 年）

当你正在穷乡僻壤的路上开车时，一只鹿从你左边的树林里跳出来，直冲向你的汽车，你会向右转弯——这是出于你的本能。但不幸的是，右侧正躺着一棵巨大的橡树，而你现在的车时速是每小时 40 英里（65 千米）。而树就在车的 10 英尺（3 米）之外。简单的数学计算告诉你，在大约十分之一秒之后，你就会撞到树上。你的大脑对此无法做出快速的反应。

让我们在此处将时间放慢。就在接触树的临界状态上，当你的车向前行驶的时候，工程师们将帮你一个大忙。其中一位工程师会在钢板上设计撞击缓冲区。车的整个前部会像手风琴一样折叠，以吸收一些冲击力。另一位工程师在发动机的安装上下工夫，发动机会在碰撞时落在车下而不是落在你的腿上。第三位工程师创造了围绕在乘客舱的安全笼。它在这起事故中就像一个令人惊讶的、强大而又完整的泡泡。第四个工程师设计了安全带，它自动将你锁在车上，让你不至于穿过挡风玻璃飞出车外。甚至连挡风玻璃也是由工程师精心设计的，它能防止玻璃碎片刺穿你的脸。

然后出场的是第六位工程师，他将引发一个爆炸，创造一个能够迅速填充一个大布袋的气体云，让你的头不至于撞上方向盘，而是会撞到这个迅速充气膨胀的袋子上。这是驾驶员一侧的气囊。

加速计告诉计算机是时候展开气囊了。计算机会打开点火装置，以点燃炸药。制造出高速气体云。安全气囊在你的脸正好快要逼近方向盘的时候充气爆胀。整个过程只需要几毫秒的时间。

最原始的气囊创意由以下两位工程师提出：他们是德国的沃尔特·林德尔和美国的约翰·赫特雷克，他们于 1953 年因此获得了专利。

硬盘

当光盘旋转的时候，小的读写磁头漂浮在光盘的表面。图中的轻质铝合金臂承载着磁头，让它在光盘的不同轨道上移动。

莱特兄弟的飞机（1903 年），电子数字积分计算机（ENIAC）——第一台数字计算机（1946 年），智能手机（2007 年）

1956 年

如果我们回顾 20 世纪 40 年代开始的计算机存储历史，那真是一个博物展。装满水银的长管，涂有氧化铁的巨型旋转鼓，手工编织在导线上的金属小环状线圈……更不要说纸带、穿孔卡和磁带。工程师竭尽全力用他们能够想到的一切东西来存储数据。

所有这些想法都过时了。除了 1956 年出现的，IBM 为美国的空军发明的硬盘。工程师为硬盘增容做出的努力长达半个世纪，其结果已经非常喜人。

第一个硬盘和冰箱一样大，非常昂贵。它们只能储存几百万个字符。然而，其基本概念与今天我们使用的那些硬盘是一样的。在轴上旋转的硬质铝盘。硬盘上的涂层记录磁性变化。一个带有读写磁头的臂可以移动到磁盘的不同轨道。磁头越来越小，可以记录的密度就越来越大。臂也越来越精确，越来越快。当年工程师在硬盘表面的每平方英寸上储存上千数位，现在可以储存上百万数位。但是最大的不同是成本。过去储存一百万数位需要花费 15 000 美元，而现在只需要花费几分钱。

这个提高性能并降低成本的改进过程是工程学的特点之一。始于一个最初的想法，然后随着时间的推移慢慢地改进。莱特兄弟制造了第一架飞机，在数十年之后，人们就能以 0.8 马赫的速度从美国飞往欧洲。工程师一开始制造了昂贵、笨重的无线电话，数十年后，我们从自己的口袋中取出了廉价的智能手机。最初的计算机需要填满整个房间，而且造价百万。数十年后，我们用几百美金就能买到一个比当时的计算机强大上百万倍的笔记本电脑。这就是工程学最棒之处。

TAT-1 海底电缆

这幅图片描绘了位于加拿大纽芬兰的克拉伦维尔的世界上第一条跨大西洋电话电缆的铺设场景。这一项目是由美国电话电报公司和加拿大的机构共同出资兴建的。

电话（1876 年），广播电台（1920 年），智能手机（2007 年）

到 20 世纪 50 年代，美国与欧洲非常需要通过一根可靠的电话线连接在一起。无线电当时已经存在了，但是它成本高、质量差。大西洋的两端需要一根长长的线将其连接在一起。到了 1956 年，技术使其成为了可能，工程师将技术进行了整合，创建了跨大西洋海底电缆。

TAT-1 采用了很多创新技术。为了横跨距离大约 2 000 英里（约 3 218.7 千米）的大西洋，它使用了一对能够同时进行 36 个通话的同轴电缆。一根同轴电缆传送西岸到东岸的声音，另一根则传送东岸到西岸的声音。

当你在家里看到一根电视同轴电缆的时候，它有一个由铜制成的细小的中心导线，周边围绕着绝缘胶，金属丝网盾，最外层有一个外保护罩。海底同轴电缆的核心部分与这个同轴电缆相同，但是具有更坚固的中心导线和屏蔽系统。TAT-1 电缆用黄麻纤维来填充，接着外面是沉重的钢线制作的铠装层，接着是更多的填充物，最后是一个外保护套。

由于距离的原因，大约每 40 英里（64 千米）有一个中继器。中继器接收到信号，而这个信号由于前一个 40 英里的过程被减弱，在中继器处将其放大，从而能够到达下一个 40 英里。TAT-1 使用一系列真空管，和其他的部件一起密封在合成树脂中，来实现拼接电缆所需的柔性的中继器。定制的真空管作为放大器的心脏，必须能可靠地使用 20 年。这些管子要经过 5 000 小时的烧制，检查合格之后才用来做电缆。

一旦电缆被安装好，它能服务 22 年——工程学在创造力方面的一个真正的证明。然而，这使得跨越大西洋打电话变得不再那么昂贵。1956 年，打 3 分钟的电话需要花 12 美元，相当于今天的 100 美元。

速冻比萨的广告。

速冻比萨

118

1957年

批量生产（1845 年），现代污水处理系统（1859 年）

想象一下你想在自己的家里做一个新鲜的比萨。为此，你不需要工程师。你可以和一块面，把它擀成饼状，在上面放上酱，再在酱上撒上奶酪。你用的原料都是从你的食品储藏室和冰箱而来的，整个比萨是手工制作的。现在，想象一下，你得每天大规模生产 100 000 个比萨，因为你创造了杂货店的一款非常受欢迎的速冻比萨品牌，例如，Celentano 是 1957 年美国的第一个著名的速冻比萨品牌。为此，工程师是必需的。每天以一个合理的价格制作 100 000 个没有任何瑕疵的比萨，是一个巨大的挑战。

在这种情况下，你需要的工程师是制造工程师。为了使制作数量如此巨大的比萨的过程成本低、效率高，几乎整个过程中的每一步都要用机器来完成，如果每个比萨是由 1 磅的面组成，你需要一个机器每天和面 50 吨。如果每个比萨需要 2 盎司意大利辣味香肠，你每天需分配 12 500 磅辣味香肠。这就意味着需要一个巨大的箱子来装这么多的面，还需要传送带来移动它，一个特殊的机器在每个比萨上均匀地铺好意大利辣味香肠。

如果食品科学技术决定比萨必须在零下 20 华氏度的温度下冷冻少于三分钟，不然面皮就会变成粉状，该怎么办？工程师必须设计一个机器每天重复这个动作 100 000 次。它可能是一个巨大的风管，其中的温度一直保持在零下 60 华氏度，或者是能够使比萨浸在液态氮中，使其能够立即冻结的机器。

然后，在每天的工作后，整个装配线需要拆分和清理干净。这可能会产生 10 000 加仑（37 854 升）混有番茄酱、面团和许多消毒剂的水，这些污水不允许被直接排放，所以工程师还需要为工厂设计一个污水处理厂。

建立一个现代化、自动化的工厂，如果没有工程师，是不可能实现的，不论这个工厂是制造汽车、高尔夫球，还是制作比萨。

人造卫星

1992 年，三名 STS-49 任务宇航员在太空中抓住 4.5 吨重的国际通信卫星四号（INTELSAT VI）。

哈勃太空望远镜（1990 年），锂离子电池（1991 年），全球定位系统（GPS）（1994 年），铱星系统（1998 年）

从某一方面说，一颗给地球拍摄照片的照相卫星没什么复杂的。它配备了一台连接在望远镜上的高分辨率数码相机，靠太阳能电池板和电池提供电力，无线电通信设备和天线用来跟地球通信。没有什么东西是令人惊奇的，无论是相机本身、能源还是无线电设备，你都可以在任何一个远程照相系统中找到相同的设备。

那么，为什么一颗人造卫星要花费数百万美元呢？这很大程度上是由于卫星要在空间飞行这一特殊原因，工程师要在难以理解的恶劣环境中保持卫星的正常运行。1957 年苏联科学家发射第一颗人造卫星——斯普特尼克 1 号（Sputnik 1）——的时候首次遇到了这些挑战。从那时起，人造卫星变得越来越复杂。

以现代人造卫星中的计算机为例。在太空中不能使用普通的计算机，所有设备都必须进行辐射加固，以防止宇宙线、太阳粒子和其他辐射源破坏电路。计算机要进行三重备份，并配备表决系统判断其中之一是否有损坏。

人造卫星要随时保持正确的指向，通常依靠太阳跟踪器（sun tracker）、星体跟踪器（star tracker）和反应轮（reaction wheel）完成。反应轮可以通过加速或减速来改变人造卫星的朝向。人造卫星还配有可以使用十年以上的推进器燃料。

人造卫星配备的太阳能电池必须是抗辐射的、高效率的电池。也不能用标准的蓄电池，工程师制作了特殊的镍氢电池，可以充放电数万次，使用十年以上。

最后要做的事情，就是大量的可靠性测试、认证、备份等，包括在无菌环境下装配、在高真空下测试和振动试验等。人造卫星要在太空中工作许多年，出了问题也没有办法修复。所有这些工作连同所有这些特殊的部件使任何一颗人造卫星都价格不菲。

座舱增压

波音 707 飞机，它是第一架具有座舱增压技术的飞机。

涡轮喷气发动机（1937 年），诺登投弹瞄准器（1939 年），波音 747 大型喷气式客机（1968 年）

1958 年

如果回顾盟国在第二次世界大战期间使用的高空轰炸，你看到的是那虽然可行，但不是很好的解决方案。B-17 是那个时代典型的轰炸机。为了避免高射炮和战斗机，B-17 轰炸机一般在 25 000 英尺（7620 米）以上的高空飞行。由于诸多原因，其机舱没有增压。这就意味着机舱内的每个人都要穿着氧气面罩和沉重的衣服。在这个海拔高度上，一般的空气温度是零下 50 华氏度（零下 45 摄氏度）。位于机身中部的炮手不得不担心风寒，只能穿着笨重的电加热服。

虽然可以将空气压缩机和相关的设备加到活塞动力的飞机机身上（在 1938 年的波音 307 和 1943 年的洛克希德星座都用了这个技术），但喷气发动机的出现使座舱增压更加容易。

喷气发动机为有增压仓的飞机提供了两大好处。第一个是每个喷气发动机内都已经安装了高性能的空气压缩机。在没有任何额外的重量的情况下，发动机可以为座舱产生大量的压缩空气。

工程师所做的另一个事情是密封和加强机身处理压力的能力。门、窗、铝制的表面都有增强的需求，也增加了重量。幸运的是喷气发动机比活塞发动机更加有效、更加强大，这意味着有更多的功率可以利用来处理增加的重量。

1958年，波音 707 和道格拉斯 DC-8 开始服务，它为普通民众提供了加压舱飞机旅行。同年，泛美航空公司推出了横跨大西洋客机的服务，如果没有加压舱，这是不可能，也是不舒适的。

座舱增压是新技术帮助工程师使另一项新技术更加容易的一个很好的例子。这种二合一的方式，推动了喷气客机出行的巨大热潮。

121

海水淡化

塞缪尔 · 于斯特（Samuel Yuster，1903—1958）
西德尼 · 勒布（Sidney Loeb，1917—2008）
斯里尼瓦沙 · 索里拉金（Srinivasa Sourirajan，1923— ）

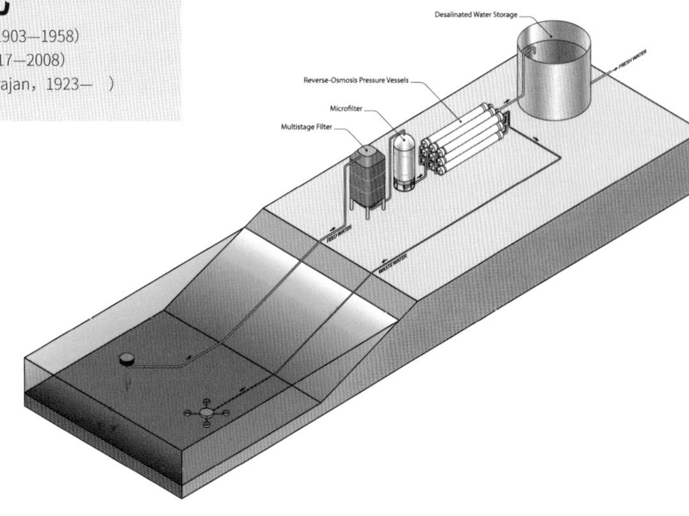

反渗透海水淡化厂的示意图。

电网（1878 年），轻水反应堆（1946 年），绿色革命（1961 年），巴斯县抽水储能（1985 年）

1959 年

当世界人口增长的时候，有些地区的淡水变得稀缺。有时候在人口增长的区域降水量太少。

工程师看着海洋问：“我们能不能够对海水脱盐，使其能够成为饮用水？”工程师和科学家为工业脱盐想了很多办法。一个技术就是蒸馏。当盐水中的水蒸发时，水蒸气上升，留下了盐分。蒸汽被冷凝后得到了淡水。最普遍的方式是使用矿物燃料。这个过程非常简单和直接，但是其碳排放非常大。另一个方法是利用核反应堆。它的碳排放非常小，这个处理方法在日本非常普遍。联合式生产也是一种可能，这种方式将发电与脱盐结合在一起进行。

水中的盐分越多，就需要更多的能量来淡化它。这种认识建立了多级快速海水淡化的方式。想象一下一系列的罐子中，一端是最冷和最少盐的罐子，另一端是最热和最多盐的罐子。浓缩的盐水从最热的罐子中，经过管道，流到下一个罐子，通过热交换将其加热。盐水从较少盐的罐子中流入多盐的罐子中，使其集中在一起。这个过程以在线上反复循环，摄取和重复利用尽可能多的热量，保持热量与含盐量的梯度。

另一大技术是反渗透。1959 年，通过加州大学洛杉矶分校的科学家塞缪尔 · 于斯特和他的两个学生西德尼 · 勒布和斯里尼瓦沙 · 索里拉金的努力，使其变成了一种可行的技术，并证明其效果非常好。水在高压的状态下通过反渗透过滤器——只有淡水可以通过。高压水泵要求的能量与蒸馏相同，但是水泵使用的是电而不是热能。一个大的电厂（无论是常规电厂还是核电厂）可以在夜间当城市的电力需求变低的时候运行反渗透淡化，而在白天还向电网提供电力，从而充分利用闲置产能。

随着越来越多海水淡化厂的建成，工程师对环境的关注越来越多。例如，更多的盐水排放可能使海水淡化厂附近的海水有毒。随着世界人口的增长，将需要越来越多有创造力的工程师。

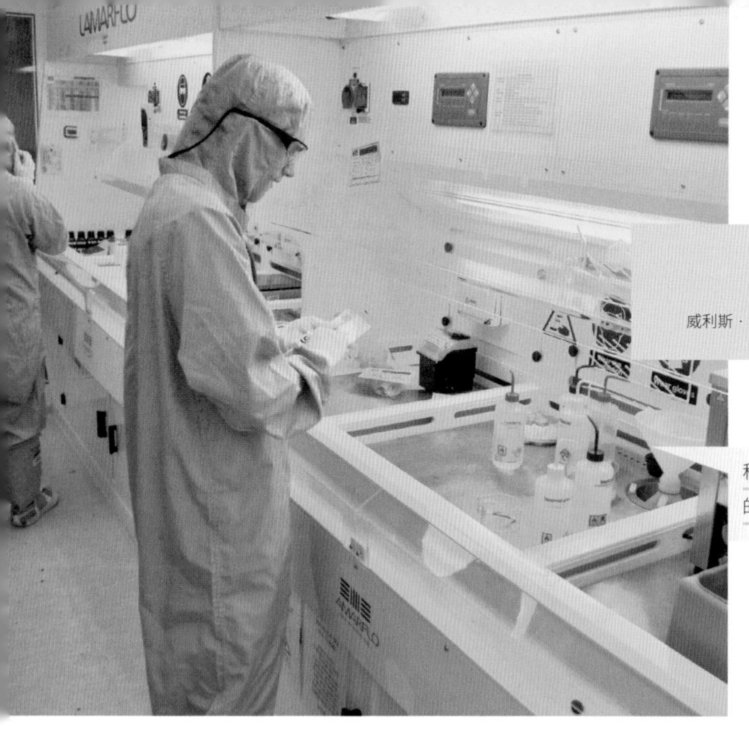

洁净室

威利斯·惠特菲尔德（Willis Whitfield，1919—2012）

科学家在伦敦中心纳米技术洁净室的光刻技术实验室。

集成电路（1949 年），人造卫星（1957 年），座舱增压（1958 年）

洁净室是在 1960 年由美国物理学家威利斯·惠特菲尔德完善而成的，它成为了现代工程学中的一个重要的部分。它在集成电路、医疗设备、药物、卫星、敏感光学器件等方面的制造过程中非常重要。其目的是创造一个没有灰尘、病菌和其他杂质的房间，从而降低这些东西进入到设备中的可能性。

洁净室解决的问题，在制造集成电路晶圆的时候很容易理解。晶圆上一个小颗粒的尘土可能会造成数百个晶体管的故障，因此这个需要操作晶圆的房间内必须保持绝对的干净。

想一下在一个典型的房间中的空气，充满了灰尘、头皮屑、皮屑、霉菌孢子、细菌、昆虫肢体、纤维等。当阳光透过窗户的时候，你就可以看到粒子飘浮在空气中，问题非常的明显。

洁净室主要对抗的就是空气中的这些粒子，它分为三个部分。第一个是严格过滤，去除掉空气中已经存在的各种粒子。第二个是正压，它确保空气不会从外界进入其中。第三个是防止房间中有污染。人们也要将自己从头到脚用无绒套装保护起来，这种套装被称作兔子套装，从而保证头发、皮肤细胞、细菌和尘埃不会进入空气中。这个房间中选用的从涂料到工具都不会产生会进入空气中的颗粒。

为了能够让你更好地理解，你可以考虑一所房子典型的室内空气。每立方米的空气中包含 100 亿个粒子。我们可能看不到空气中悬浮的这些小粒子，因为它们太小了，但是如果它们像灰尘一样落在家具上，或者是进入空气过滤器中，我们就能够看到它们。在一个 ISO 1 洁净室中，每立方米的空气中最多只有 15 个粒子，其中的每个粒子小于 0.2 微米。为了做到这一点，过滤器是必需的，房间需要完全密闭，并且房间内的东西不能产生粒子。工程师尽可能地创造一个最干净的空间。

T1 线路

T1 网络线路。

电话（1876 年），阿帕网（1969 年）

在 1940 年，电话公司通过铜制双绞线发送模拟语音信号来接听远距离电话，每对铜线对应一个信号。你可以想象一下：在纽约与洛杉矶之间通电话，3 000 英里（4 828 千米）长的一对铜线需要分段安装。这就是为什么长距离通话非常的昂贵，它需要大量的硬件，长距离传送声音。

电话公司找到了新的方法来传输远距离的通话。多个模拟呼叫可能流经单一的一个同轴电缆，用更少的硬件进行跨国通话，多个声音可以共享同一个线路，但是它仍然非常昂贵。

所有的这一切都在 20 世纪 60 年代开始得以改善。在美国贝尔实验室工作的电子工程师创造了允许声音信号数字化的硬件，然后将其以数码数据的形式发送出去。1961 年，T1 线路每秒钟可以传输 150 万位的数据，它足以同时承接 24 个未压缩的电话。

为了做到这一点，工程师用了 24 个模拟电话信号，并对它们每一个在每秒钟 8 000 次的速度下取样，每个样本 1 字节的分辨率。所以在八千分之一秒内，T1 线要传输 192 位加 1 个信息可划分位的信息。在线路的另一端，该数字信号被送到另一个 T1 线路或回到模拟电话中。

数字信号的伟大之处是导线不在乎它们传输的是声音还是数据。一个字节就是一个字节。所以现在就有了通过电话线传输数据的方式。

T3 线路是 T1 线路的聚集方式。一个 T3 线路的容量是 28 个 T1 线路的容量，或者是每秒 44.7 兆位，或 672 路电话。

T1 和 T3 线路最终成为了扩大网络的重要的元素。1987 年，全国各地的互联网主干网开始使用 T1 线路。到了 1991 年，互联网流量增加了许多，所有线路都升级为了 T3 线路。

绿色革命

诺曼·博洛格（Norman Borlaug，1914—2009）

作为绿色革命的工程学创新不胜枚举，其中包括水稻新品种，它意味着在养殖受灾地区创造了更高的收益率。

联合收割机（1835 年），中心旋转灌溉（1952 年），滴灌（1964 年），基因工程（1972 年）

1950—1987 年，世界人口从 25 亿翻倍增长到 50 亿，这是一个令人震惊的激增。人类已经感受到食品供应不足的压力。例如 1943 年，印度有 400 万人（其国家人口的百分之六）死于饥荒。

人口激增带来了一个问题：以当时的生产力水平，世界还没有办法生产出足够养活所有人的食物。这个防止大规模饥荒的过程——拯救了十几个亿或者更多人的生命的发明——始于 1961 年，它被称作绿色革命，由生物学家、工程师合作向世界各地传播先进的农业技术，美国生物学家、人道主义者诺曼·博洛格为发起人，后来他也成为这些倡议的发言人。

增加食物产量的生物学层面的一个重要的方式是——育种，以及后来的基因工程，做出更好的小麦、大米的苗株。生物学家使用了工程师解决问题的方法——他们试图培育可以利用更多的氮的植物，同时将氮转化为谷粒而不是茎秆生长。生物学家想要短粗的植物，这样植物不会倾倒。他们还想缩短生长时间。他们通过搜寻将矮株和其他有用的特性结合在一起来创造高产。

这些新品系的植物需要浇水和施肥。工程师采用灌溉项目和施肥等新方法来回应这些需求。然后他们又进了一步：在气候炎热的地区，一年可以种两批粮食，但这只有在有足够的水的情况下，能够支持第二批的种植。雨季提供一季的水，像印度这样的国家需要一种为第二季种植储存水的方式。所以工程师在印度建造了上千座新的水坝在季风降雨的时候储存水。现在，印度的农作物产量与过去相比翻了一倍。

这些新技术的进展影响巨大，世界粮食生产翻了一倍又一倍。即使人口一直在不断地增长，食物的供应增加得更快。科学与工程学联手创造了一场农业革命。

125

SR-71 侦察机

SR-71 侦察机能够在时速 2 200 英里（3 541 千米）的情况下，飞越高度超过 85 000 英尺（25 908 米），它用于对空气动力学、推进力、结构、热保护材料、大气研究和音爆特征的研究与实验。

涡轮喷气发动机（1737 年），钛（1940 年）

1962 年

如果你的工作是设计世界上最令人惊叹的飞机，它将是地球上飞行最快的——3 马赫以上。其飞行高度可以超过 80 000 英尺（24 400 米）。它可以在一个小时之内，在不需要加油的情况下飞越北美大陆。这种飞机将是航空工程学上的一大杰作。

为什么有人会需要这样的飞机呢？四个字：军事侦察。特别是在 1962 年的冷战期间，飞机需要飞到地球的任何角落而不被击落。以 3 马赫的速度飞在 80 000 英尺的高空，这样的飞机基本上不可能被碰触到。为了完成这一任务，飞机需要载两个人，一些带有优质镜头的摄像器材和适当的电子产品。

为此任务，需要哪些方面的工程技术呢？其中两个最大的挑战来自于动力和散热。

以 3 马赫的速度飞行需要很强的动力将空气推开。火箭发动机是一种解决方案，但是还有氧化剂的问题和空中加油的问题。工程师选择了喷气发动机，但是在 3 马赫的速度下：空气流入发动机的速度太快。

其解决办法是一个在发动机前方的可移动装置，称为进气口。它在发动机吸入空气之前将空气速度下降到亚音速。另外，旁通阀将发动机周边过量的空气排出。

3 马赫的动力所产生的热影响着飞机的每个部分。表面温度在 500 华氏度（260 摄氏度）意味着用铝作材料是不可能的，因此几乎整个飞机都是用钛合金做成的。当它温度升高，其表面和框架都会膨胀，所以其表面在地面上的时候是不紧密的。它在起飞前会漏油。一旦加速，所有的东西都会膨胀到一个非常紧绷的状态。SR-71 侦察机的燃料也是非常特别的——JP-7 燃料具有极高的点火温度，能够承受燃料箱的热量。

工程师创造了一架了不起的飞机，SR-71 侦察机杰出的职业生涯超过了三十年。

原子钟无线电台

无线电控制的钟表通过来自原子钟的时间信号进行校准。

机械摆钟（1670 年），广播电台（1920 年），原子钟（1949 年），微处理器（1971 年）

1962 年

工程师以提高社会效率而著称。思考这样一个问题：在美国，因为夏令时的缘故，每年都要向前或向后调整钟表。每年至少两次，每块钟表都要调整。

假设美国有一亿户家庭，每个家庭有一座钟表，每年调表两次，每次需要一分钟。在这种假设下，美国人每年会有多少时间浪费在调表上呢？接近 400 年。有什么方式可以让我们重新获得这些失去的时间吗？

工程师用一种具有独创性的方案回答了这个问题——他们构想了一种可以自动调表的钟表。为了实现这一构想，他们用到了无线电波。一座被称为“美国标准电波”（WWVB）的无线电台于 1962 年在科罗拉多州（Colorado）开始运行，该电台的发射功率达到了 70 000 瓦。它有一面巨大的天线，在极低的频率（60 000 赫兹）发射信号，这使得电台的信号覆盖范围非常大（尤其是在夜间）。电台的调幅格式极为简单：每秒发射 1 比特信号，每分钟发射一个新的时间编码，同时也会编制一个相位调制（phase-modulated）的秒信号。

随着这一系统的问世，居民可以为家中的钟表装上一个简单的调幅无线电接收器和一个小型处理器，用于接收和解码信号。这样，当钟表接收到无线电信号时，就可以显示出正确的时间了。由于“美国标准电波”使用的是获得美国国家标准技术局（National Institute of Standards and Technology，NIST）认证的原子钟，每个使用这项技术的钟表都可以获得极为准确的时间。

拥有强大的功率、巨大的天线、低频的信号的无线电台覆盖了整个美国大陆。在夜间，它所发出的信号甚至可以覆盖到夏威夷和南美洲。

这项技术带来的影响是：如果你买到一块可以接收到“美国标准电波”信号的手表，它经常会将自己形容为一块口袋中的“原子钟”——在放入电池后，如下两种情况有一种会发生。一分钟后，你的手表会神奇地自动开始调表；或者，到了晚上，它会自动调整时间。会发生哪种情况取决于你离科罗拉多州的距离。每年，工程师都为你的生命节约了几分钟时间。

可伸缩体育场屋顶

大卫 · S. 米勒（David S. Miller，生卒年不详）

位于美国亚利桑那州，以可伸缩屋顶闻名的大通球场（Chase Field）。

桁架桥（1823 年），体育场巨幕（1980 年）

想象一下那种被设计来覆盖几英亩面积的屋顶。实际上，当我们步入大型零售商场的时候，总会看到这样的屋顶。大型超级市场的占地面积超过 4 英亩（1.6 公顷），它的屋顶通常是一整块的。当你下次走入这样的超市仰望天花板时，也许你会看到一系列的工字梁和桁架结构，它们由遍布商场、相互隔开的立柱所支撑。这种屋顶支撑结构既简单又廉价。

现在你需要设计一种比这更大的屋顶，还有两个附加条件：场地中间不能有立柱；屋顶需要是可伸缩的，以保证场地可以变为露天的。这就是工程师在为体育场设计可移动屋顶时所面对的挑战。美国建筑师大卫 · 斯蒂芬 · 米勒于 1963 年首次获得了可伸缩屋顶的专利。

实现可伸缩屋顶的一种常用方法是使用多层面板，每层面板可以在另一层上滑动。从工程学的角度出发有四点需要注意：（1）面板要能够来回滑动；（2）面板的重量会达到数百万磅；（3）屋顶在冰雪天气中会承受额外重量；（4）跨度很长，可能会达到 700 英尺（约 213 米）以上。在这些条件下，面板的结构听起来与桥梁极为相似。实际上，它们就是按照设计桥梁的方法来设计的。面板由又长又深的桁架结构组成，跨度达到了整座体育馆的长度，遮光材料固定在桁架结构的顶部。

面板两端装有轮轴，轮轴被安装在轨道上，就像是铁轨上的车轮一样。面板依靠电动机缓慢移动，屋顶收缩的过程大约耗时 15 分钟。

具有可伸缩屋顶的体育场的优点相当明显：天气好的时候，体育场可以变为露天的；天气差的时候，屋顶关闭，比赛可以照常进行。两种天气下，工程师都能为运动员和观众提供最好的比赛和观赛环境。

辐照食品

图中展示了放置几天后的辐照草莓（左）与普通草莓（右）。

电冰箱（1927 年），微波炉（1946 年），速冻比萨（1957 年）

1957 年市场上出现了冷冻比萨，但有很多食物是不能被冷冻的。那些在商场冷藏区的食物，虽然被包装过，但仍需要冷藏，这是因为食物中含有细菌。如果一家杂货店将牛奶放在隔板上而不是冰箱里，几个小时后牛奶就会腐败变质。在室温下，牛奶中的细菌会以冷藏环境下几倍的速度腐败掉它。这一点也适用于乳制品、肉类、预拌饼干面团和点心等食物。

如果工程师能够开发出一种技术去掉包装食品中的细菌会怎么样呢？事实上他们已经做到了——我们称之为“罐装”（canning）。如果你把一罐食物加热到足够的温度并密封它，就会得到无菌的食物。这种方法使食物稳定，同时也解释了为什么意面酱和蔬菜罐头这类食物不需要冷藏。罐装食品的问题在于，加热会改变食物的口感和质地。

1963 年

如果工程师能够开发出一种技术，在除菌的同时不改变食物的口感，会怎么样呢？这种技术已经出现，并被称为食品辐照（food irradiation）。该技术于 1963 年首次获得美国食品药品监督管理局（US Food and Drug Administration，FDA）的批准。通过这种方法，可以将鲜肉密封在塑料包装袋中，利用辐照杀菌。杀菌后的鲜肉即使放在隔板上也可以保存一年以上。包装袋中的鲜肉是无菌的，因此不会腐败。当你打开包装袋的时候，这块肉还是新鲜的。

伽马射线辐照（gamma-ray irradiation）是一项流行的技术。钴-60（Cobalt-60）是一种伽马射线源，肉类从射线源附近通过时就会受到辐照。这一过程相当简单。主要的技术挑战来自于保证人们不被照射和保证射线源的安全。由于伽马射线是高频的电磁波，它在穿过肉类的时候除了杀死细菌什么也不会留下。

辐照技术自 20 世纪 60 年代便已存在。美国航空航天局（NASA）将它用在进入太空的肉类上，但该技术只应用在了一小部分食物上。为什么这类食品在杂货店中并不常见呢？原因在于某种工程师无能为力的事情上：恐惧。当人们听到“辐照”这个词时，就立即会产生一种负面反应，而对这种技术的安全性和益处却置若罔闻。

129

直线极速赛车

2011 年，赛车手拉里 · 迪克逊（Larry Dixon）带着他的直线极速赛车来到佛罗里达州的盖恩斯维尔参加了一场排位赛。

机械增压器和涡轮增压器（1885 年），内燃机（1908 年），一级方程式赛车（1938 年）

1964 年

如果工程师将技术推向极致会怎样？为了头脑中的一个目标，使一切事物都发生“进化”。这就是发生在直线极速赛上的事情，它导致我们看到了如今的直线极速赛车。工程师想要制造出最快的活塞发动机赛车，为了达到这一目的，赛车要“进化”到什么程度呢？

一种方法是提高引擎的性能。工程师制造出了 500 立方英寸（8.2 升）的 V-8 发动机——这是在全国改装式高速汽车协会（National Hot Rod Association，NHRA）规定下最大的发动机。他们还安装了增压器，为了将尽可能多的空气充入气缸中。接下来他们更换了燃料，将汽油换成了硝基甲烷，又被称为“顶级燃料”。与其称之为燃料，硝基甲烷更像是液体炸弹，直到 1964 年它才被允许使用。硝基甲烷中含有大量的氧，因此它的燃烧可以在分子内部进行（爆炸的一种特性）。注入发动机的燃料量是十分惊人的，和清晨淋浴喷头的出水量一样。每个气缸都以这样的速率接收燃料，发动机每秒可以消耗 1.3 加仑（5 升）的燃料。

接下来工程师对后轮进行了改进。改进后的后轮非常宽，从而得到最大的接触面积。而且他们使用了“皱纹墙”技术，使赛车在起跑线上就获得了更强的抓地力。赛车启动后，风力将产生 8 000 磅的下压力，轮胎将与轨道紧紧地贴合在一起。

发动机产生的动力通过一个复杂的六级离合器传送到轮胎。赛车刚启动时离合器经常打滑，但随着赛车速度提升打滑会逐渐减少。这是一种没有变速器的直接传动系统，离合器打滑可以阻止发动机熄火。保证离合器参数正确是赛车做调整时最重要的内容之一。

这些技术的应用意味着发动机可以产生 8 000 马力（6 000 000 瓦特）的动力，赛车也拥有巨大的加速度。当信号灯变绿时，赛车仅用半秒钟就可以将速度从 0 提升到 75 英里 / 小时（120 千米 / 小时），行驶距离只用了大约 20 英尺（6 米）。在最后的四分之一英里，赛车的速度将超过 300 英里 / 小时（480 千米 / 小时）。

滴灌

希姆夏·布拉斯（Simcha Blass，1897—1982）

滴灌是一种省水灌溉，今天许多人都将这项技术用于自家花园内。

中心旋转灌溉（1952 年），海水淡化（1959 年），绿色革命（1961 年）

1964 年

农民灌溉耕地的历史已经有数百年之久，他们通过灌溉渠或高架喷灌系统进行灌溉。但在干旱的气候条件下，这些系统并不好用。没有足够的水来进行漫灌，而传统的高架喷灌又会使大量的水蒸发到空气中，中心旋转灌溉在这种情况下也不适用。

这种情况下，在以色列出现一种新型喷灌系统也就不无道理了。工程师希姆夏·布拉斯，连同他的儿子耶沙亚述（Yeshayashu）和基布兹·哈泽瑞姆（Kibbutz Hatzerim）于 1964 年共同获得了第一代实用性地表滴灌器（surface drip irrigation emitter）的专利。滴灌技术成为了新一代省水灌溉的通用方法。

滴灌的基本原理很简单——水分别滴在每一株植物的根上。区域内的用水由塑料管运送，由防止堵塞的喷射器控制水滴下落的速度。

滴灌技术拥有许多重要的优点，其中最主要的一点是它显著地减少了水的蒸发。水直接滴在泥土上，并立即被吸收掉，不会因炎热和干燥而蒸发。第二大优点是水集中在了最需要它的地方——根部。两株植物之间的土壤——其中包含的根的数量要少得多——不会吸收水分。滴灌技术在减少水分蒸发的同时也阻止了野草对水分的吸收。

滴管技术的另一优点是它有助于将灰水和污水用于灌溉。没有经过处理的水是不能直接喷洒到空气中的，而滴灌将这些水直接作用于土壤表面，或利用地下滴灌器直接作用于土壤内部，从而使污水变得十分安全。

换个角度思考，也许会带来数倍的收益，滴灌就是这样一种工程技术革新，它为农业带来了更多的可耕种土地。例如，以色列全境的棉花种植（年产量在 100 000 吨以上）都在使用滴灌技术，使用其他方式几乎无法实现棉花的种植。

天然气运输船

停泊在港口的液化天然气运输船，远处是天然气液化工厂。

油井（1859 年），电网（1878 年），海上巨人号超级油轮（1979 年），集装箱货运（1984 年）

有时，工程师接收到的任务在最初看起来是不可能完成的。但在很多情况下，他们都能发现困难并逐个克服它们，从而找到一种切实可行的解决方法。

这里要说的是关于天然气运输的问题。在陆地上，解决这个问题的方式是使用管道运输，但如果我们要跨洋运输天然气呢？

对于石油来说，跨洋运输是个相对简单的过程，因为石油通常是液态的，可以在常温常压的油罐中存放数年。

不幸的是，常温常压下天然气是气态的。你可以将天然气压缩，这在某种程度上是管用的，也是汽车和卡车运输天然气的方法。但对于船运来说，压缩天然气的密度还不够大，在这种情况下天然气需要被液化。

液化天然气最大的优点在于其体积的大幅度减小，600 立方米的天然气液化后体积仅为 1 立方米。液化天然气的问题在于它是一种透明的低温液体，沸点为零下 260 华氏度 (零下 162 摄氏度)。

为了把液化天然气装船，工程师需要设计巨大的高度绝缘的气罐。第一艘用于天然气运输的船只是由英国天然气公司（British Gas）投资建造的“甲烷公主”号（Methane Princess），该船于 1964 年下水。气罐绝缘层通常是厚达 1 英尺（30 厘米）以上的泡沫，有金属内衬和坚硬的金属外壳。世界上最大的液化天然气船是 Q-Max 级，容量可达 10 000 000 立方英尺（266 000 立方米）。

极低的温度会导致金属内衬收缩，并在冷冲击的作用下碎裂，因此必须对金属内衬进行预冷。用于装卸的金属管道脆性增强，同样也会发生收缩，因此接口和伸缩接头处要使用抗冻材料。接下来还有气化的问题，在运输过程中有 10% 的液化天然气会变为气体。一些天然气运输船将其用作燃料，另一些把这些气体重新液化并装入气罐。

即使在零下 260 华氏度的情况下，工程师同样能够解决麻烦。

子弹头列车

志摩秀雄（Hideo Shima，1901—1998）

一列新干线列车（子弹头列车）正在经过日本富士山。

柴油机车（1897 年），磁悬浮列车（1937 年），真空列车（约 2020 年）

1964 年

美国铁路公司（Amtrak）的客运列车的行驶速度通常小于 100 英里 / 小时（161 千米 / 小时），而日本新干线（Shinkansen）（也称子弹头列车 bullet train）的行驶速度可达 200 英里 / 小时（322 千米 / 小时）。志摩秀雄是第一辆子弹头列车——东海道新干线（Tokaido Shinkansen）的首席工程师，该列车由日本国营铁路公司（Tokyo National Railways）于 1964 年推出。其他工作在铁路技术研究所（Railway Technology Research Institute）的工程师也为东海道新干线的设计做出了贡献。

这些工程师是怎样使列车的速度达到 200 英里 / 小时（约 322 千米 / 小时）的呢？为了更好地理解这个问题，我们首先来了解一下传统的铁轨。轨道路基（也被称为道渣）由沙砾构成，上方是枕木，枕木与其上的铁轨靠道钉和夹板连接。铁轨经常会跟公路相交，当火车经过的时候会有横臂阻拦汽车通过。火车的动力由两台或更多的内燃机车提供，车厢装有钢制的锥形车轮和固定的车轴。

对于高速列车，一切都要发生改变。铁轨变得很平滑，高速铁路使用连续焊接的方式焊接钢轨。轨道下的枕木由木质的改为了混凝土，道渣也同样变成了混凝土。与公路交叉的轨道均被取消，因为高速列车的停车距离通常有两到三英里。小角度的转弯路段也被取消，代之为更长也更加平缓的弧线，圆弧的半径可达 5 英里（8 千米）。高速列车不再使用内燃机车，而是使用高架电线来输入电力。发动机也不再是一台，每节车厢的车轮上都装有提供动力的发动机，这有助于提高加速度和制动效率。车头非常独特，它的空气动力学外形有助于减小空气阻力，驾驶室也在车头内。

当工程师成功地将所有这些特点集中到一起时，火车的速度可以达到 200 英里 / 小时，乘客也将有平缓舒适的乘车体验。在工程师们的努力下，火车的外形越发流畅，乘客逐渐感受不到火车的高速了。

圣路易斯拱门

埃罗·萨里南（Eero Saarinen，1910—1961）
汉斯卡尔·班德尔（Hannskarel Bandel，1925—1993）

圣路易斯拱门——西进之门——的特写（尽管在人们到达西部之前它也曾一度是“通往中西部之门”）。

比萨斜塔（1372 年），电梯（1861 年），帝国大厦（1931 年）

1965 年

圣路易斯拱门位于美国密苏里州圣路易斯，拱门的两端独立建造，像两座自立式钢塔一样。在拱门连接在一起之前，两端各自高 630 英尺（192 米），中间有一条细缝将其分开。拱门顶端宽 8 英尺（2.4 米），但建筑结构由于日照发生膨胀，导致细缝的宽度只有 2 英尺（0.6 米）。建筑的设计师埃罗·萨里南和领导工程师团队的结构工程师汉斯卡尔·班德尔预料到了这种情况，他们在拱门的顶端放置了一架大型的液压千斤顶，千斤顶可以产生 100 万磅的推力。千斤顶将空腔撑开，使两部分建筑最终吻合得非常好，误差在半毫米以内。

拱门于 1965 年竣工，世界上没有比它更高的不锈钢纪念碑了。圣路易斯拱门不仅是世界知名的工程学成就，同样也经得起时间的检验——即使再过一千年，这完美的闪闪发光的弧线依旧会令人眼前一亮。

在这个项目中工程师所面临的挑战主要有三个：拱门要抵抗地震和龙卷风，观景台要足以容纳 100 名游客，在拱门中空的部位要安放世界上最奇怪的电梯。拱门的地基是两块深埋于石灰岩岩床的60英尺（18.3米）高的混凝土铸件，每个铸件重52 000 000磅（24 000 000千克）。在地基之上，是中空的三角形不锈钢结构，三角形每边长 54 英尺（16.5 米）。不锈钢结构由下至上逐渐变小，顶部的三角形每边长 17 英尺（5.2 米）。

游客需要快速到达观景台，因为每年有超过 100 万游客想要参观拱门。工程师要怎样才能制造一架电梯，使其在拱门底部时是竖直的，而到了顶部则变为水平的？他们将电梯厢造成圆柱形，就像是烘干机里面的圆筒一样。随着电梯在拱门内部上升，电梯厢会发生旋转，从而保证座位一直是水平的。圣路易斯拱门的每一部分都令人印象深刻。

集束炸弹

“M190 老实人约翰”的弹头部分装有 M134GB 型子炸弹。

“三位一体”核弹（1945 年），AK-47（1947 年）

我们可以从两个角度看待集束炸弹。一方面，集束炸弹非常可怕，会对生命和财产造成极大的损害（例如 AK-47）；另一方面，集束炸弹是一项技术成就。

第一批集束炸弹于 1965 年被部署，这些早期的集束炸弹结构非常简单。简单理解，就是一颗大号炸弹里充满了数量众多的类似手榴弹的小型炸弹。飞机投弹时，集束炸弹会在半空中打开并释放其内部的小型炸弹，小型炸弹会在接触地面的时候发生爆炸，任何人碰到这些小型炸弹爆炸产生的弹片都将死亡。哑弹（dud）——集束炸弹内部的小型炸弹由于某些原因在受到冲击的时候没有发生爆炸——会造成一些我们不期望出现的副作用。它们的危险性会持续数年，造成无数的伤亡。

像 CBU-105（一种传感引爆武器，Sensor Fuzed Weapon）这样的现代集束炸弹则完全不同。CBU-105 在半空中打开时会释放出 10 枚 BLU-108，这些子炸弹在各自降落伞的作用下缓慢下落。BLU-108 尾部的雷达传感器可以探测下落高度，在适当的高度，一枚小型固体火箭会被点燃。火箭会使弹仓发生转动，并提升高度。转动的弹仓抛射出四枚旋转着的子炸弹，每枚子炸弹都有传感器，可以通过热能探测地面车辆的位置。每枚子炸弹会锁定一个目标，通过爆炸产生的穿甲效果击毁车辆。即使没有寻找到目标，炸弹也会自毁，从而避免了遗留下哑弹。

当一小队士兵遭遇到敌人一队移动的车辆或一个车辆营地时，一枚 CBU-105 就可以选择性地摧毁所有敌方车辆，而且没有哑弹遗留，不会造成平民的伤亡。这样的工作原理使 CBU-105 比那些先于其出现的老式集束炸弹先进得多。■

复合弓

霍利斯·威尔伯·艾伦（Holless Wilbur Allen，1909—1979）

在由国际射箭联合会（FITA）举办的2013年法国巴黎射箭世界杯上获得女子项目第三名的阿宾娜·洛吉诺娃（Albina Loginova）。

弓与箭（公元前30000年）

1966年

搭弓射箭是人类最古老的技艺之一，弓和箭的使用历史已有数万年。因此，似乎很久以前工程师就已经榨干了这种技艺的提升空间。但到了1966年，工程师掀起了一场新的技术革命，最终导致了复合弓的出现。

我们先来了解一下传统弓的工作原理。我们用弯曲的木棍做弓身，将弓弦系在弓身两端的弓梢上。弓身弯曲程度越大，蓄积的力量就越强，弓身回复过程中传递给弓弦的张力也就越大。一张牢固的英格兰长弓的开弓磅数可以达到150磅（670牛顿），射手需要站在原地并施加150磅的力才能使用这样的一张弓进行射击。

霍利斯·威尔伯·艾伦于1966年首次获得了复合弓的专利。复合弓与传统弓最大的区别在于蓄力方式的不同。在复合弓中，射手持握的部分成为弓身（riser），弓身是严格竖直的。两个接近水平的部分称为弓缘（limb），将弓缘的两个尖端拉近可以蓄力。弓缘成为了一种悬臂弹簧——和跳水板上的弹簧是一样的。

凸轮（cam）的作用相当于一种可变杠杆，凸轮的存在使射手可以通过调整弓弦和弓身的距离改变弓弦上的拉力。靠近弓身的地方开弓磅数很大，但在射手将弓弦逐渐拉远的过程中，凸轮的旋转会改变杠杆臂的大小，从而导致开弓磅数的显著下降。因此，射手可以更轻松地持弓射击。

如何在不减小威力的情况下降低开弓磅数？这是工程师一直在思考的问题，以上的介绍是其中一种方法。工程师找到了很好的解决方案，尽管花了数万年的时间。

翼伞

多米纳 · 贾贝特（Domina Jalbert，1904—1991）

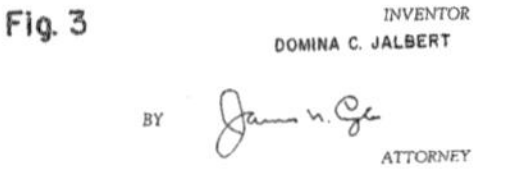

多米纳 · 贾贝特于 1966 年获得的翼伞专利。

塑料（1856 年），金索勒栈桥（1920 年），人力飞机（1977 年）

提到工程学，我们想到的通常是些坚硬的东西：桥梁、飞机、变速器，等等。但工程学的技术产品也可以是柔软有弹性的。现代运动降落伞就是这样的——工程学贯穿其始终。传统圆形降落伞是缝合在一起的多层织物，伞面边缘和肩带间连有细细的伞绳，双肩包和降落伞背带将跳伞运动员和降落伞连接在一起。跳伞运动员基本上就浮动在伞面的正下方，任凭风力的支配。

多米纳 · 贾贝特于 1966 年首次获得了现代翼伞的专利。现代翼伞是一次全面的技术革新，相比于圆形降落伞，它具有多个显著优点。本质上，翼伞是一种机翼形状的织物翼。机翼前方的冲压空气使机翼充气并保持半刚性，由于它是翼形的，其飞行是以一定速度向前的滑翔。连接跳伞运动员和降落伞的伞绳使伞保持在上方，运动员可以通过手中的环扣和系在环扣上的背绳控制降落伞。拉紧左侧的栓扣，翼伞左侧就会减速，右侧也是一样。同时拉紧两侧栓扣，跳伞运动员就会减速并水平滑行，这对着陆来说尤其有用。

翼伞的优势在于它是真正地在飞翔。跳伞运动员可以控制翼伞，除了着陆还可以做出许多其他动作，因此翼伞是更加安全的。在设计翼伞的过程中工程师可以调节许多变量：形状、翼面厚度、整体尺寸、长宽比、结构单元的数量、伞面材料，等等。用于竞速飞行的翼伞小且薄，而悠闲的帆伞运动中的则更大一些。翼伞的设计取决于使用者的目的和需求。

工程师也许没有预料到经验老到的跳伞运动员可以用翼伞做出的技巧和表演。工程师开发了这项技术，而爱好者将它发挥到了极致。

球床核反应堆

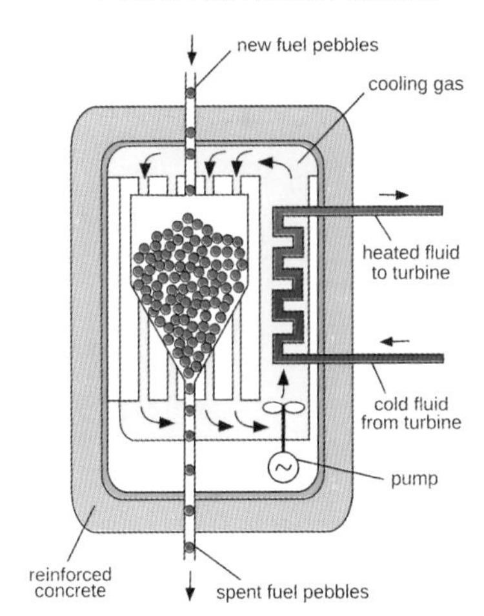

位于德国尤利希研究中心的 AVR 球床反应堆。

轻水反应堆（1946 年），加拿大重水铀反应堆（1971 年），切尔诺贝利（1986 年）

球床反应堆是一项完全的技术革新。当今世界几乎所有的主流核反应堆系统都通过某种方式使用水作为冷却剂，如果冷却剂出现问题，就可能引起重大事故。球床反应堆于 1966 年首次成功运行，是一种完全不同的方式，是更加简单、更加小型化、更加安全的反应堆。

球床反应堆名称中的“球”来自于其包装核燃料的方式。核燃料被装入由防护材料制成的球形容器内，而不是像通常那样被做成脆弱的燃料棒（fuel rod）。每个球形容器有橙子那么大，在容器内部是少量更小的球体。核燃料被防护材料包裹成微球状（直径有半毫米），球体又被石墨（pyrolytic carbon）包裹。这些小球体被装在一起形成了更大号的球形容器。

球床反应堆名称中的“床”来自于工程师储存球形容器的方式。球形容器被塞入一条管道中——想象一个小型的筒仓，聚在一起的球体会产生大量的热量。通过向球堆中吹入惰性气体，可以将这些热量带走。

人们可以从管道底部取出球形容器进行检查，老化或损坏的容器会被移除，通过检查的容器会被重新装入管道顶部。

球床反应堆的安全性保障来自于如下原理：在除管道和球形容器外的设备全部损坏的情况下，管道的温度会达到某种峰值，但反应堆仍然可以在这种温度下稳定存在，核燃料不会熔化或爆炸。

球床设计中值得关注的地方在于：工程师有通过改进现有方法完成设计的能力，他们可以发现问题和弱点并创造性地解决它们。这是工程师进行跨越式发展时常用的方法。

1966 年

动态随机存取存储器

罗伯特·登纳德（Robert Dennard，1932— ）

计算机上使用的同步动态随机存取存储器（SDRAM）。

电子数字积分计算机（ENIAC）——第一台数字计算机（1946 年），闪存（1980 年），智能手机（2007 年），平板电脑（2010 年）

1966 年

每台计算机都需要随机存取存储器（Random Access Memory，RAM）。计算机的中央处理器（Central Processing Unit，CPU）需要一片区域储存程序和数据，以便其能够快速读取——和 CPU 的时钟系统同样的速度。CPU 执行的每个指令都要从 RAM 中获取，CPU 也会在 RAM 中读写数据。

如果你是一位在 20 世纪 60 年代末着眼于计算机内存的工程师，摆在你面前的有两种选择。一种是磁芯存储器，由穿入导线的铁氧体环制成。磁芯存储器有很多问题：昂贵、沉重、体积庞大。另一种是静态随机存取存储器，由标准晶体管电路制成。每个存储单元包含一些晶体管，并且集成电路的状态是给定的，芯片的存储空间十分有限。

但到了 1966 年，为了减小晶体管的数量并提高芯片上存储单元的数量，供职于 IBM 的美国电气工程师罗伯特·登纳德做出了一些不同的尝试。他使用电容器储存了 1 比特的数据，从而迸发出了关于动态随机存取存储器的想法。电容器充电的状态代表“1”，放电的状态代表“0”。表面看起来这一想法十分荒谬，因为电容器会漏电。如果你将“1”存储在由电容器制成的存储器中并且什么也不做，在十秒钟内电容器就会因为漏电而忘记它所存储的“1”。

但这种方式的优点在于它极大地减少了晶体管的数量，并因此提高了芯片中存储单元的数量。为了解决漏电问题，所有的电容器都会被定期地（例如几微秒）重新读写——将代表“1”的那些漏电的电容器重新充电。这种方式被称为动态随机存取存储器（DRAM），因为它要动态地进行刷新以保证电容器处于充电状态。DRAM 首次出现于 1970 年。

动态随机存储的方法减小了存储单元的体积，从而降低了存储器的费用。如今，每台台式电脑、笔记本、平板电脑、智能手机都在使用动态随机存取存储器。工程师的一些想法最初看起来也许是荒谬的，但最终依靠这些想法使生产成本得以降低，动态随机存取存储器就是一例。

汽车排放控制

正如我们看到的那样，关于汽车运输的创新不仅改变了世界，也提高了对清洁空气标准的要求。

油井（1859 年），瓦姆萨特炼油厂（1861 年），普锐斯混合动力汽车（1991 年）

1967 年

1960 年的美国，在像洛杉矶这样的大城市中我们会看到如下一些现象：(1) 在地平线上可以看到一层灰色的烟雾；(2) 表层土上覆盖有一层铅（来自加铅汽油的微粒沉降）；(3) 空气中非常严重的颗粒污染；(4) 近地面臭氧浓度大。

公众的抗议，加上 1967 年的《联邦空气质量法案》(*Federal Air Quality Act*)，共同引导了一系列的技术发展。这些技术发展清理了汽车尾气，使我们可以再次在城市中自由地呼吸。

首先是研发于 1961 年的曲轴箱正压通风装置。这是一个简单的系统，其作用是吸取发动机的废气并使它们燃烧而不流入空气。这个装置非常有用，因为不完全燃烧的燃料和燃油废气在日光的作用下会形成光化学烟雾。

接下来是催化转化器和无铅汽油的出现。第一台催化转化器出现于 1975 年，它可以消耗掉尾气中的一氧化碳和不完全燃烧的汽油。工程师利用蜂窝陶瓷方法使废气和催化金属（例如铂金）相接触，该方法既具有创新性又持久耐用。石油工程师改进了精炼厂和相关技术，获得了不含四乙铅的汽油，从而人为地提高了辛烷值。

另一项设计是废气循环装置。废气中不含氧气，因此废气进入气缸后会降低燃气温度并会减少氮氧化物的含量。

最后是对油箱的改进。当汽车停在停车场时，油箱中的汽油会蒸发。通常这些碳氢化合物会通过油箱的通风管流入空气中，进而形成光化学烟雾。工程师开发了充满碳颗粒的过滤器用于吸收汽油蒸汽和密封汽油系统。

通过结合以上的技术，工程师显著地减少了汽车排放铅、碳氢化合物、氮氧化物和一氧化碳的量。尽管汽车的数量在增加，但美国的空气却变得更加清新了。

阿波罗 1 号

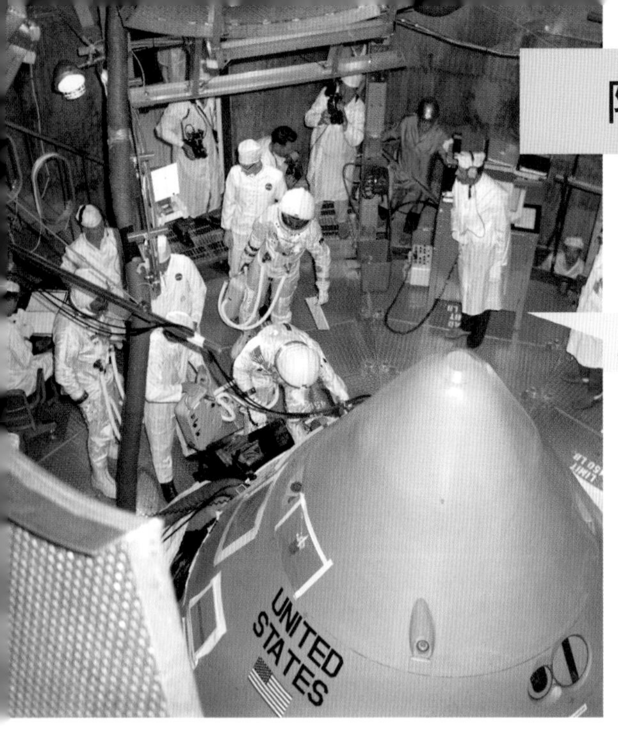

宇航员正在准备进入航天器。

塑料（1856 年），土星五号火箭（1967 年），
登月（1969 年），阿波罗 13 号（1970 年）

1967 年

工程师有时也会犯错，有时这些错误还是灾难性的。阿波罗 1 号（Apollo 1）的悲剧就源于这样的错误。从这场悲剧中我们也可以看到，工程师是如何从错误中学习、改正并继续前进的。

在最初的设计中，阿波罗号的太空舱内是高压的纯氧环境。这样做有许多好处，是一种理性选择的结果。选择这种设计的原因之一是美国航空航天局（NASA）在水星计划（Mercury mission）和双子星计划（Gemini mission）中就是这样做的。

与普通空气（氮氧混合气体）相比，使用纯氧会使太空舱重量更小。使用单一气体意味着只需要一个气罐，也不需要混合 / 监测设备来保持两种气体的混合比例稳定。而且，在太空时舱内压力可以被降至 5 磅 / 平方英寸（34 千帕斯卡），这与宇航服的压力相当。宇航服中的低压环境是非常有用的，因为在这种环境下宇航员的动作最为灵活。

但在发射台上，舱内纯氧环境的压强必须保持在大气压（16 磅 / 平方英寸，110 千帕斯卡）之上，以阻止外部气体的进入。在这样的纯氧环境下，那些我们认为易燃的物品会变成实实在在的燃烧弹——燃烧得更快，温度也更高。阿波罗号内部充满了易燃物品，特别是尼龙—— 一种非常易燃的塑料。就连航天服都是由尼龙制成的。

在一次常规的地面测试中，三名宇航员被困在了太空舱内，舱内充满了压强为 16 磅 / 平方英寸的纯氧。一个火花引起了火灾，随后火灾以惊人的速度蔓延开来。火灾发生后仅 17 秒，三名宇航员就已全部死亡，从太空舱内传出的最后的呼叫是“我正在燃烧”！

悲剧发生后，工程师们开始了为期 20 个月的反省和重新设计。最大的改变是将纯氧环境改为了氮氧混合环境，另一项改变是将宇航服的材质换成了非易燃的材料。

工程师的确犯了错误，但更为关键的是他们可以从错误中学习并在未来使事物变得更好。

土星五号火箭

在佛罗里达州肯尼迪航天中心发射的阿波罗4号（航天器017/土星501）。

登月（1969年），宇航服（1969年），微处理器（1971年），好奇号火星车（2012年）

土星五号火箭仿佛在尖叫："工程学！"从它"荒唐"的尺寸，到它"野蛮"的推力，土星五号是人类制造过的最为惊人的火箭。土星五号火箭保持着多项纪录，包括它118吨的近地轨道运载能力。

在当时的技术条件下，工程师是如何制造出这个庞然大物的呢？建造火箭的时候大多数工程师还在使用着计算尺。而且他们是如何如此快速地完成建造的呢？1957年，美国还没有成功向地球轨道发射过任何航天器。但到了1967年，土星五号已经可以轻松地进入近地轨道。

关键点之一是F-1发动机。在美国航空航天局（NASA）成立之前，工程师就已经开始为空军项目（Air Force project）研发F-1发动机。这是一个幸运的巧合，因为它意味着在实际使用之前，发动机就已经经受过测试并可以平稳地运行。F-1是人类曾制造过的最大的单体发动机，推力达到了15 000 000磅（6.8兆牛顿）。火箭的第一级装有五台F-1发动机，总推力达到了76 000 000磅。拥有如此强大的推力是好事，因为装满燃料和载荷后，火箭的总重量达到了6 500 000磅（3 000 000千克）。在发射时，每台发动机三分钟内就会消耗掉将近1 000 000磅（450 000千克）的煤油和液氧。

第一级火箭分离后，余下的部分轻了5 000 000磅（2 300 000千克）。第二级和第三级火箭使用液氢和液氧作为燃料将载荷送入轨道。

在第三级火箭顶部装有一个重要的部件，一台叫仪器组（Instrument Unit）的环形装置，直径差不多22英尺（7米），3英尺（1米）高，重两吨。仪器组包括计算机、无线电系统、监控设备、雷达、电池和其他系统，这些仪器共同控制着第三级火箭的飞行和与地面的通信。当时微处理器还不存在，因此核心设备是由传统方法制造的三重备份的IBM微型计算机。

工程师制造出这个一次性的巨兽是为了将人类送上月球，后来它也被用于发射太空实验室。土星五号火箭是一项真正的工程学奇迹。

“C-5 超级银河”运输机

2012 年 3 月 16 日，爱尔兰北岛的海军航空兵基地上，美国飞行员正在卸载一架“C-5 银河”运输机，用于支援“Patriot Hook 2012”军事演习。

横帆木帆船（1492 年），波音 747 大型喷气式客机（1968 年），集装箱货运（1984 年）

1968 年

军事组织想要随时把士兵、补给和设备运往交战区。他们可以选择海上运输，船只在运输能力和运输效率方面表现良好，但到达地球的另一边需要花费两周的时间。如果军方的运输时间只有一个晚上，那该怎么办呢?

这种情形简直就是专门为像 C-5 这样的大型军用运输机准备的。C-5 运输机于 1968 年首次试飞，满载时航速为 550 英里 / 小时（885 千米 / 小时），装载量惊人并且可以在几乎任何地点着陆。即使不能着陆，也可以将货物从后舱门抛出。C-5 曾一次性抛出了近 200 000 磅（90 000 千克）的负载——四辆谢里登坦克（Sheridan）和 73 名从后舱跳伞的伞兵。C-5 运输机展示了其快速向全球任何地方投送大量人力物资的能力。

工程师是怎样制造出体型如此巨大、运载能力如此强的飞机的呢？想一想如下数据——C-5 运输机的货舱长 127 英尺（38.7 米），宽 19 英尺（5.8 米），高 13.5 英尺（4.1 米）。机头和机尾都有舱门，并且可以同时打开，这使得货仓实际上变成了一个大型的管道。货舱上方的机翼携带了数十万磅的燃料，起落架位于货舱的下方。货舱的容量达到了 280 000 磅（129 000 千克）。

结构工程师和航空工程师们为 C-5 运输机设计了双层机身。上层机身像是整个飞机的骨骼，虽然空间较小，但仍能装下 73 名乘客。工程师所使用的施工技术大大加强了货舱和机翼的强度。例如，在机翼外皮的制造过程中，工程师将 3 000 磅（1 360 千克）的厚重的铝坯压制为原质量的 1/5，形成了工字形的深槽，外皮也变得很薄。使用这个方法，工程师成功地兼顾了高强度和轻质量两方面的性能。

C-5 运输机最为惊人的地方也许是：从概念提出到第一次飞行，工程师只用了 3 年时间。这是一项惊人的工程学成就。

143

波音 747 大型喷气式客机

乔 · 萨特（Joe Sutter，1921— ）

波音 747-100 客舱的实体模型，1967 年 3 月。

涡轮喷气发动机（1937 年），“C-5 超级银河”运输机（1968 年）

由波音公司（Boeing Airplane Company）制造的波音 747 大型喷气式客机于 1968 年问世，总工程师乔 · 萨特领导了背后的设计团队。波音 747 的巨大震惊了所有人，公众此前从未见过双层并配有楼梯的商用飞机。波音 747 还引入了宽体客机的概念：双过道，每排十座。密集的座位排列可以容纳超过 600 名乘客，这使波音 747 保持了将近 40 年的载客量记录。它比同时代的客机大两到三倍。

这么巨大的客机是怎样突然冒出来的？两项工程技术的发展使波音 747 的出现成为了可能：性能强大的高涵道比涡轮风扇发动机（high–bypass turbofan engine）和大升力机翼。高涵道比涡轮风扇发动机具有三大优点：（1）比低涵道比涡扇发动机大得多的推力；（2）更节约燃料；（3）降噪。巨大的、可伸缩的襟翼和前缘缝翼增大了翼面面积和曲率，缩短了飞机起飞和降落的滑行距离。

巨大的机身和高性能的发动机使波音 747 具备了极强的续航能力。波音 747-400 的机翼、机身和机尾共装有将近 60 000 加仑（227 000 升）的燃料。一些型号的波音 747 客机的最大航程在 9 000 英里（14 500 千米）以上，飞行途中不用再加油。也就是说飞机消耗 1 加仑燃料飞行了 0.16 千米，这听起来还挺糟糕的。但如果考虑飞机上有 600 名乘客，那么换算到每个乘客头上这一数字就变成了 100 英里 / 加仑（42 千米 / 升），而且飞机的飞行速度达到了 0.85 马赫。

波音 747 机身上方的隆起是怎么回事？波音 747 既可用作客运，又可用作货运。为了更好地利用货舱空间，货运飞机需要在飞机前方设有舱门，机鼻也需要能够抬起。这就要求驾驶舱的位置要在机身上方，而不是位于机鼻处。同时，空气动力学要求工程师在驾驶舱后方建造一个锥形结构以消除气流的影响。这一锥形结构一直延伸到机翼后方，形成了第二层客舱——工程师对空气动力学所要求的空间进行了创造性的利用。

登月

阿波罗 16 号登月任务中在月球表面的宇航员约翰 · W. 扬（John W. Young）。

宇航服（1969 年），月球车（1971 年）

登月计划的每一部分都包含了一项工程设计：火箭、航天器、生命维持系统、宇航服、电源……甚至是食物和包装，可谓面面俱到。

全部的努力集中于登月计划的方案设计。计划的目标是把宇航员送上月球，再把他安全地带回来。时间有限，因为他们担心苏联首先完成了登月。在这种情况下，工程师最终完成的方案既让人眼前一亮，又使人震惊不已。

土星五号火箭的起飞质量达到了 6 500 000 磅（3 000 000 千克），上面运载着登月计划中全部的自给自足的设备，它们需要飞向月球并返回。150 秒后，第一级火箭燃烧完毕并脱离，整个设备轻了 5 000 000 磅（2 300 000 千克）。第二级火箭于 360 秒后脱离，又带走了 1 000 000 磅（454 000 千克）的质量。第三级火箭助推两次，第一次将航天器送入环绕地球的轨道，第二次将航天器送入飞向月球的轨道，这又被称为月球转移轨道入轨。当第三级火箭脱离的时候，260 000 磅（118 000 千克）的质量随之而去。

随后登月舱从整流罩中移出，并与指令 / 服务舱对接。登月舱由两部分组成：上升段和下降段。1969 年 7 月 20 日，登月舱使用下降段在月球着陆。在宇航员完成月面探测后，登月舱的上升段将他们重新带回环月球轨道，并与指令 / 服务舱会合。丢弃上升段登月舱后，指令 / 服务舱将所有人带回了地球轨道。投弃服务舱后，宇航员乘坐指令舱返回地球，在隔热罩和三个降落伞的帮助下安全着陆。指令舱落入水中时重约 13 000 磅（5 900 千克），指令舱内有三名宇航员（约 500 磅，约 230 千克）和 47 磅（约 21 千克）的月球岩石。

谁能够设计如此复杂的计划，并且如此漂亮地完成预定目标？而且使众多仪器设备在如此遥远的地方完美地工作？答案是：工程师。

145

阿帕网

唐纳德·戴维斯（Donald Davies，1924—2000）
保罗·巴兰（Paul Baran，1926—2011）
劳伦斯·罗伯茨（Lawrence Roberts，1937— ）

第一代接口信息处理机的面板，这台工作在加州大学洛杉矶分校（UCLA）贝尔特 3420 实验室中的处理机完成了第一批信息在网络中的传输。

电子数字积分计算机（ENIAC）——第一台数字计算机（1946 年），光纤通信（1970 年），路由器（1975 年），域名服务系统（DNS）（1984 年），万维网（1990 年）

1969 年

20 世纪 50 年代，世界上只有几百台计算机。但到了 60 年代，计算机的销售量便数以千计。由数字设备公司（DEC）制造的 PDP-8 出现于 1965 年，它标志着小型计算机的诞生。

使用计算机的时候你需要一台终端和一条专有的通信线路。如果要使用两台计算机的话，你就需要两台终端和两条通信线路。因此人们开始考虑将计算机连接到某种网络上，以此实现接入多台计算机的目的。电子工程师发明了能够将声音信号转化为数字信号并且实现数据传输的硬件。发明于 1961 年的 T1 线路，每秒可以传输 1 500 000 比特的数据——带宽足够接入 24 台电话。一旦电话线路可以传输数据，就会发生两件事情：计算机会被连接在一起，利用计算机和它们之间的连接可以实现不同种类的服务。把所有这一切有机地结合到一起，因特网（Internet）就诞生了。

1969 年，四台计算机连接到了一起形成了最初的阿帕网（ARPANET），这一概念和创意来自于美国工程师保罗·巴兰、威尔士科学家唐纳德·戴维斯和林肯实验室（Lincoln Laboratory）的劳伦斯·罗伯茨。第一个类因特网的计算机交互连接网络就此诞生。在此之后，这个小型的网络不断发展壮大。截至 1984 年，宿主计算机主机的数量达到了 1 000 台。到了 1987 年，这一数字变成了 10 000 台。

早期网络最主要的两个技术是网络控制程序（Network Control Program，NCP）和接口处理机（Interface Message Processor，IMP），两项技术的结合形成了著名的计算机包交换网络（packet-switched network）。当主机想要向其他计算机传输信息的时候，它会将信息分解为数据包，然后将数据包和目标地址交给接口处理机，多台接口处理机会将数据包传送给目标计算机。这两台计算机并不清楚数据包是怎样在网络中传递的，它们也不必关心这个。当数据包到达目的地之后，会被重新组合。

网络控制程序（NCP）最终被网络通信协议（Transmission Control Protocol/Internet Protocol，TCP/IP）所取代，接口处理机也被路由器（router）所取代。这时，我们所熟悉的因特网就出现了。

宇航服

美国宇航员的宇航服可以适应月球表面的环境，而尤里·加加林（Yuri Gagarin）的宇航服是用来进行太空飞行的，而不是登月的。

广播电台（1920 年），阿波罗 1 号（1967 年），月球车（1971 年），国际空间站（1998 年）

1969 年

人类历史上第一件正式的宇航服是苏联宇航员尤里·加加林在地球轨道上所穿的 SK-1。尽管如此，这并不意味着这件宇航服可以应对登月带来的挑战。月面的环境极端严酷：高度真空环境、强太阳辐射和粗糙的月球尘埃是三大挑战。从事宇航服设计的工程师面临着一项特殊的挑战：怎样制造一件宇航服，使宇航员能够在这样严酷的环境下自由行走？这不是普通的工程设计——它是针对关键任务的工程设计，宇航服的性能必须完美无缺，否则就会有人死亡。同时，宇航服还要足够舒适灵活，能够让宇航员每天穿着工作八小时以上，并且第二天能够继续如此。

宇航服本身就是一架杰出的多层织物"宇宙飞船"。这架"飞船"刚好被设计成了人形并用作短时间旅行，但它仍是一架"宇宙飞船"。宇航员所穿的内衣上装有导管，导管中的水可以起到冷却作用。宇航服的最内层是由氯丁橡胶涂层尼龙制作的密封橡胶气囊，这层中含有被压缩的空气。多达十二层以上的由尼龙、聚酯薄膜、涤纶、卡普顿轻型耐高温塑料和聚四氟乙烯涂层玻璃纤维等材料组成的宇航服能够适应冷热环境、抗磨损、防止被刺破，还能抵挡月球上的尘埃。

被称为主生命维持系统的背包为宇航员提供空气、制冷、能源和无线电通信。氧气罐为宇航员补充消耗掉的氧气，同时一个使用氢氧化锂的清洗器会去除宇航员呼出的二氧化碳。一个贮水容器提供制冷。

此外，还有一个备用系统。一个独立的氧气罐可以将氧气送入宇航服并排出宇航服内部的气体，实现了为宇航员持续供氧和制冷。备用系统构造简单，在紧急情况下可以运行 30 分钟。

工程师的这一切努力使宇航服成为了一个相当可靠的系统，在多次任务中没有出现任何故障，证实了工程学的卓越性。■

液晶屏幕

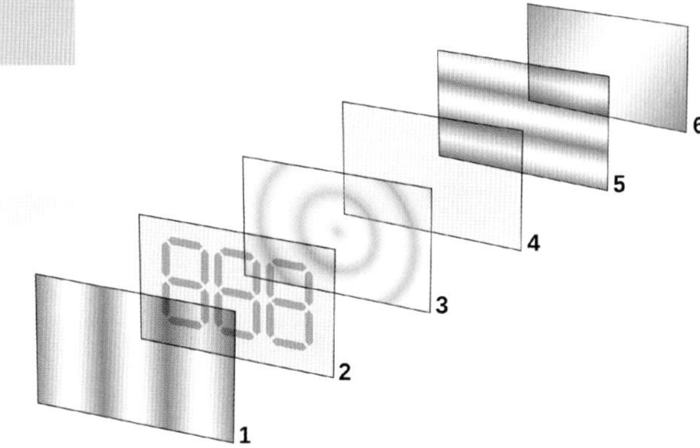

带液晶显示器的反射式 TN。

微波炉（1946 年），主动矩阵有机发光二极管屏幕（2006 年），智能手机（2007 年），平板电脑（2010 年）

在工程学中，判断一种技术是否成功的方法之一，是看它的普适程度。用这个标准来衡量，液晶屏幕（LCD screen）技术无疑是成功的。手表、计算器、钟表、微波炉、智能手机、平板电脑、笔记本电脑和电视都在使用液晶屏幕。毫不夸张地讲，当今社会中许多人看液晶屏幕的时间要比他们看真实世界的时间还长。

如果我们回过头去看这项技术的诞生，会发现它解决了一类非常现实的问题。1972 年出现的第一块电子手表脉冲星 1 号（Pulsar 1）是个很好的例子。你需要按一个按钮才能看见时间，因为发光二极管显示屏（LED display）太耗电了。但到了 1973 年，工程师完成了对 TN 场效应管的液晶屏（twisted nematic field effect LCD）的改进，使它变得几乎不耗电。TN 液晶屏的首个专利被授予给了瑞士医疗保健公司霍夫曼–拉罗什（Hoffmann-LaRoche，即罗氏集团）。

液晶屏的原理相当简单，因此量产时的成本很低。手表上的液晶屏是一个六层的“三明治”：最下面是一块玻璃，其上是一块单方向的偏振塑料，再上面是被透明导体（通常是铟锡氧化物）覆盖的一块玻璃，第四层是 TN 型液晶层，液晶层上方是一块用纯导体蚀刻了显示屏的字段或像素的玻璃，最上方是另一块偏振塑料，与之前那一块相比偏振方向旋转了 90°。

由于 90° 的转角，两块偏振片会阻挡所有的光，使液晶屏变为黑色。但液晶层会将通过它的光扭转 90°，因此液晶屏反而是白色的。当有电压施加在液晶层的某个字段上时，产生的效应会破坏液晶层对光的扭转，从而使该段码变为黑色。显示屏实际上不消耗任何电能，因为没有电流通过——这是一种场效应。

通过缩小像素尺寸、增加反射光和红绿蓝三色滤光片，工程师制作出了彩色液晶显示屏。反射光会消耗能源，但液晶显示屏的性价比仍非常高。

也许主动矩阵有机发光二极管（Active Matrix OLED）或是某种类似的东西最终会取代液晶屏幕，但这并不能减损其数十年来获得的巨大成功，液晶屏的使用催生了诸多我们今天热爱的电子设备。

阿波罗 13 号

迪克·斯雷顿（Deke Slayton，图中穿格布外套的人）在演示一个适配器，该适配器可以利用阿波罗 13 号指令舱中方形的氢氧化锂罐去除登月舱中过量的二氧化碳气体。

阿波罗 1 号（1967 年），登月（1969 年），锂离子电池（1991 年）

1970 年

那些成功完成登月任务的航天器——阿波罗 11 号、12 号、14 号、15 号、16 号和 17 号——都是工程学史上杰出的胜利。任务的计划与执行、设计的过程、技术的研发、发展的步伐、设备的可靠性等，都体现出了参与到这项伟大事业中的工程师的卓越。

而发生于 1970 年的阿波罗 13 号事故则代表了另一种类型的技术成就。一个由于内部电力故障而发生爆炸的氧气罐引起了这次事故，爆炸耗尽了指令舱的备用氧气，这意味着航天器中用于呼吸和供能的氧气都不够了。

这一状况使地面上的工程师们面临着一项迫在眉睫的严峻挑战。他们能够使用剩余设备快速地组合出一套可以将宇航员安全地带回地球的方案吗？令人惊讶的是，尽管经历了种种难题的考验，工程师还是成功地使用登月舱作为救生船将每个宇航员都安全地带回了家。

电池系统是指令舱唯一的能源。为了保持电量，宇航员关闭了指令舱并转移到了登月舱中。不幸的是，登月舱的设计使其无法长时间容纳三名宇航员——二氧化碳的浓度会上升到一个危险的水平。宇航员成功地想出了一种使用指令舱中的二氧化碳过滤器的办法。为了调整绕月和返回地球的轨道，他们也多次使用了登月舱下降段的引擎。

最后一个问题：宇航员需要返回指令舱并重启它，使用指令舱中燃料电池提供的能量进行着陆。使用电池的能量返回地球并不困难，困难的是重新启动系统。工程师、宇航员和飞行控制站找到了能够利用有限能源重启系统的方法，宇航员最终顺利地返回了地球、降落在海洋中。

阿波罗 13 号事件为我们留下了许多经验：如何处理任务执行过程中的突发事故、工程设计和系统的再利用等，并使所有宇航员都安全地返回了地球。阿波罗 13 号的故障原本可能会酿成一场世界上最大的工程学事故，但最终它以胜利收场。

光纤通信

罗伯特·毛雷尔（Robert Maurer，1924— ）
唐纳德·凯克（Donald Keck，1941— ）
彼得·舒尔茨（Peter Schultz，1942— ）

在长距离通信领域，光纤几乎在各个方面都优于铜质同轴电缆。

电报系统（1837 年），电话（1876 年），TAT-1 海底电缆（1956 年），阿帕网（1969 年）

回顾通信电缆的历史，对于长距离电话通信，第一代电缆是成束的铜线，这样的电缆既粗大又笨重。下一代是同轴电缆，它的出现使电话通信实现了多路复用——不仅减少了铜的使用量，也减少了中继器（信号放大器）的数量。

但真正的突破来自于光纤通信技术。康宁公司（Corning）的罗伯特·毛雷尔、唐纳德·凯克和彼得·舒尔茨三位博士负责研究低损耗光纤通信的可行性。在他们的努力下，第一代可以长距离保持激光信号的光纤于 1970 年诞生。第一代商用光纤大约出现在 1977 年，自那时起，光纤通信技术获得了广泛的应用。如今，无论是国内通信还是国际通信，几乎每一比特的数据（包括电话通信）都通过光纤传输。

从铜线到光纤，这一转变的原因在于，相比于铜线，光纤在各个方面都更加优秀。光纤更轻、成本更低，不受电磁场干扰，并且很难被窃听。更重要的是，光纤的传输距离比铜线长，携带的数据量也比铜线大。

光纤背后的原理也是相当简单的。加热并拉伸一根玻璃棒，你可以得到一条数英里长的由玻璃制造的细线。在细线的一端粘上一个激光二极管，另一端粘上一个光敏元件后，你就可以通过二极管的闪烁（二极管发光代表“1”，不发光代表“0”）传递数字信号了。如果细线内的玻璃非常干净的话，激光可以在其中传播 50 英里（80 千米）以上，而不需要中继器。

防抱死制动

防抱死制动系统的特写。

汽车安全气囊（1953 年）

1971 年

轮胎发出尖厉而刺耳的声音通常意味着驾驶员进行了紧急制动，并且失去了对汽车的控制。此时的轮胎在地面上滑动，而不是滚动。方向控制失灵，在动量的作用下汽车沿一条弹射轨迹滑出。

如果在紧急制动中保持轮胎在地面上滚动会怎么样呢？刺耳的声音会消失，驾驶员可以一定程度上操控汽车，刹车距离也会减小。在工程师着手研究相关技术后，防抱死制动系统（anti-lock braking system，ABS）诞生于 20 世纪 70 年代，并迅速流行起来。从 1971 年开始，人们可以购买到装有防抱死制动系统的汽车。

防抱死制动系统背后的原理非常简单。转速传感器监控四个车轮，当驾驶员踩下制动踏板的时候，计算机会算出车轮的转速。当车轮发生抱死时，系统就会向制动器发出脉冲信号以保持车轮的转动。驾驶员会感觉制动踏板发出嗡嗡声，这是因为计算机正以很高的频率将液压传入制动管道，防抱死制动系统以这种方式保持车轮的转动。

工程师追求效率和再利用。防抱死制动系统可以使用车载计算机测量轮胎转速并控制制动器，除此之外，它还能干什么呢？防抱死制动系统还可以检测出瘪胎——它的转速与其他轮胎不同。另一个有用的功能是对牵引力的控制：如果某个轮胎的转动开始不受控制，防抱死制动系统会使用制动器阻止这个轮胎的转动，剩余的功率会转移给具有抓地力的轮胎。增加转向传感器和陀螺仪后，防抱死系统还可以实现稳定性控制：在驾驶员想转向而汽车未响应时，系统会制动转向一侧的车轮。

有了防抱死制动、牵引力控制和稳定性控制，工程师极大地提高了汽车的安全性。

保证驾驶员不是个傻瓜，这件事工程师也做不到。如果某个人在冰面上开得太快，他极有可能出车祸。工程师为这些“傻瓜”们制造了安全气囊。

月球车

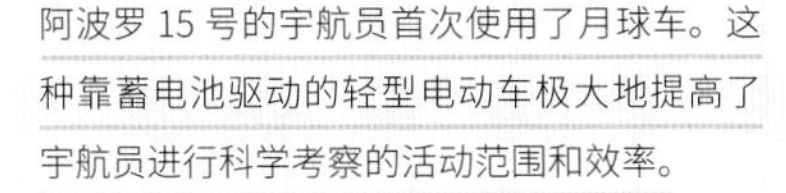

阿波罗 15 号的宇航员首次使用了月球车。这种靠蓄电池驱动的轻型电动车极大地提高了宇航员进行科学考察的活动范围和效率。

阿波罗 1 号（1967 年），登月（1969 年），宇航服（1969 年），阿波罗 13 号（1970 年），锂离子电池（1991 年）

登月计划是技术成就的巅峰，数十亿观看到这一场景的人为之深深震撼。在此之前，人类从来没有在如此恶劣的环境下，经历如此长的时间，以如此快的速度到达如此远的地方。但在 1971 年阿波罗 15 号执行任务的时候，工程师使其震撼程度更进一步。宇航员从登月舱中取出了一辆纤巧的电动月球越野车，在展开之后，宇航员驾驶着这辆越野车行驶到了距离着陆地点 3 英里（5 千米）的地方，其大胆程度令人激动不已。

由于工程师只专注于重量和可靠性两个方面，月球车的构造极其简单。它的组成部件如下：可折叠的铝制车架（车架共由三部分组成）、四台轮式电动机（每台功率为 0.25 马力，即 186.25 瓦）、刹车系统、两组蓄电池、一个功率控制器、一个简单的悬吊系统和一个电控四轮转向器。整台机器只有 462 磅（209 千克）重。1 马力（745 瓦）的功率看起来并不是很大，但可以使月球车的最高速度达到 8 英里 / 小时（13 千米 / 小时），而且月球表面的低重力使月球车变得更轻。

一面碟形天线可以将电视信号传回地球。宇航员停下月球车，将天线对准地球，这样地面控制中心就可以在他们进行考察活动的时候控制照相机拍照。

如果设备出现问题怎么办？每台轮式电动机都可以被单独替换；蓄电池有两组，以防其中一组出现故障；同样的，转向系统也有两套。如果月球车完全坏掉了呢？宇航员在月球上进行的都是短途考察，因此在背包中生命维持系统停止工作之前他们有足够的时间徒步返回登月舱。但如果宇航员的背包坏掉了呢？在每个背包中都有备用氧气系统，宇航员们还可以用软管将彼此的宇航服连接起来共用一个背包中的制冷系统。

工程师考虑了各种可能出现的故障，并且想出了相应的解决方案。因此，宇航员驾驶月球车驶离登月舱——唯一可以带他们回家的设施——3 英里的行为尽管看起来很大胆，但其实他们很安全。工程师制造出了非常好用的设备，如果哪里出了差错，也会有相应的后备方案。

1971 年

微处理器

马尔西安·霍夫（Marcian Hoff，1937— ）
费德里科·法金（Federico Faggin，1941— ）
斯坦利·马泽尔（Stanley Mazor，1941— ）
志摩雅俊（Masatoshi Shima，1943— ）

设计者费德里科·法金在放大了的设计图上指出了他帮忙设计的 Intel 4004 芯片错综复杂的地方。1971 年，Intel 4004 成为了世界上第一款微处理器。

广播电台（1920 年），微波炉（1946 年），土星五号火箭（1967 年），数码相机（1994 年），高清电视（1996 年），平板电脑（2010 年）

没有微处理器（microprocessor），那些我们今天认为理所当然的东西都不会存在：计算器、电子闹钟、电子手表、远程控制、台式计算机、笔记本电脑、平板电脑、智能手机、高清电视、微波炉上的数字显示器和按钮、DVD 播放器、仪表盘、收音机、温度调节器、打印机。数码相机不会存在，MP3 播放器也不会，以及电控单元（Electronic Control Unit，ECU），等等。在 1969 年，人们周围的一切都是使用机械装置控制的。没错，土星五号火箭内部确实有一台计算机，但它非常巨大，且花费了数百万美元。

到了 1971 年，随着英特尔 4004 芯片的出现，一切都开始发生了改变。这是第一款微处理器——第一次，仅仅一个硅片就包含了一整台计算机内的电路：算术逻辑单元（Arithmetic Logic Unit，ALU）、寄存器、内存寻址、指令译码器。以今天的眼光看，这款微处理器相当简陋：大约 2 000 根晶体管、10 微米的特征尺寸、pMOS 技术、740 000 赫兹时钟频率、每个指令 8 或 16 个时钟周期、指令集包含 46 个指令。执行四位数运算时，每秒处理的指令不超过 100 000 个。尽管如此，在当时这款微处理器的存在仍然是令人惊讶的。

为了制造它，英特尔的工程师们——包括马尔西安·霍夫、费德里科·法金和志摩雅俊，以及后来的斯坦利·马泽尔——用他们的双手使用条形或方形塑料完成了 2 300 根晶体管的布线图。

从那以后，工程师取得了许多进步。4 位寄存器变成了 64 位寄存器，微处理器的特征尺寸达到了纳米级别，时钟频率从 740 000 赫兹提高到了 3 000 000 000 赫兹，晶体管的数量从大约 2 000 根变成了数十亿根。更不用说那些先进的概念：浮点单元（floating point unit）、流水线（pipelining）、多级缓存（multilevel cache memories）、多核心、超标量 CPU（superscalar CPU）、超线程（hyper threading），等等。今天的小型微处理器的价格只有几便士，而且几乎不耗能。

微处理器存在于我们生活中的方方面面。一辆普通汽车会有 24 个，一间房屋内或有更多。总有那么一天，微处理器在性能和复杂程度上都会超过人脑。工程师也许制造出了反过来代替他们的东西。

加拿大重水铀反应堆（CANDU）

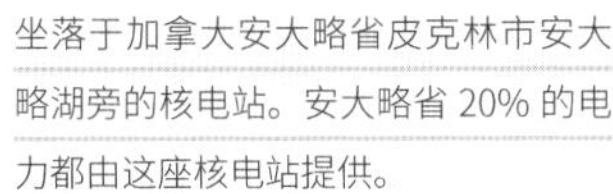

坐落于加拿大安大略省皮克林市安大略湖旁的核电站。安大略省 20% 的电力都由这座核电站提供。

电网（1878 年），铀浓缩（1945 年），“三位一体”核弹（1945 年），轻水反应堆（1946 年），常春藤麦克氢弹（1952 年）

20 世纪 60 年代在美国和其他国家投入使用的轻水反应堆存在许多问题。第一，为了使反应堆可以运行，需要进行铀-235 的浓缩，使其浓度从天然铀中的 0.7% 提高到 3%；第二，添加燃料时需要关闭反应堆，因为此时需要减压和开启压力容器。

如果工程师避免或消除了铀浓缩的过程将会怎么样呢？由于铀浓缩是一个既复杂又成本高昂的过程，避免这一过程将节省大量金钱。如果一个反应堆的设计可以避免其在添加燃料时关闭将会怎么样呢？这会提高反应堆的总工作时间——提高发电量，创造更多的经济效益。这是工程师在设计加拿大重水铀反应堆（Canada Deuterium Uranium, CANDU）时考虑的两个核心问题。另一个实际因素是，加拿大的工业实力不足以生产轻水反应堆所需要的大型压力容器。

1971 年，加拿大安大略省的皮克林核能发电站（Pickering Nuclear Generating Station）首次引进了 CANDU 堆。CANDU 堆的一个设计要点是使用重水。我们日常饮用的水几乎都是轻水，由两个氢原子和一个氧原子组成，在重水中，这两个氢原子被两个氘原子[1]所取代。氢原子（也被称为氕原子）中含有一个质子和一个电子，而氘原子中则含有一个质子、一个中子和一个电子。尽管重水在自然界中很稀有，但可以从普通的水中提取，也可通过化学反应制备。这使得重水的成本很高，但还没有浓缩铀的成本那么高，也不像浓缩铀那么危险——重水可不会被做成核弹。

合理的设计和重水的使用，使反应堆燃烧天然铀变成了可能。重水减速中子但并不捕获它们，因此天然铀中低浓度的铀-235 就可以用来发电，并且发电效率比轻水反应堆高（单位功率消耗的铀更少）。

加拿大重水铀反应堆代表了一次以更安全、更廉价的运行为目的工程学革新。

1 氘，氢的一种同位素。——译者注

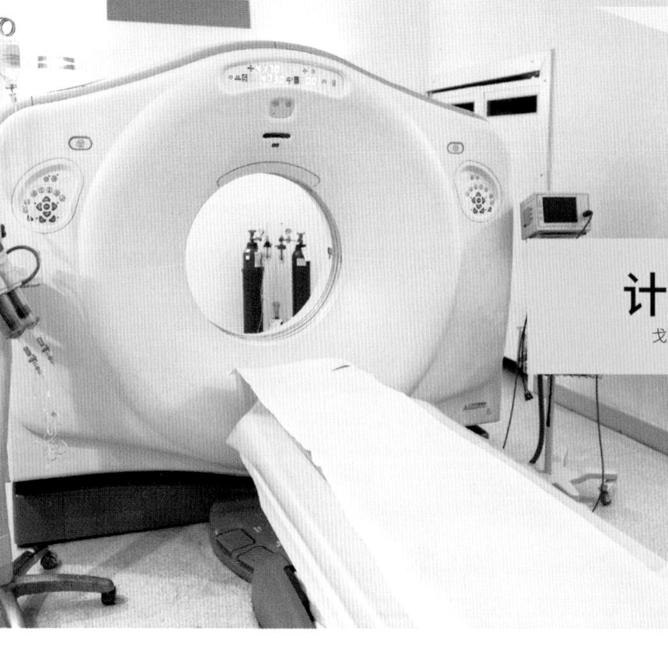

一台高清晰度CT扫描仪。

计算机断层扫描（CT）

戈弗雷·亨斯菲尔德（Godfrey Hounsfield，1919—2004）

磁共振成像（1977年），外科手术机器人（1984年）

现代的计算机断层扫描仪（computed tomography scan machine，CT）是一台令人印象深刻的设备。CT扫描仪集多种工程技术于一身，能够给出包含人体内部丰富信息的医学图像，并为更为复杂的成像系统（如磁共振成像）铺平了道路。

老式的X射线仪（X-ray machine）在工作的时候被放置在人体需要检查的部位——例如手的一侧，照相底片（或数字传感器）被放置在另一侧。X射线的穿透力极强，可以穿过人体并在照相底片上成像。人体不同的组织对X射线的遮挡程度不同，骨骼会挡住大量的X射线，而软组织则相对“透明”。一台X射线仪可以对骨骼和其他稍软一些的组织结构成像，但照片是二维的，并且其中包含的信息很难解读。

现在设想这样一台仪器：一个环形装置，上面装有一个可以产生铅笔形状的X射线束的射线源和一个6英尺（约1.8米）长、能够探测X射线穿过人体后的强度的传感器。将这个装置套在躺在平台上的人的周围，X射线就可以从各个角度扫描人体。在装置从头部平移到脚部的过程中，就可以得到人体的断面数据了。

X射线对人体进行180°扫描后，计算机可以从传感器中读入这些信息并将它们图像化。在一套复杂算法的帮助下，计算机可以应用这些数据重构人体的断面模型——将不同组织在人体内的位置显示出来。将所有的断面叠加起来，计算机就可以构建出详细的人体内部的三维模型。这就是计算机断层扫描仪的工作原理。英国电气工程师戈弗雷·亨斯菲尔德于1967年发明了它，并以此获得了1979年的诺贝尔生理和医学奖。1971年，CT扫描仪首次投入使用。

电厂除尘器

电厂除尘器是一项为了预防酸雨等现象而发明出来的。

电网（1878 年），轻水反应堆（1946 年），碳固定（2008 年）

现代社会需要电力。对于任何生产，电力成本都是越低越好。燃煤就是一种廉价的发电方式。

理想情况下，煤的成分只含有碳元素和氢元素。但不幸的是，煤中通常也会含有汞元素和硫元素。在煤燃烧时，汞会被排入空气中，并随着雨水进入江河湖泊。硫会和氧结合生成二氧化硫，当遇到空气中的水分时会形成硫酸，这就是酸雨的来源。燃煤电厂排放的硫是酸雨的主要来源。

根据 1971 年颁布的有关二氧化硫的法案，环境保护署（Environmental Protection Agency）要求工程师必须想办法清除电厂废气中的汞和硫。他们使用除尘器解决了这个问题。

为了去除汞，工程师向废气气流中喷入粉状活性炭。汞原子与活性炭结合后就会被过滤掉。

除硫过程更加有趣。向废气气流中喷入石灰-氢氧化钙和水的混合物后，硫会先与石灰反应生成亚硫酸钙，在氧和水的作用下最终生成石膏。这样，工程师不但达到了除硫的目的，还用硫生产出了石膏，电厂可以出售石膏。石膏可以用来制造墙板类的物体。

工程师还没有解决的问题是如何用廉价、简单的方式去除废气中的二氧化碳，并把它们安全地储存起来。有朝一日工程师做到了这一点，我们就可以拥有真正意义上的清洁电厂了。

凯夫拉纤维

斯蒂芬妮·克沃勒克（Stephanie Kwolek，1923—2014）

由凯夫拉纤维制成的防弹衣。

横帆木帆船（1492 年），塑料（1856 年），碳纤维（1879 年），翼伞（1966 年），集装箱货运（1984 年）

制造防弹背心的目的很明确——使子弹不能击穿防弹背心，不能击伤身穿防弹背心的人。但可以用来制作防弹背心的材料都有自身的问题。钢铁，太厚重；铝质材料也是一样；陶瓷的质量大约是钢铁的一半，但还是很重，而且很贵。覆盖躯体的板块（尺寸为 10 英寸 ×12 英寸，或 25 厘米 ×30 厘米）重 5 ～ 6 磅（约 2.5 千克）；高密度聚乙烯材料已经被应用于制造防弹背心，它比陶瓷要轻，但不幸的是它的成本更高，而且所有这些材料的质地都很坚硬。

这就是为什么凯夫拉纤维于 1971 年问世后如此地令人激动。杜邦公司的斯蒂芬妮·克沃勒克在 1965 年意外地发现了这种材料。

同等质量的凯夫拉纤维和钢铁，前者强度是后者的五倍。凯夫拉纤维可以像尼龙一样被编织为布料，因此凯夫拉纤维制作的衣服可以是多层的，其结果就是防弹衣的强度会被大幅提高。凯夫拉纤维制作的防弹衣既轻薄又具有良好的韧性——凯夫拉防弹衣轻薄到了警官这类人群可以整日穿着它。防弹衣的性能非常优越，数千名警官因为凯夫拉防弹衣而在枪击中幸免于难。凯夫拉纤维也被用作头盔的制作，比它所替代的钢铁头盔轻得多，强度也大得多。

由于其强度大质量小的特性，凯夫拉纤维还有许多其他的应用。某些情况下凯夫拉纤维可以代替钢索，使缆绳的质量大幅度减小。大型船只的系泊索同样可以使用凯夫拉纤维作为制作材料。高空跳伞的伞绳是凯夫拉纤维的另一处应用，比较“小”的一类应用。凯夫拉纤维不仅可以替代尼龙做出更强的船帆，有时也会被掺入玻璃纤维的制品中增加其强度。

为什么凯夫拉纤维没有替代尼龙呢？一方面是因为凯夫拉纤维比尼龙更难制造，因此价格更高；另一方面原因是其抗磨损性不如尼龙。即便如此，对于工程师来说，凯夫拉纤维仍是一种用处很大的材料。

基因工程

保罗·伯格（Paul Berg，1926— ）

荧光鱼是第一种基因改造生物（GMO），2003 年 12 月首次被作为宠物在美国出售。

AK-47（1947 年），绿色革命（1961 年）

1972 年

提到工程学，我们通常想到的是制造新物体：一栋新大楼、一件新设备、一套新装置。但基因工程做出了不同的尝试：我们的操作对象是已存在的事物——基因组，一个异常复杂的系统，我们还没有完全了解它。操作的方法是胡乱地修补——将新的基因加入基因组以产生新的性状。

基因工程出现之前类似的技术是选择育种——饲养员选择他们想要的性状。通过选择育种，我们已经培育出了各种品种的狗。

1972 年，美国生物学家保罗·伯格首次实现了 DNA 分子的重组，这标志着基因工程的诞生。和选择育种相比，基因工程是一种全然不同的技术：工程师用自然条件下无法实现的手段将新的基因注入基因组中。例如，伯格将两种病毒合二为一。其他较新的应用包括将能够产生绿色荧光蛋白的水母基因注入鱼或老鼠的基因组中，制造出了荧光鱼和荧光鼠；将一种使植物能够耐受除草剂的基因注入大豆的基因组中，这样大豆就不会被除草剂杀死。

还有很多怪异的例子，其中一个是将产生蜘蛛丝的基因注入了山羊基因组中，之后蛛丝蛋白出现在了母羊的奶水中。这样做的目的是提取蛛丝蛋白，用来制造高强度高韧性的材料。

将一种生物的基因注入另一种生物的基因组中的方法有很多种，基因枪是其中很流行的一种。基因枪的原理十分简单。令人惊奇的是，如此简单的技术居然是有效的。处于溶液状态的转入基因被包裹于钨或者金的微粒内，散弹枪式的发射装置将金属微粒射入盛满了靶细胞的培养皿。一些靶细胞会被刺破，但没有被杀死，这样它们就获得了新的基因。

通过将一种生物的基因注入另一种生物的基因组内，基因工程学家可以制造出新的有机体。这方面获益最大的一个例子就是利用大肠杆菌产生了人体胰岛素。20 世纪 80 年代研制出的转基因胰岛素如今已被数百万人所使用。

世界贸易中心

山崎实（Minoru Yamasaki，1912—1986）

对于它们的体积来说，世贸双塔的重量惊人地轻。

桁架桥（1823 年），伍尔沃斯大厦（1913 年），帝国大厦（1931 年）

1973 年

在 2001 年的“9 · 11”事件发生后，位于纽约的世界贸易中心双子塔成为世界上最著名的建筑。但在那之前，它们就已经因其工程设计和标志性建筑风格而闻名于世。双子塔是真正的艺术品。

世贸中心项目的首席建筑师是山崎实，此外许多建筑师和一家结构工程公司也作为辅助力量参与到了该项目中。双子塔的工程结构能够给人留下深刻的印象是有多方面的原因的。两座塔中各有一个密集的核心区域，区域内部有钢材主支撑结构以及所有的办公区和服务区。除此之外还有许多其他的设施：楼梯、电梯、洗手间、通风与空调系统（HAVC）、水暖设施、电力系统和通信系统。围绕着核心区域的 48 根箱型钢柱从建筑底部一直延伸到顶部，形成了一个 135 英尺（41 米）×85 英尺（26 米）的方形区域。建筑外墙由质量更轻的钢柱组成（每面 60 根），钢柱同样从底部一直延伸到顶部。核心区域和外墙之间由 65 英尺（20 米）长的钢桁架连接，其间没有任何内部支柱，钢桁架同样支撑着钢筋混凝土楼板。

美妙的重复性使双子塔的设计显得十分典雅。每层的核心区域和外墙间的空间是完全开放的——没有任何内部支撑结构。每层的面积约为 1 英亩（约 4 047 平方米），其中四分之三的区域是开放的、可用的、具有无限配置可能的空间。这样的设计也意味着对于其体积来说，双子塔是相当轻的——单位体积的质量也许只有帝国大厦那样的旧式建筑的四分之一。质量更轻也意味着成本更低。

大多数摩天大楼的建造都会遭遇诸多阻碍，这是因为纽约市分区法规的设计需要避免“峡谷效应”的出现。这些法规保证了摩天大楼不会遮挡周围区域太多的风力和阳光。双子塔的建造没有遭遇这些阻碍，因为它的周围有着大量的空旷区域——这是双子塔的另一个独一无二的特点。

159

路由器

弗吉尼亚 · 斯特拉沙尔（Virginia Strazisar，生卒年不详）

一个早期的路由器。

电话（1876 年），电子数字积分计算机（ENIAC）——第一台数字计算机（1946 年），阿帕网（1969 年），高清电视（1996 年）

1975 年

对于工程师来说，经历一场形式变革或再概念化不是什么不同寻常的事情——传统的思维方式会被改变，并且带来显著的进步。音乐从模拟到数字的转变是再概念化方面一个很好的例子，高清电视（HDTV）的出现则是一场构造上的范式变革。

因特网基本结构的建立是另一场重要的再概念化过程。现有通信网络的运行模式包含了线路转换。如果从纽约打电话到旧金山，电话系统会提供一个横跨 3 000 千米的完整明确的线路。

因特网的通信结构不使用线路转换，作为替代，使用包转换。当你在罗马说一句话的时候，你的话会被打碎成数百个数据包，这些数据包会被上传到因特网，每个数据包都会通过一个可靠的路径抵达巴黎，这些路径互不相同。每个数据包都有一个表明它的目的地的地址，称为 IP 地址。IP 地址识别一台位于旧金山的特殊机器。当数据包到达目的地时，它们会被重新排序组合，然后传递给线路另一端的用户。

每个数据包都需要寻找一条从纽约到旧金山的线路，期间经过数个网络分段。路由器是由弗吉尼亚 · 斯特拉沙尔和 BBN 公司中一个参与过美国国防部高级研究计划局（DARPA）主导的项目的团队共同于 1975 年开发的，是一种动态挑选线路的机器。路由器是一台连接到多个网络分段的计算机，在接收到数据包后，路由器可以根据 IP 地址判断数据包去向。通过查询内部表格决定最佳线路后，数据包会被通过一个网络分段发送给下一个路由器。从纽约到旧金山的路上数据包会经过十个或更多的路由器。

路由器的尺寸多种多样。你的家中也许会有一个小型的路由器，而大型的路由器，也被称为核路由器，则位于互联网骨干段中，每秒钟可以处理数百万个数据包。

协和飞机

协和飞机在阿姆斯特丹机场着陆。

霍尔 - 赫劳尔特电解炼铝法（1889 年），SR-71 侦察机（1962 年），登月（1969 年）

20 世纪 60 年代中期是航空领域的黄金时期，SR-71 战略侦察机可以以 3 马赫的速度飞行，商业喷气式飞机服务已经日常化，人类很快将完成登月。即将到来的是一件大事——SST，或者说，超音速客机。人们普遍认为，很快每个人都将乘坐超音速客机旅行。到那时横穿美国只需要三个小时，而不是现在的六个小时。

因此工程师开始着手设计超音速客机，在这方面欧洲具有绝对的优势，这就是为什么协和飞机会诞生在欧洲。但即便拥有绝对优势，工程师仍需解决一系列的问题。超音速飞行需要面对许多难题，这些难题和亚音速时完全不同。

难题 1：起飞和降落。翼展小的机翼在超音速飞行时可有效减小阻力，但对于起飞和降落来说是非常糟糕的。解决方法：三角形机翼，倾角很陡时在低速状态下也能提供良好的升力。并且，协和飞机可调角度的机鼻可以使驾驶员看见跑道。

难题 2：推力。要以 2 马赫的速度飞越大洋，发动机需要有超音速巡航的能力，并且要有紧凑的结构以减小阻力。解决方法：没有涵道风扇的纯涡轮喷气发动机。机械进气阀会降低进入发动机的超音速气流的速度，后燃器（afterburner，又名加力燃烧室）会在飞机起飞和跨音速时为发动机提供额外的动力。

难题 3：表面发热。当速度达到 2 马赫时，气流会加热飞机表面，机鼻的温度将达到 260 华氏度 (127 摄氏度)。气流加热带来的温度上升同样会影响飞机内部，在 60 000 英尺（18 300 米）的高空飞行减小了这一影响。特制的铝合金材料可以承受表面加热带来的高温，但由于铝合金的耐热温度有上限，飞机的最高速度仍有限制。

经济性是工程师所不能解决的。对于阻力的考虑限制了飞机的宽度，从而导致载客量变小。额外的高速也需要额外的动力。协和飞机载油量为 31 000 加仑（117 350 升），但载客量仅为 110 人。一架满载的波音 747 每英里每客位的耗油量仅为协和的十分之一，因此可以提供更为廉价的飞行。工程师可以做很多事情，但他们不能改变物理规律，以及这些规律带来的经济方面的影响。廉价的超音速旅行期待着技术的革新。

161

加拿大国家电视塔

加拿大国家电视塔在提供抗干扰的广播信号的同时也会造成视觉上的冲击。

混凝土（公元前 1400 年），桁架桥（1823 年），广播电台（1920 年），彩色电视（1939 年），直升机（1944 年）

如果你所在的城市需要一座传输无线电和电视信号的信号塔，工程师可以设计并建造一个用绳索拉起的竖直金属架，当然，这个“信号塔”看上去是很乏味的。如果你还想让这座信号塔产生新闻效应并吸引大批游客，那么你在寻找的一定是加拿大国家电视塔。它位于多伦多，建成于 1976 年。

1976 年

该工程由一家名为 NCK 的公司负责监管。工程的最开始，塔基被用钢筋混凝土固定在基岩上。在这项准备工作之后，工程师使用一种名为“滑动模板”的新型混凝土浇筑工艺建造塔身。滑动模板技术可以用来建造多种混凝土结构建筑，例如粮仓、冷却塔和桥柱。这项工艺的基本原理是围绕竖直结构建造一圈环形的混凝土模板，速凝混凝土流入这些模板中并进行浇筑。浇筑结束后，模板被吊到新完成的混凝土之上，并开始下一次浇筑。站在圆环外围工作平台上的工人们负责添加钢筋、搅动混凝土，并对浇筑进行控制。滑动模板工艺的优点在于这种工艺浇筑出的建筑是一个混凝土连续体，非常结实牢固。

国家电视塔的结构包括一个截面为六角形的实用的主体塔身、楼梯和电梯，还有三根混凝土支柱。混凝土支柱从塔底一直延伸到塔顶。电视塔的混凝土部分高 1 500 英尺（457 米），在其上是一个高 315 英尺（96 米）的金属结构部分，上面装有各式的无线电、电视和微波天线。金属结构的组装依赖于一架大型的直升机，直升机每次将结构的一部分吊至塔顶。总计 1 815 英尺（552 米）的高度使加拿大国家电视塔成为了当时世界上最高的自立式建筑物。

为什么要建得这么高呢？有出于自吹自擂的目的，当然也有实用性的考虑。尽管该区域的高楼大厦鳞次栉比，电视塔的高度仍能使它为整个城市提供抗干扰的广播信号。瞭望台和“天空之盖”使国家电视塔成为了一处观光胜地，每年的游客数量超过 200 万人。

家用录像带

VHS 磁带的内部构造。

录音机（1935 年），彩色电视（1939 年），
高清电视（1996 年）

在电视机刚出现的时候，一切节目都是实况转播的，因为当时还没有存储电视信号的方法。电视信号所包含的信息量要比广播电台的音频信号多得多，不仅有音频信息，还包括每秒钟 30 帧画面的全部信息。

存储电视信号的方法显而易见：用磁带记录视频信号。问题在于，如何做？在当时，录音的方法是将音频信号线性地记录在磁带上。但如果要以相同的方法记录视频信号，磁带就要以一个极快的速度通过记录 / 回放磁头。这显然是不切实际的。

使录像成为可能的方法是螺旋扫描法，它是一项工程学上的突破。记录 / 回放磁头口位于一个倾角很小的旋转圆柱体上，磁带的大部分也缠绕在这个圆柱体外侧。当磁带缓慢移动的时候，磁头以每分钟 1 800 转的速度旋转。这样视频的每一帧画面就以斜条纹的形式被记录在了磁带上，而音频则被线性地记录在磁带的底部。通过这个方法，工程师可以将视频信号记录在磁带上，磁带的运动速度也是合理的了。

接下来发生的事情出人意料：视频格式战。两大集团同时在市场上发售了各自依据螺旋扫描模式的视频格式。一个是索尼公司（Sony）的 Betamax 格式，另一个是日本胜利公司（JVC）的家用录像系统（VHS）。它们在市场中争夺主导地位，消费者则用手中的钱进行投票。使 VHS 最终获胜的因素有两个：低成本的硬件和更长的录像时间。第一台能够播放 VHS 磁带的家用设备发明于 1976 年。

在工程师的帮助下，消费者首次实现了对观看电视的控制。人们可以租赁事先录好的录像带，也可以把电视节目录下来稍后播放。这两点深深地吸引着消费者，并使刚刚赢得了格式战的 VCR 立即大卖。工程师制造出了几乎和电视机一样流行的设备。

人力飞机

保罗 · B. 麦克里迪博士（Dr. Paul B. McCready，1925—2007）

由格伦 · 特雷莫（Glenn Tremml）驾驶的代达罗斯 88 号（The Daedalus 88）人力飞机正在位于加利福尼亚州爱德华兹的美国航空航天局德莱顿飞行研究中心（Dryden Flight Research Center）做最后一次飞行。

碳纤维（1879 年），霍尔 - 赫劳尔特电解炼铝法（1889 年），凯夫拉纤维（1971 年）

人力飞机看起来是个简单而平凡的发明，但它实际上是对工程学的巨大挑战。原因在于要使用人作为飞机的“发动机”。

在平地骑自行车的时候作为动力源的人体可以很好地工作，因为人的自重对行驶影响不大。一个身形姣好的人（例如环法自行车赛的运动员）可以连续数小时产生半马力（375 瓦）的动力。这么大的动力足以让自行车疾驰如飞。

但对于飞机来说，发动机不仅要为其前进提供动力，还要保证飞机不会从空中掉下来，这时发动机的质量就不可忽视了。重力总是在把飞机拉向地面，因此发动机要提供额外的动力来平衡重力。在这种情况下，一个重约 160 磅、输出功率为半马力的发动机就很成问题了——它的功重比太糟糕了。

因此人力飞机要尽可能地轻，而且还需要巨大的机翼，因为在人工动力下飞机飞得非常缓慢。

实业家亨利 · 克雷默（Henry Kremer）于 1959 年设立了克雷默奖，用于奖励人力飞机的先驱，奖金为 50 000 英镑。由美国航空工程师保罗 · 麦克里迪设计的“飘忽秃鹰”号（The Gossamer Condor）人力飞机在 1977 年首次赢得了该奖。“飘忽秃鹰”号绕着两座铁塔飞了一个“8”字形图案，总飞行距离为半英里（0.8 千米）。

尽管这架人力飞机的翼展到达了不可思议的 96 英尺（29 米），并且还有一个巨大的螺旋桨和前翼，飞机的总质量却仅为 70 磅（32 千克）。工程学就是如此令人吃惊。为了实现这一目标，工程师将细铝管、超轻的泡沫骨架、聚酯薄膜和细线等材料结合在了一起，“链条”是用钢丝绳和塑料制成的。

更令人吃惊的是麻省理工学院的代达罗斯号（Daedalus HPA）人力飞机。它在 1988 年用了不到 4 小时的时间从克里特岛（Crete）飞到了圣托里尼岛（Santorini），全程 71 英里（115 千米）。由碳纤维、泡沫、聚酯薄膜和凯夫拉纤维制成的代达罗斯号看起来像一架传统意义上的飞机，它的翼展达到了 111 英尺（34 米）。这是工程学与美学最完美结合下的产物。

调谐质块阻尼器

在台北展示的调谐质块阻尼器。

伍尔沃斯大厦（1913 年），世界贸易中心（1973 年），迪拜塔（2010 年）

1977 年

当工程师竭尽全力去解决某些问题时，解决方案有时是非常酷的。他们的工作往往隐藏于幕后，人们在日常生活中是看不到的。在这方面，调谐质块阻尼器（tuned mass damper）是个非常好的例子。调谐质块阻尼器存在于许多像世贸中心那样的摩天大楼中。

我们可以将摩天大楼想象成一根插在地上的木棍，它很长，并具有弹性。木棍的顶端会在风中摇摆，同样的事情也会发生在摩天大楼上——大楼顶端会在强风中摇摆。摩天大楼会向强风吹来的方向弯曲，当风向或风力发生改变的时候，大楼顶部也会随之移动。有时强风也会造成摩天大楼的震动。无论工程师怎样固定建筑物，这种情况都会在一定程度上发生。这种摇摆会让人感觉很不舒服，尤其是身处顶层的时候。所以，如何减小或消除这种摇摆呢？

为了解决这个问题，调谐质块阻尼器应运而生。1977 年，位于波士顿的约翰 · 汉考克大厦（John Hancock building）成为了世界上首栋使用调谐质块阻尼器的建筑。之所以要使用调谐质块阻尼器是因为这座 60 层大厦的顶层摇摆得太厉害，甚至使人们产生了晕动症（motion sickness）。调谐质块阻尼器是一个可以自由摆动的重物（通常有数百吨），就像钟摆一样。它被挂置在建筑物内部，上面配有弹簧或液压油缸（有时也会同时配备二者）。当建筑物顶部发生摆动的时候，重物会倾向于保持静止（静止的物体会试图保持自己的静止状态）。在弹簧和缓冲装置的作用下，重物将显著地减弱或消除建筑物的摇摆。

你可以在台北的 101 大厦中亲眼看到调谐质块阻尼器。一个游客拍摄了阻尼器在一场地震中摆动的视频，并传到了 YouTube 上。这个阻尼器的重量接近 150 万磅（660 000 千克），看着这样一个大家伙自由地摆动是非常令人惊讶的。

水也同样可以起到阻尼的作用。一座建筑中利用 100 000 加仑（380 000 升）的水在挡板间晃动来抵消建筑的摇摆。

旅行者号探测器

艺术家笔下旅行者号探测器的概念图。

广播电台（1920 年），电子数字积分计算机（ENIAC）——第一台数字计算机（1946 年），航天飞机轨道器（1981 年）

纵观历史上伟大的工程学项目，其中的许多都是巨大无比或威力无穷的。但两架旅行者号探测器（Voyager spacecraft）是个例外：它们是令人印象深刻的科学设备，在无人操纵的状态下已经运行了数十年。最令人惊讶的是：1977 年 9 月 5 日发射的旅行者一号探测器是第一个飞出太阳系的人造物体，并且我们现在还能与它保持通信。

工程师最初是如何着手设计这个复杂的探测器呢？它不仅要在没有任何修理和燃料添加的情况下运行数十年，而且还要与地球保持通信，即使身在 100 亿英里（160.9 亿千米）之外。

如何供能是一个需要考虑的问题。如果不能为电子设备、计算机、无线电设备和加热器供能，探测器也就报废了。太阳能不管用，因为在这个距离上太阳小得像针尖一样。工程师最终选择了核能，使用一种叫作放射性同位素热电发生器（Radioisotope Thermoelectric Generator，RTC）的设备。发生器的内部是球形的钚-238 氧化物，在衰变（半衰期为 87 年）时会产生大量热能，分布在氧化物外面的热电偶会将热能直接转化为电能。RTC 最初的功率为 480 瓦特。到 2025 年，钚的完全衰变将会使探测器失去动力。

另一个需要考虑的问题是如何通信。探测器本身有一个功率为 23 瓦的发射机和一个直径 12 英尺（3.7 米）的定向碟形天线。探测器发出的信号到达地球时已经变得十分微弱，但地球上的接收天线口径有 100 英尺（30.5 米）。通过使用人类几乎不用的频段，探测器的信号得以被接收到。

有了动力和天线，探测器就可以进行通信了。探测器上搭载的计算机整合 11 个设备的数据并与地球进行通信。一台计算机如何能够运行如此长的时间？首先，要对系统进行防辐射加固；其次，需要有备份系统。旅行者号探测器实际上有三台相互独立的计算机，每台计算机还有两个备份系统；最后，软件工程师在写程序的时候要特别认真。在飞行过程中，工程师多次重新设定了旅行者号的程序。

阿拉斯加输油管

7月阵雪中的阿拉斯加输油管。

油井（1859年），海上巨人号超级油轮（1979年），防震建筑（2009年）

人们发现了一块新的油田——比北美已有最大的油田还要大一倍。油田的储油量很充足（最终的产油量达到了每天200万桶），但有一个小问题——油田位于北极圈内，四周荒无人烟。

对于工程师来说，问题变成了“如何用最安全、最高效的手段将石油从油田运输到市场中”？工程师最终选择了一种混合方案：用一条800英里（1 300千米）长、自北向南横贯阿拉斯加的输油管将石油运送到阿拉斯加南部的瓦尔迪兹港（the port in Valdez），然后再用超级油轮将石油运到炼油厂。

输油管就是大号的管道吗？不见得。首先，输油管的结构没有那么简单。其次，这条输油管需要面对一些阿拉斯加所特有的问题：（1）要保证输油管附近的永久冻土不融化；（2）需要应对地震活动；（3）在极低的温度下保持石油的流动。

石油在低温环境下流动的问题由11个大型泵站解决，这些泵站每天能够抽送6 000万加仑（22 712万升）石油。这些泵站可以保持石油的温度、为石油增压，并使它们在直径4英尺（1.22米）的输油管内流动。

将装有热油的输油管埋入地下会导致永久冻土的融化，这会使管道遭到腐蚀，还会危及野生动物。当输油管必须埋入地下时，管道外侧会被裹上泡沫和砂砾，还会配有冷却装置。这样一来成本会非常高，因此输油管大部分是在地上的。管道被放置在水平的横梁上，横梁与竖直的支柱相连。支柱上装有散热管，用于将热量排放到空气中。

阿拉斯加输油管于1977年落成。输油管可以在水平横梁上移动，并且在地面上是“之”字形走向的。这样的设计为输油管因热胀冷缩而发生的移动预留出了空间，同样可以在地震中保护输油管。

位于德纳利断层（Denali Fault）的管道约有50英尺（15米）长。2002年，一场7.9级的地震证明了管道的防震系统运行良好。这场地震使沿着断层的地面移动了14英尺（4.26米）。

工程师创造一套可行性方案解决了这个“800英里（1 287千米）的麻烦”。

磁共振成像（MRI）

雷蒙德·瓦汗·达马丁（Raymond Vahan Damadian，1936— ）

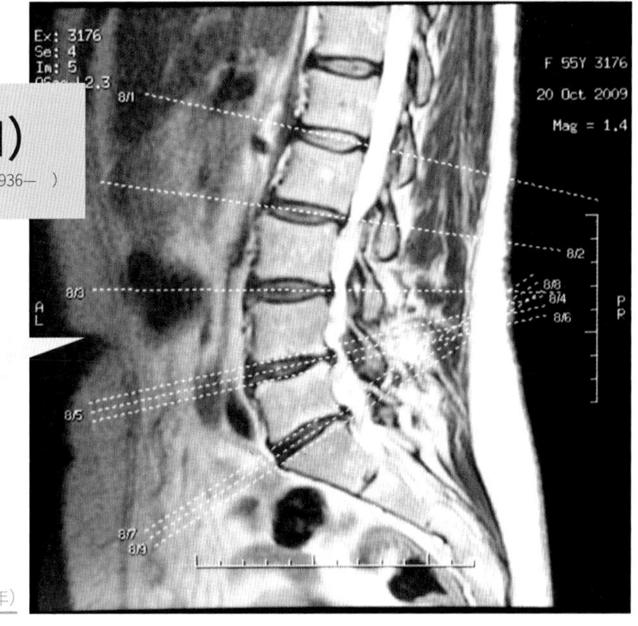

磁共振成像仪对人体脊柱的扫描。

计算机断层扫描（CT）（1971 年），钕磁铁（1982 年）

在不制造创口的情况下观察病人身体内部的技术对医生来说是非常有用的。在这种技术的帮助下，医生可以检查出骨骼的损坏、肿瘤、内出血等病症。

利用 X 射线得到的平面图像为我们打开了观察人体内部的第一扇窗户，这项技术擅长检查骨骼方面的问题。电子计算机断层扫描仪（CT scanner）进一步利用X射线，形成了三维图像。然而，X 射线成像技术所使用的电离辐射会带来致癌的危险。

1977 年，美国医生雷蒙德·瓦汗·达马丁研究出了一种新的观察人体内部的方法。如果将人体置于强磁场中，我们就可以定位体内一个探源（想象一个毫米尺寸的立方体），并得到它所包含的氢原子的信息，不同的氢原子表征了不同类型的组织。在探测了数以百万计的探源之后，计算机就可以构建出一幅精确的三维图像。

原理被提出之后，就轮到工程师将磁共振成像扫描仪付诸现实了。扫描仪要尽可能准确、可靠、低价、安全。扫描仪所需要的磁场是一个大问题：磁场要均匀，强度要在 2 特斯拉[1] 以上。通常使用一组环形电磁铁产生这种磁场，电磁铁竖直放置，病人水平躺入圆环内部。考虑到电磁铁的大小和能量消耗，它们需要使用液氦制冷以达到超导的状态。使用液氦制冷本身也需要克服一系列的工程问题。

对产品的不断改进也是工程学的目标之一。对于磁共振成像仪来说，改进包括仪器的扫描速度和仪器可探测探源大小。高温超导体（Higher-temperature superconductor）的应用将使仪器不再需要液氦制冷。制造更多开放式磁共振成像仪的工作也有所进展，这种仪器将会帮助患有幽闭恐惧症的人群。家用磁共振成像仪是否会出现呢？也许不会，但工程师仍能做出这样的构想。

1977 年

1 Tesla，特斯拉，磁场强度单位。——译者注

拥有鼓风机和氮氧注射器的汽车拉力赛发动机。

168 氮氧加速器

机械增压器和涡轮增压器（1885 年），内燃机（1908 年）

在不增加重量的前提下提高现有发动机的性能，一种途径是增加发动机汽缸内氧气的含量。涡轮增压器和机械增压器可以实现这一目的，但它们都有着复杂的结构，并且十分笨重，而且它们在提高氧气含量的过程中会消耗发动机的动力。

空气由 80% 的氮气和 20% 的氧气组成，因此在不增加发动机尺寸的情况下提高其性能的一种方法是提高氧气的浓度。汽缸中氧气的浓度变高，发动机就可以燃烧更多的燃料并提高功率。提高氧气浓度的一种工具是高压氧气罐，就是你在焊接平台上会看到的那种东西。这种氧气罐的问题在于它们太重了，而且能够装入的氧气也不多。

我们还有其他的选择吗？氮氧系统是一种替代方案。这里的“氮氧”指的是一氧化二氮（N_2O），它的氧气含量要比空气高。而且一氧化二氮还可以被压缩为液态，方便进行密集储存，1 升一氧化二氮汽化后体积将膨胀 400 倍。更好的一点在于，一氧化二氮的汽化点为零下 88 摄氏度 (零下 126 华氏度)，因此一氧化二氮汽化过程中会冷却进入发动机的气流，使气流密度增大，这样就会有更多的氧气进入汽缸中。

氮氧加速器的效果十分显著。在进行简单的硬件设置后，一台发动机的额定功率将提高 20% 以上。你只需要将一氧化二氮以一种可控方式喷入进气管，发动机的燃油量就会相应地提高。

由于上述原因，自从 1978 年被一家同名公司制造出来，氮氧加速器就受到了赛车场的青睐，赛车通常都会使用氮氧加速器来提高性能。也由于同样的原因，汽车在城市街道中使用氮氧加速器是违法的。即使在赛车场上，使用氮氧加速器也要十分小心。如果发动机不够坚固，过多使用一氧化二氮会导致发动机发生爆炸。

169

巴格尔 288

在加茨韦勒（Garzweiler）露天煤矿运转的斗轮式挖掘机 288 和 258。

横跨大陆铁路（1869 年），金门大桥（1937 年），轻水反应堆（1946 年），海上巨人号超级油轮（1979 年）

1978 年

煤矿分为地下煤矿和露天煤矿两种。挖掘露天煤矿时要做的事情非常简单：将煤挖上来，并用铁路或驳船运到客户手中。

如果要寻找世界上最大的、挖掘速度最快的机器，答案一定是德国克虏伯公司（Krupp）自 1978 年开始建造的巴格尔（Bagger）288——一台斗轮式挖掘机。

这台机器超乎想象地巨大。它的挖掘端是一个直径 70 英尺（21 米）的斗轮，斗轮的一周连有 20 个挖掘斗。挖掘时斗轮旋转，前端的挖掘斗将煤挖出。当挖掘斗转到斗轮上方时，里面的煤就会掉到一个传送带上。每个挖掘斗的容积是 15 立方米，并可在几秒钟内倒空，因此这台机器每天的挖煤量可以轻松达到 100 000 立方米。

巴格尔 288 由三部分组成。第一部分由斗轮、斗轮的发动机、传送带的一部分、驾驶室和像吊车一样的用于支撑的上部结构组成。上部结构可以上下移动斗轮，由于位于转盘之上，该结构也可以左右旋转。这一结构有 310 英尺（95 米）高，看起来就像金门大桥一样。第二部分是传送带的后部和用于支撑的桁架结构，再加上斗轮的延伸部分，共有 700 英尺（210 米）长。第三部分是 12 条非常宽大的履带，依靠它们挖掘机可以在地面移动。

这台机器需要超过 20 000 马力（16 000 千瓦）的动力。动力由电动机提供，因此巴格尔 288 拥有世界上最大的外延电缆。

工程师还能够制造更大的挖掘机吗？这很难想象，因为更大的挖掘机也许就不能够移动了，然而煤矿的天然分布决定了挖掘机在工作的时候需要移动。我们只能说，巴格尔 288 是可移动的挖掘机所能达到的极限了。

海上巨人号超级油轮

位于西班牙加利西亚（Galicia）拉科鲁尼亚港（Coruña）的油轮和储油罐的鸟瞰图。

瓦姆萨特炼油厂（1861 年），二冲程柴油发动机（1893 年），帝国大厦（1931 年），集装箱货运（1984 年）

现代社会对于石油和石油提炼品有着难以置信的嗜好，这颗星球上的居民每天要消耗将近 1 亿桶石油。这么多的石油怎样实现运输呢？当需要横跨大洋的时候，超级油轮（supertanker）是最佳的选择。最大的油轮可以装载超过三百万桶石油，并且有着惊人的运输效率。

超级油轮是硕大无比的工程结构体。最大的油轮长达 1 475 英尺（450 米），满载时重达 600 000 吨。人们曾制造过的最长的油轮是海上巨人号（Seawise Giant），由日本住友重工（Sumitomo Heavy Industries）于 1979 年制造。如此巨大沉重的东西的设计归属于工程学的一个分支——船舶工程。工程师要制造一个像帝国大厦一样大小的物体，而且这个物体还要在水面上航行，经历狂风暴雨和滔天巨浪，还有可能遇到障碍物及其他状况。要特别注意安全，因为原油有剧毒。

超级油轮的主体架构是其内部两条纵贯船体的巨大钢梁，钢梁的长度决定了油轮的长度。两条钢梁将船体分成了三块用于存放储油罐的区域——中间区域、左舷和右舷。数十个小型油罐代替了和船体一样长的超长油罐，这样做可以将晃动减至最小。这些油罐的存在，也使“双层船壳”变为了可能——油罐本身是一层，外部船体又是一层，两层中间留有空间。这样当油轮与其他物体发生碰撞的时候，我们就可以期望只有外层船壳受损，两层船壳中间的空间还可以作为缓冲区域保护油罐。

为世界上最大的超级油轮提供动力的是世界上最大的二冲程柴油发动机。为了直观地感受这种发动机的大小，想象一个活塞位于下死点的发动机的汽缸。站在活塞上面时，你面前的汽缸壁的高度将超过 8 英尺（2.4 米），活塞的直径超过 3 英尺（1 米）。一台发动机有 14 个这样的汽缸，重达 2 300 吨，可产生 100 000 马力。发动机本身就是一项工程奇迹，而它正运行在另一项工程奇迹里面。

闪存

舛冈富士雄（Fujio Masuoka，1943— ）

闪存的出现极大地提高了一些设备——如数码相机——的性能。

硬盘（1956 年），动态随机存取存储器（1966 年），射频识别标签（1983 年），数码相机（1994 年）

20 世纪 90 年代的计算机用户需要面对一个问题：计算机上使用的随机存取存储器（RAM）芯片在关机后会丢失其存储的内容，而且随机存取存储器的价格也很昂贵。为了解决这两个问题，计算机都配有硬盘——能够记录数据的磁性可旋转盘片。即使在关机的情况下，硬盘也能将数据保存数年，容量也比 RAM 大许多。

但硬盘是机械装置，这意味着它体形巨大、速度缓慢，关掉电源之后再连接也很麻烦。这个世界需要的是一种在关机后不会丢失数据的电子存储器。

为了实现这个目标，存储设备经历了一系列的发展。最开始是只读存储器（Read-Only Memory，ROM），由桀冈富士雄于 1980 年在东芝公司（Toshiba）工作的时候发明。在制造过程中，芯片的位模式（bit pattern）是永久性编码的。接下来出现的是可编程只读存储器（Programmable Read-Only Memory，PROM），用户每次可以在芯片上蚀刻一种位模式。之后是可擦除可编程只读存储器（Erasable Programmable Read-Only Memory，EPROM），用户可以在芯片上蚀刻位模式，也可以将芯片暴露在紫外线下以擦除位模式并重新编写。再之后出现的是电可擦除可编程只读存储器（Electrically Eraseable Programmable Read-Only Memory，EEPROM），可以通过电信号对芯片进行擦除处理。到了 1980 年，工程师使其功能进一步提升——可以通过电信号擦除单个块或单元。这一想法最终变成了闪速存储器（闪存，flash memory），尽管十年之后闪存才正式被投入市场。

闪存最早被应用在了新发明的 MP3 播放器和数码相机上，小巧、低能耗、耐用的闪存对于这些便携设备来说是非常理想的元件。接下来闪存被应用到了 U 盘上。智能手机和平板电脑都使用闪存。随着存储器容量的提升，如今在笔记本电脑和台式计算机上，闪存和传统的硬盘正发生着竞争。尽管闪存更贵，但它的速度更快。

工程师已经尝试了用许多其他系统来制造永久性的电子存储器，闪存是第一种被市场接受的。

M1 坦克

2014 年 5 月 11 日，海军陆战队第一坦克营阿尔法连将他们的 M1A1- 艾布拉姆斯主战坦克部署在防御阵地上。

塑料（1856 年），蒸汽轮机（1890 年），洁净室（1960 年），凯夫拉纤维（1971 年）

“坦克”这一概念背后的想法相当简单：将大炮装入一辆汽车，这样人们就可以开着它到处跑了。一旦有人这样做了，其他人就会觉得他们也需要一辆“火炮汽车”（cannon-car）。之后，这些装了火炮的汽车就要开始相互射击了。

为了保护车内的人，工程师用钢铁建造了一个厚厚的外壳。这会使车辆变得非常重，因此工程师为其配备了一个巨大的发动机，并把轮子换成了履带。现代意义上的坦克就此诞生。

克莱斯勒防务公司（Chrysler Defense）于 1980 年为美国军方制造的 M1 坦克集当时最先进的技术于一身。它的外层装甲不再是钢制的，而是一种复合材料——由陶瓷、钢铁、塑料和凯夫拉纤维制成，有时也被称为乔巴姆装甲（chobham）。乔巴姆装甲既能抵挡动能穿甲弹（kinetic penetrator）的攻击，也能有效应对液态金属破甲弹（molten metal penetrator）。有时还会在坦克上加装反应装甲（reactive armor）和栅格装甲（slat armor），它们可以使破甲弹中的金属射流提前释放。

M1 坦克的发动机是一台有 1 500 马力（1 100 千瓦）的燃气涡轮（gas turbine），油箱容量为 500 加仑（1 900 升），活动半径约为 250 英里（400 千米）。500 加仑的燃料只能续行 250 英里（400 千米），听起来燃料利用率很低。但如果考虑到 M1 坦克满载时重达 140 000 磅（63 500 千克），那就是另一回事了。

主炮——坦克存在的全部意义——安装在车身中部的炮塔上，口径 4.7 英寸（120 毫米），可以发射动能穿甲弹、液态金属破甲弹和反步兵炮弹。坦克同时还配有一挺 0.5 英寸（12.7 毫米）口径的机枪和两挺口径更小的机枪。

为了保护四名乘员，M1 配有 NBC（nuclear, biological, and chemical weapons 的缩写）系统，可以预防核武器、生物武器和化学武器的威胁。增压后的乘员舱像一间洁净室，内部贴有可以保护乘员的凯夫拉纤维垫（Kevlar mat），并配有灭火系统。

工程师制造出的 M1，被认为是最先进的坦克，也是能买到的最好的。

体育场巨幕

加利福尼亚州旧金山的 AT&T 体育场的大屏幕上，一位女士赢得了一间房子；与此同时，旧金山巨人队的贝瑞·齐托（Barry Zito）正在场中央进行热身。

彩色电视（1939 年），微处理器（1971 年）

1980 年

如果你走进一个现代化的体育场或室内体育馆，或许会看到一个巨大的电视屏幕，上面会播出回放或现场的实景拍摄。有些设备，是要等到相应的技术之后才会出现的。体育场巨幕就是这样的设备。

让我们从工程学的角度考虑这个问题。如果你想要制造一个巨大的露天屏幕，你会怎么做？对于长时间放映，标准的做法是使用投影仪，但投影仪在白天不能使用。你也可以使用白炽灯泡组成的黑白屏幕。但这种做法也有它的问题：需要大量电能，白炽灯会发热，通过加热灯丝使白炽灯发光会带来延时，灯泡使用寿命偏短，等等。

曾有一段时间，制造商使用阴极射线管（Cathode Ray Tube，CRT）来制造放映设备。但放映时的亮度不理想，设备体积巨大，并且阴极射线管的使用寿命同样不长。这些设备的价格还相当昂贵。

在这之后廉价的发光二极管（light-emitting diodes，LEDs）出现了。发光二极管集体积小、发光强、效率高、寿命长等优点于一身。红色发光二极管最先出现，之后是绿色的，经过很长一段时间的等待，蓝色发光二极管终于以一个适当的价格出现了。与此同时，控制二极管的微处理器的价格也下降了。万事俱备，大型屏幕开始普及。工程师将三个红色、三个绿色、三个蓝色的发光二极管组合成一个单元，称为“像素”。十个像素可以组成一个单元模块（square-foot module），众多单元模块拼接在一起就组成了一个显示屏幕。

1980 年，道奇体育场（Dodger Stadium）的球迷们通过索尼公司制造的钻石之光显示器（Diamond Vision Board）巨大的屏幕观看了比赛。今天，你可以在体育场中看到比篮球场还大的巨幕。这是因为工程师最终找到了可靠的红绿蓝三色光源来制造显示屏，制造成本也变得可以接受。

大脚怪物卡车

鲍勃·钱德勒（Bob Chandler，1941— ）

瑞典乌普萨拉，一辆怪物卡车正在进行碾压汽车的表演。

桁架桥（1823 年），莱特兄弟的飞机（1903 年），登月（1969 年）

有时，工程学具有艺术的美感，它能够带来一些令人吃惊的改变，怪物卡车（monster truck）就是其中之一。制造怪物卡车的初衷极为单纯——某个卡车司机得到了一些更大的轮圈，这样他就可以拥有更大的车轮了，但过大的车轮又会和车身产生摩擦。一个简单的解决方法是使用汽车悬吊工具——一组垫片——将车身和车架分离，或者是用悬浮系统同时吊起车身和车架。

第一辆怪物卡车是大脚车（Bigfoot）。鲍勃·钱德勒——大脚车的主人，将农用设备上 48 英寸（1.2 米）的车轮卸下来安装到了他的卡车上，这些巨大的轮胎需要更大、更加复杂的车轴。卡车转向也变成了一个问题，因此前后轮都被装上了液压转向器。这些装置都会增加车的重量，也就需要更大的发动机。后来车轮变得更加巨大了，66 英寸（1.7 米），这也未尝不可。

怪物卡车完全抛弃了卡车的外形，开始变得疯狂起来。车体由类似于桁架的管状钢结构连接，车身由玻璃纤维制成。

从旁观者的角度看，怪物卡车经历了一个快速的演变过程。相互嫉妒，攀比决斗，粉丝的狂热，赞助商的钱，给予这些庞然大物极大观赏性的怪物卡车大赛的诞生，这些都为演变的过程推波助澜。整个风潮始于 1981 年，当时大脚车在一座农场中进行了将几辆汽车压碎的表演。公众对此反响热烈，每届汽车碾压表演和怪物卡车大赛都会吸引数万粉丝。

怪物卡车的例子向我们展示了，当存在大量金钱和公众关注时，工程技术能够以怎样迅猛的速度发展。想一想自从莱特兄弟公开了基本原理后飞机经历了怎样迅速的发展，或者从第一颗人造卫星升空的 1957 年到人类第一次登月的 1969 年空间技术经历了怎样迅速的发展。给予工程师足够的刺激和资金，他们就会做出惊人的创举。

STS-1 的发射场景，这是为太空运输系统准备的一系列航天计划中的第一架轨道器，升空和返回的部件都可以重复使用。

航天飞机轨道器

霍尔 - 赫劳尔特电解炼铝法（1889 年），莱特兄弟的飞机（1903 年），电子数字积分计算机（ENIAC）——第一台数字计算机（1946 年），协和飞机（1976 年），节水坐便器（1992 年）

1981 年，美国进行了首次航天飞机轨道器的发射。轨道器看起来就像天外来物——奇怪的外形，腹部连接着火箭助推器，背部中间部位是巨大的舱门，舱内空间同样十分巨大。整个轨道器还覆盖着陶瓷贴片。

就其本质而言，航天飞机是一种飞机。航天飞机的制作材料是铝，制作工艺和普通客机一样，一系列附加的功能使得航天飞机可以在外太空环绕地球飞行。它代表了工程师的一种工作方式：先提出一系列要求，然后实现它们。

航天飞机轨道器的第一个特点是：比一般的太空舱大一倍的船员生活舱。生活舱密封性良好，并配有生命维持系统——可以补充氧气，去除二氧化碳，保持干燥和恒压。

第二个特点在于它要对付重返大气层时的高温。再次进入大气层时，轨道器一些部位的温度将高达 1 600 华氏度 (3 000 摄氏度)，普通的铝制客机将会很快被熔化瓦解，因此轨道器的不同部位拥有不同类型的隔热保护。机鼻处的温度最高，因此它覆盖有强化的碳 - 碳复合材料；轨道器底面是温度第二高的区域，因此它的覆盖层由石英砖制成；其他部位使用其他类型的陶瓷贴片或柔性绝热层。

第三个特点是火箭助推器。连接在轨道器腹部的三个大型的助推器在发射时提供推力，连接的位置使得它们可以更方便地被重复使用。小型助推器提供的动力用于轨道器的加速和减速，以及在太空中空间朝向的调整。

轨道器还有其他的独特设计：五重备份的计算机系统、太空坐便器、巨型货仓和巨型舱门——可以将大量的有效载荷送入轨道、舱门上的散热器系统——可以在真空中散热，以及一个搬运和操作舱内货物的机械臂。

V-22 鱼鹰

基萨奇山号（USS Kearsarge）两栖攻击舰上的水手向起飞的 MV-22 鱼鹰的飞行员敬礼。

碳纤维（1879 年），直升机（1944 年）

V-22 鱼鹰（V-22 Osprey）这类项目，让人会产生一种感觉：工程师一口咬下的东西，超过了他们咀嚼的能力。

美国国防部于 1981 年向贝尔直升机公司（Bell Helicopters）和波音公司（Boeing）委托的任务听起来十分简单：制造一架飞机，可以像直升机一样起降，像涡轮螺旋桨飞机一样飞行。像直升机一样意味着起降时不需要跑道，而在水平直线飞行时涡轮螺旋桨飞机比直升机更省油，并且最高速度更大。这样的一架飞机在起降和飞行两方面都是最棒的。

随后工程师开始着手飞机的设计。他们遇到了一个问题：发动机故障。对于普通的双发动机飞机来说，一个发动机出现故障不是什么大问题。但对于处于直升机状态的 V-22，一个发动机出现故障将会带来灾难性的后果，因此 V-22 需要一个穿过机翼连接两个发动机的传动轴。但传动轴不是直的，机身和弯曲的机翼使得传动轴有 14 段之多。

海军陆战队提出了新的要求——机翼要能够旋转到和机身水平的位置，螺旋桨叶片要能够折叠。这样要求是为了减小储存飞机所需的空间，但使飞机的制造变得更为复杂。为了在飞行的过程中旋转发动机和支柱，工程师需要为鱼鹰添加强劲的液压装置。由于旋转过程极为重要，液压系统总共有三套，并在极高压下运行。

飞机的翼尖通常是很轻的，但对于鱼鹰来说，是超级重的，因此机翼要变得格外结实。当把传动轴、变速器、折叠机翼、支柱和旋转发动机的重量加起来时，你会发现飞机的额外负载是巨大的。为了减轻重量，将近一半的飞机都是由轻便的碳复合材料制成的。由于额外的负载和碳复合材料的使用，V-22 非常昂贵。在几次事故和设计审查的影响下，V-22 鱼鹰花费了超过 20 年的时间才被投入实战。

这一切值得吗？有大量的批评直指 V-22 鱼鹰：过于昂贵。但工程师达到了他们的目标。

人工心脏

罗伯特·贾维克（Robert Jarvik，1946— ）

CardioWest TAH-t，全球唯一被美国食品药品管理局、加拿大卫生部和欧洲理事会共同认可的完全型人工心脏。

除颤器（1899 年），人工心肺机（1926 年），锂离子电池（1991 年）

一颗健康的心脏在人的一生中会一直跳动，在七八十年间向全身抽送 500 万加仑（1 900 万升）以上的血液。但当心脏出现问题并需要被替换时，移植他人心脏会产生一系列问题，因此工程师开始着手设计和制造人造的机械心脏。然而，模拟心脏跳动是一件非常困难的事情。

制造人工心脏的过程中，医生和工程师需要解决的问题有四个：（1）制造材料的化学组成和性质要合适，以避免引起病人的免疫排斥反应和凝血；（2）找到一种不损伤血细胞的抽送血液的机制；（3）寻找为装置提供动力的方法；（4）人工心脏需要小到可以放入胸腔内。

由美国科学家罗伯特·贾维克和他的团队于 1982 年制造的贾维克 7 号（Jarvik-7）人工心脏，是第一个满足上述要求的人工心脏。它像人的心脏一样有两个心室，使用的材料避免了排斥反应。材料足够光滑，与血管无缝连接，从而避免了凝血。每个心室中有一个像气球一样的隔膜，隔膜膨胀时血液就被挤入单向阀中。这是贾维克 7 号抽送血液的机制，这一过程不会损伤血细胞。唯一的不足之处是空气压缩机，它位于体外，并通过腹壁上的软管将空气脉冲送入人工心脏中。贾维克 7 号的基本设计是成功的，辛卡迪亚心脏（Syncardia heart）是对其进行一系列改良的成果，已经有超过 1 000 位病人使用了这种人工心脏。其中一位病人在接受器官移植之前，使用人工心脏活了将近四年。阿比奥科（Abiocor）心脏使用了一种不同的方式——将电池和感应充电系统（inductive charging system）全部植入体内，它也有隔膜，但里面填充的是流体而不是空气。流体靠装在心脏内的电动马达流动。

两种不同的技术手段：一种是完全植入。如果装置出现问题，也许就意味着病人死亡；另一种，装置的许多部分都在体外，易于维护和修理，但却有从体内伸出来的管子。

钕磁铁

镀镍稀土磁铁。

直升机（1944 年），磁共振成像（1977 年），普锐斯混合动力汽车（1997 年），四旋翼飞行器（2008 年），平板电脑（2010 年）

1982 年

一项新的发明对工程师来说通常是极为有用的，它可以通过多种方式改变现有产品，也可以使新产品的制造成为可能。在这方面，钕磁铁（neodymium magnet）是个极好的例子。通用汽车公司（General Motors）和住友特殊金属公司（Sumitomo Special Metals）于 1982 年开发出了钕铁硼合金（$Nd_2Fe_{14}B$），随后又研发出了使该合金变为实用磁铁的制造工艺。在钕磁铁之前，人们掌握的技术可以制造钐钴磁铁，但比钕磁铁贵得多。钕磁铁取代了铁氧体磁铁和铝镍钴磁铁等自 20 世纪 30 年代开始使用的廉价磁铁。

钕磁铁的出现使工程师拥有了一种廉价且高性能的磁铁。钕磁铁的性能要比已有磁铁高出许多。通过比较钕合金和铁氧体制造的不同的冰箱磁铁的“黏性”，我们发现在某些情况下，钕磁铁强大的磁性使得将它从冰箱上取下是非常困难的。对于工程师来说，如此强的磁性可以帮助他们制造出更加小巧轻便的产品。

钕磁铁的早期应用之一是制造硬盘的磁头驱动器。硬盘中的线性马达的作用是通过驱动机械臂使读写头接入磁盘盘片，有了钕磁铁，线性马达可以变得更加小巧迅捷。钕磁铁还应用在由苹果公司推广的它那标志性的耳机中。没有钕磁铁，要制造尺寸小巧、功能强大的耳机是不可能的。我们在玩具店中看到的远程控制的电动直升机、电动飞机和四旋翼飞行器，使用的都是又小又轻的电动马达，这种马达的制造仍然离不开钕磁铁。电动自行车，甚至是电动汽车，都使用轮毂电机（hub motor）——一种能够装在轮毂中的强大且结构紧凑的电机。这种电机的制造也得益于钕磁铁。钕磁铁还有其他方面的应用：玩具使用它吸附在一起；平板电脑的上盖和笔记本电脑的电源；各类盖子和密封器。目前大多数核磁共振仪使用液氦冷却的超导电磁铁，钕磁铁的出现为我们提供了另一种选择——永磁铁（permanent magnet）。■

射频识别标签

查尔斯·沃尔顿（Charles Walton，1921—2011）

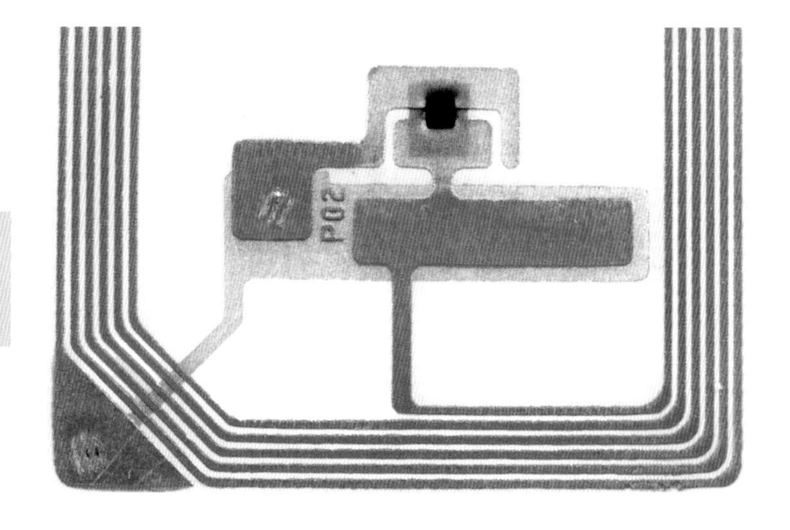

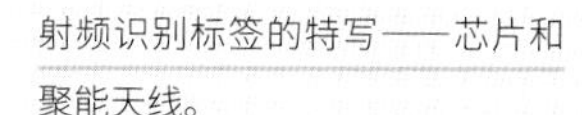

射频识别标签的特写——芯片和聚能天线。

广播电台（1920年），北卡罗莱纳州立大学智能图书管理机器人（2013年）

如何让没有生命的物体——例如一盒麦片——“介绍”自己呢？一种方法是在它上面贴上标签，标签上的文字会告诉人们里面装的是什么。如果你希望机器也能够阅读标签，那么可以加上一个条形码或二维码。但将条形码扫描器和条形码对齐的工作仍然需要人工或机器完成。如果人们希望一个没有生命的物体能向一台机器“介绍自己”，而不必进行可视化扫描，也不用担心对齐的问题，我们该怎么办呢？

对于这个问题，现代工程学的解决方法是使用主动或被动的射频识别标签。被动的射频识别标签更普遍一些，因为它更便宜。第一个现代射频识别标签的专利于1983年被颁发给了电气工程师查尔斯·沃尔顿。

这项技术十分巧妙，并且令人印象深刻。被动射频识别标签由小型的计算机芯片和无线电设备组成。芯片和设备运行需要能量，因此还有一面可以在强磁场中利用电磁感应发电的聚能天线。当识别标签被放入磁场中，聚能天线就会开始工作。1983年出现了最简单的射频识别标签，它发出的信号是96位长的硬编码身份识别号（hard-coded ID number）。之后出现的更为复杂的识别标签可以传递更多的信息，美国护照上的射频识别标签包含了全部个人信息和一张已编码的照片。

由于工程师的努力，识别标签和读写工具的价格均已降低，如今许多地方都出现了它的身影：信用卡、图书、商铺偷窃预防系统、收银设备、工作证，等等。如果在你的宠物身上发现了一道伤疤，那说不定它携带了一个装入玻璃中植入其皮下的射频识别标签。

射频识别标签早期的目的之一是在杂货店中的快速结账：只需带着你的购物车穿过一道门，消费总价就会立即被算出来，而不用再排起长队。工程师会继续致力于降低射频识别标签的成本以实现这一目的。

F-117 隐形战斗机

1989 年 7 月 17 日，B-2 隐形轰炸机在加州的爱德华兹空军基地（Edwards Air Force Base）完成了它的首飞。

雷达（1940 年），电子数字积分计算机（ENIAC）——第一台数字计算机（1946 年）

1983 年

雷达出现于第二次世界大战期间，它的出现使人们获得了一只“全知之眼”。我们能够制造一种这只眼睛看不见的军用飞机吗?

有两个途径达到这一目标：制造小型飞机以减小雷达截面；或者贴近地面飞行使其在大多数情况下难以被地基雷达发现。结合这两种技术，工程师制造出了巡航导弹。但如果是需要在高空飞行的大型飞机呢?

接下来要做的事情包括两个步骤。要理解第一步，我们就要从躲避雷达的角度出发。考虑一架有镜面涂层的雪茄型飞机，在被一束激光照射时，由于形状的原因，激光的一部分会沿着入射路径反射。雷达使用的是无线电波，但原理和激光基本一致。飞机会使雷达波沿入射方向反射这一特点造成了其易被雷达发现的弱点。

如果飞机的形状变成了一个有镜面涂层的盒子——除了平坦的表面外没有任何凸起，情况会怎样呢？现在，当雷达波照射到飞机表面时，它的反射方向会偏离入射方向。这是隐形技术的关键：雷达波照射到了飞机，但反射波却偏离了接收天线。

在了解了这一点后工程师遇到了一个新的问题——怎样使飞机的表面绝对平坦没有凸起呢？怎样控制这样的飞机呢？这些问题的答案产生了实际飞行过的外形最为奇怪的飞机之一——F-117 隐形战斗机，由美国空军在 1983 年推出。

F-117 看上去并不符合空气动力学，因为我们通常认为的气动外形是由光滑的曲线组成的。而 F-117 那四四方方有棱有角的外形，使它看上去根本就飞不起来。然而，在计算机控制和大迎角空气动力学的结合下，F-117 的机身不仅可以飞起来，还能够对雷达隐形。

为了达到隐形的目的，工程师需要一点点洞察力和对飞机外形的创新，然后在计算机的帮助下实现这一切。

移动电话

马丁·库伯（Martin Cooper，1928— ）

麦克·道格拉斯（Michael Douglas）［饰演戈登·盖柯（Gordon Gekko）］手持一款移动电话的早期模型。

胡佛大坝（1936 年），金门大桥（1937 年），锂离子电池（1991 年），智能手机（2007 年）

1983 年

和胡佛大坝与金门大桥一样，移动电话堪称 20 世纪最伟大的工程学成就之一。1980 年出现了一种被称为无线电话的设备，其用户数只有几千。无线电话从位于市中心的一面大型基站天线接收信号，并需要一套相当巨大的无线电系统，这套系统会被安装在用户的汽车内。该无线电系统可以用大约 25 瓦的功率将信号传输到 30 英里（48 千米）外。整座城市拥有少量的无线电线路，打电话的时候需要挑选其中某一频段进行通话。这就是移动电话出现之前的情景。

在电气工程师马丁·库伯的领导下，摩托罗拉公司（Motorola）的一个工程师团队决定彻底革新通话技术。他们预见到了一个人人都有一个口袋大小的手机的时代，但若要将其实现，还需要对通信系统做出诸多改变。首先，需要有数以百计的、间隔几英里的信号塔遍布整个市区；其次，他们需要得到联邦通信委员会分配的近 2 000 个独立的无线电频段——这样才能保证每个信号塔都可以同时与数十个手机通信。这样做的优势何在呢？你口袋中的手机只需要将信号发射到 2 英里（3 千米）外，这样一来手机信号发射器的功率就可以显著变小，也意味着信号发射器和电池的尺寸可以变得很小。

随后他们为通信系统增添了新的功能。在你乘车旅行的时候，你的手机会同时定位两座信号塔——你刚刚经过的一座和即将到达的一座。在你驾车穿过市区的时候，手机和信号塔之间的通信将自动实现从一个信号塔到另一个信号塔的无缝衔接。

每座信号塔花费 100 万美元，大型城市需要数百座信号塔。只有在移动电话的使用人数达到数百万的情况下，这套系统在经济上才是可行的。幸运的是，工程师们的选择是对的。一些公司于 1983 年开始建造信号塔，并且获得了公众强烈的反响。每个人都渴望一台移动电话，电话的价格也迅速下降。剩下的事情就众所周知了。

基米尼滑翔机

基米尼滑翔机。

莱特兄弟的飞机（1903 年），涡轮喷气发动机（1937 年），波音 747 大型喷气式客机（1968 年）

1983 年

设想一下你正驾驶着世界上最先进的飞机——波音 767——在加拿大上空 41 000 英尺（12 500 米）的高度上平稳地飞行。这应该是一次常规飞行，但你突然听到了警报声，仪表盘上的灯也在闪个不停。飞机的多个部位都出现了燃料不足的警报，这意味着飞机在飞行途中已经耗尽了燃料。

两个发动机都熄火了，767 客机俨然变成了一架滑翔机。出现这一情况，是由于 767 是液压动力飞机。方向杆和脚踏板都是靠液压油缸来驱动方向舵和副翼等飞机的操纵舵面的。缺少发动机为液压传动提供动力，就会出大问题。

这一事件发生在 1983 年，最终飞机在基米尼机场安全着陆，因此该事件也被称为“基米尼滑翔机”（Gimli Glider）。它向我们展示了什么叫优秀的工程技术。工程师不仅解决问题，而且能够为可能出现的问题设计可以自动修复故障的后备方案。

就此次 767 客机的事件而言，也有相应的后备方案。两个发动机可以为飞机提供足够的动力，如果其中一个出现故障，另一个也可以维持飞机飞行。但如果两个发动机都坏掉了该怎么办呢？一种后备方案是：电动液压泵。但电力是由工作在其中一个发动机上的发电机提供的，在两台发动机都出现故障的情况下，电动液压泵就失去了动力。

在这种情况下，一个小型的备用电池系统将提供微弱的电力，以供少量设备和无线电使用。这些电力并不足以驱动液压传动系统，但可以在机身下方打开一道小型闸门，并弹出冲压空气涡轮（ram air turbine，RAT）。工程师的这一设计就是为了解决这种状况（两个发动机都出现故障）的。该装置利用通过机身的风力旋转涡轮，为液压系统增压。在 RAT 的帮助下，飞机完好无损地完成了着陆。

为了挽救生命，工程师会预测那些意想不到的问题。波音 767 客机的事件是对其最好的例证。■

以太网

查克·萨克尔（Chuck Thacker，1943— ）
巴特勒·兰普森（Butler Lampson，1943— ）
罗伯特·梅特卡夫（Robert Metcalfe，1946— ）
大卫·博格斯（David Boggs，1950— ）

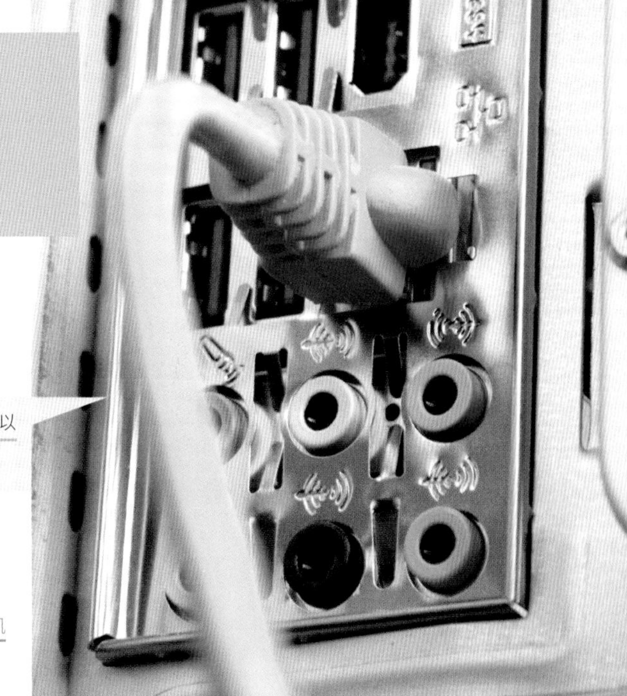

连接在台式机机箱后面的蓝色以太网网络插头。

电子数字积分计算机（ENIAC）——第一台数字计算机（1946 年），阿帕网（1969 年）

1983 年

为了连接多台计算机以实现它们之间的交流通信，你需要搭建局域网（Local Area Network，LAN）。但通过什么方式把计算机连接到一起呢？对于工程师来说，这是一个开放式的问题。市场上已经出现了若干个他们尝试出的网络拓扑（Network Topology）：星形网络、环形网络和总线型网络，最终胜出的那种技术，被称为以太网（Ethernet）。该技术最初由施乐帕洛阿尔托研究中心（Xerox PARC）的工程师们研发，参与的工程师有查克·萨克尔、巴特勒·兰普森、罗伯特·梅特卡夫和大卫·博格斯。以太网于 1975 年获得专利，1983 年进行标准化。20 世纪 80 年代，以太网使用同轴电缆实现了廉价的总线型拓扑（bus topology）。

所谓总线型拓扑，指的是所有计算机共用一条总线传输数据。这样的布局就会产生一个问题："轮到谁发言了？"在以太网中，一台计算机想要传输数据包时，首先会检查总线闲置。如果是闲置的，它就会开始传输数据。在传输数据的过程中，计算机会进行监测，如果发现数据开始损坏，那就意味着有冲突出现——两台计算机同时在传输它们的数据。这时计算机会停止传输，并随机等上一段时间后再开始。为什么等待时间是随机的呢？因为如果两台计算机同时开始再次传输，冲突又会发生了。

听起来冲突似乎每时每刻都会发生，尤其在大量计算机共用一条总线的时候。但事实是，即使在没有中央控制的情况下，整个系统也运行得相当好。

由于插件和电缆造价低廉、易于安装并且可从多家公司购得，以太网开始流行了起来。如今，几乎每个局域网都使用以太网，大多数笔记本电脑都会有以太网接口，因为硬件实在是太便宜了。

最初，以太网的传输速度为 10 兆 / 秒；如今的传输速度通常为 1 000 兆 / 秒。

由于工程师的努力，以太网运行得非常好，并且成为了另一种我们已经习以为常的技术。每一台使用网线连入局域网的计算机都在使用着这一技术。

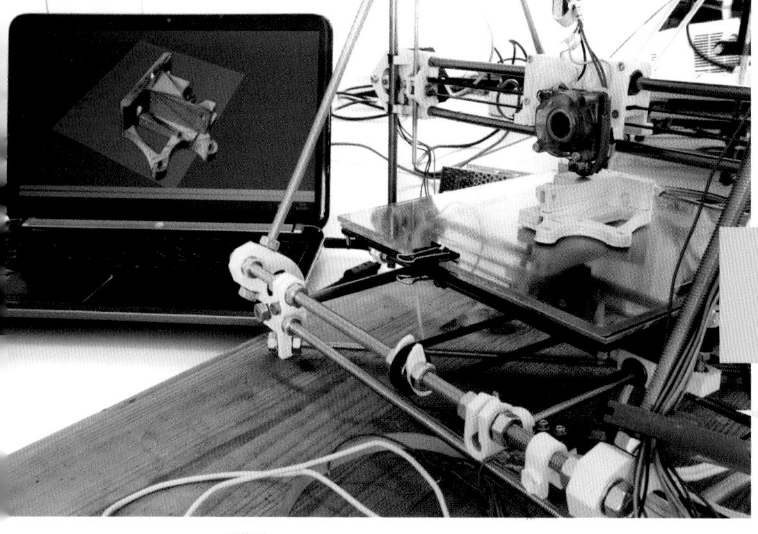

3D 打印机

查克 · 赫尔（Chuck Hull，1939—　）

3D 打印机正在按照电脑屏幕上的设计制造一个塑料零件。

塑料（1856 年），激光（1917 年）

3D 打印的优势在于几乎任何人都可以使用 3D 模型软件在电脑上设计一个零件，然后立即将它打印出来。没有制造模具的过程，没有高压注入的过程，打印过程既迅速又廉价。

3D 打印的兴起产生了一种新的开发流程：快速成型技术。工程师可以在一两天之内完成产品各部分的设计和打印。在组装和测试之后，可以快速地对产品的设计进行修改，整个流程所花费的时间要比以往少得多。3D 打印同样引发出了“即时制造”和“家庭制造”的概念——在有需求的时候，可以使用一台打印机制造一些简单的物品。甚至出现了这样一台 3D 打印机，它的塑料部件全部是由另一台 3D 打印机打印出来的。

3D 打印技术由美国工程师查克 · 赫尔于 1984 年发明。查克的方法是使用激光逐层固化液态光敏塑料，这一过程被称为立体光刻。激光在一个充满了液态塑料的平台上完成第一层的固化，在平台下降一个刻痕（例如，四分之一毫米）的高度后，激光继续下一层的固化。整个过程不断重复直到打印完成。该过程运转良好，但机器和液态塑料非常昂贵。

直到廉价的 3D 打印机（价格在 1 000 美元左右）出现，3D 打印技术才得以迅速发展。小型公司和个人都可以担负得起打印机的费用。这种费用比较低的 3D 打印机使用挤压成型技术：打印过程中，ABS 塑料（一种合成树脂，乐高积木使用的也是这种塑料）充入挤压器顶端，在那里被熔化并被逐层塑型，最终完成物品的打印。小型物品的打印只需要几分钟，大型的会花费几小时。

3D 打印激起了创造力的爆发。数百万没有足够的金钱和时间制造塑料模型的人们，其中包括工程师、发明家、业余爱好者和学生，如今可以凭借他们的创造力制造出大量激动人心的作品。任何时候，创造力的释放和扩张，对于工程学都是大有裨益的。■

域名服务系统（DNS）

乔恩·博斯特尔（Jon Postel，1943—1998）
保罗·莫卡派乔斯（Paul Mockapetris，1948— ）

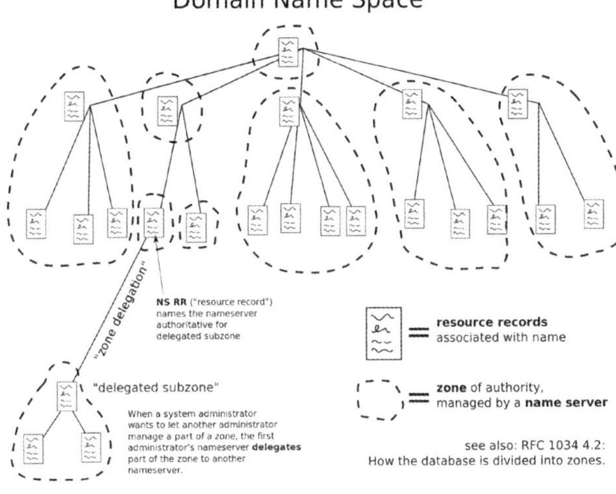

域名服务系统的图解。

万维网（1990 年）

早期互联网由大量的主机构成，主机彼此连接，每台主机都有唯一确定其身份的 IP（Internet Protocol，互联网协议）地址。起初的主机数量不太多，因此使用 12 位数的 IP 地址是可行的。

但随着主机数量的增加，你可以想象事情会变得多么麻烦，因为人们并不善于记忆大量的随机数字。1984 年，问题的解决方法出现了——由加州大学的乔恩·博斯特尔和保罗·莫卡派乔斯发明的域名服务系统（Domain Name Service，DNS）。DNS 是迷人的，它非常可靠，对互联网极其重要。但由于 DNS 不那么直观，了解它的人并不多。

你登录浏览器，输入一个统一资源定位符（Uniform Resource Locator，URL，也就是通常所说的网址），比如：http://www.marshallbrain.com。这时浏览器会将这个网址交给一段叫作域名解析服务器（resolving name server，RNS）的代码，RNS 会提取出顶级域名，在这个例子中是“com”。你的计算机内存有一系列的根服务器（root server）的 IP 地址，并且定期通过互联网服务（ISP）进行更新。RNS 会访问一个根服务器，并发出请求：“给我名为‘com’的域名服务器的 IP 地址。”得到地址后 RNS 会访问该域名服务器，并再次发出请求：“给我名为‘marshallbrain.com’的域名服务器的 IP 地址。”然后，RNS 连接到这个域名服务器并获得“www.marshallbrain.com”这台主机的 IP 地址。最后，RNS 将 IP 地址传递给浏览器，浏览器会向该 IP 地址发送访问 www.marshallbrain.com 的主页的请求。域名服务系统就是这样工作的。

想一想你每天浏览的网页的数量，再把它乘以数十亿——每天使用互联网的人数。可以想见，如果域名服务系统瘫痪，我们中的大多数人将几乎无法使用互联网。不过域名服务系统从未瘫痪过，即便它每天都要处理数以十亿计的请求。域名服务系统是分布式的，并且具有超高效的处理能力，这保证了它的正常运行。域名服务系统代表了一类最为优秀的工程技术——完全不可见的工程技术。

1984 年

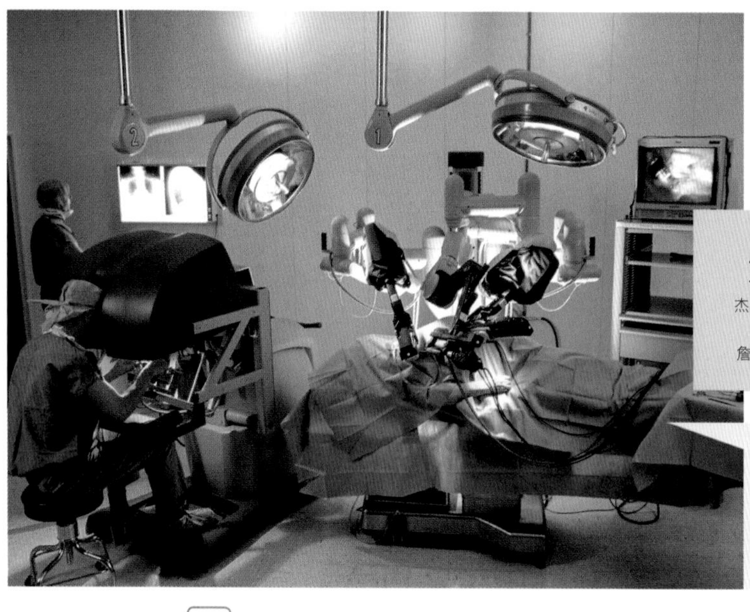

外科手术机器人

杰奥夫·奥金莱克（Geof Auchinleck，生卒年不详）
布莱恩·戴博士（Dr. Brian Day，1947— ）
詹姆斯·麦克尤恩（James McEwan，生卒年不详）

医生（左下方）正在使用一台 daVinci Si 远程控制机器人（中间偏右）在病人心脏部位进行微创手术（minimally invasive surgery，MIS）。

腹腔镜手术（1910 年），机器人（1921 年）

1984 年

腹腔镜手术是对外科手术流程的一次彻底革新，并给患者带来了诸多益处。但同时，腹腔镜手术中也有一些很讨厌的地方——医生不能足够清晰地观察患者身体内部，因此手术会变得极其笨拙。有什么方法可以减轻外科医生的压力呢？

世界上第一个外科手术机器人——Heartthrob，应运而生。它的研发团队由工程物理学研究生詹姆斯·麦克尤恩博士、杰奥夫·奥金莱克和医学博士布莱恩·戴共同领导，他们的目标是使外科手术变得更加容易。

首先，机器人提供了更好的视觉系统。由外科医生操纵的高空间分辨率双筒照相机可以提供手术部位的图像，外科医生只需将头部放到支架上就可以看到三维图像。仅此一步就能够使外科医生更好地观察手术的进行，从而缓解他们的疲劳，减少他们的颈部拉伤。

外科医生通过双手操作三个机械臂：其中一个通常是被固定的，用于夹持器具；另外两个由外科医生直接控制，在一系列复杂的手工操作下最终产生七个自由度（degrees of freedom）的效果。由于医生是操作机械臂而不是直接使用工具（例如手术刀和缝合针），计算机可以排除手臂震动的干扰，并为患者提供保护。

整个过程中最有趣的部分在于医生的位置和机械臂是完全分离开的。通常医生坐在离患者几英尺远的地方，但由于这种分离的设计，我们可以想象医生与患者间相隔甚远的情景。在有良好的通信连接的前提下，远程手术变为可能。身在安全区域的医生可以进行战地手术，或者，一个印度医生可以为其他国家的病人做手术。■

集装箱货运

2012 年 7 月 30 日，停泊在伊斯坦布尔港口内的货船“全面启动”（Inception）号上面装满了集装箱。

二冲程柴油发动机（1893 年）

第二次世界大战时期，任何跨洋运输的货物都要被放在货板上，然后用起重机装船。一群被称为“码头工人”的人——一艘大船上通常有 20 个或更多——会监督和辅助这一过程。装船时他们会把货物牢牢地固定在托盘上，移上船后还要在船上再次固定。卸载货物的时候就把这一过程反过来做。

1984 年出现的集装箱货运彻底改变了国际运输的流程。在集装箱货运的流程中，由发货人完成钢质集装箱的装货和密封。这些集装箱非常巨大，有标准化的规格，并且可以重复使用。密封的集装箱由卡车或火车运送到码头。在码头，大型起重机系统会很快地将这些集装箱搬运到特殊设计的集装箱货船上。集装箱可以自由地在轮船、火车和卡车间装卸，因此人们称其为“联运集装箱”（intermodal containers）。

现代的集装箱货船十分巨大，每次可运输数千个集装箱，是世界上最大的货运船只之一。典型的集装箱货船拥有一个二冲程柴油发动机，可以产生 10 万马力（80 000 千瓦）以上。全速前进时，货船每小时燃烧 3 600 加仑（13 600 升）柴油。但在更为经济的稳速行驶时，燃料消耗只有全速时的一半左右。这意味着这种高效的货船运送每吨货物每千米只产生 3 克二氧化碳，是一种非常环保的运输方式。

集装箱本身就是一件工程学中的艺术作品。它通常高 102 英寸（259 厘米），宽 96 英寸（244 厘米），长 40 英尺（12 米），空载时重 9 000 磅（4 000 千克），可装载重达 58 000 磅（26 000 千克）的货物。集装箱由波纹钢（corrugated steel）制成，并强化了四角和角柱。四角的孔洞可以使起重机快速地与集装箱连接，也使连接器能够将集装箱固定在货船上。

联运集装箱货运的出现导致了航运业的革命，它降低了运输成本，并极大地提高了装卸货物的速度。

伊泰普大坝

德国一座抽水蓄能式水力发电厂。

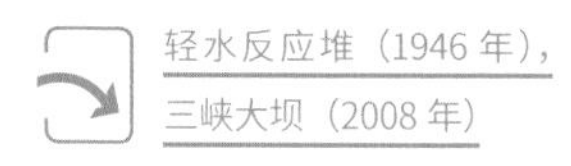

轻水反应堆（1946 年），
三峡大坝（2008 年）

1984 年

有很多理由促使工程师修建一座大坝，其中最令人信服的理由之一是：为了电力。一座大型水电站的发电量十分惊人，并且从某种角度来说，这些电力是最清洁、最可靠的。水电站对发电量的控制也很简单，只需要调节水闸，发电机就会产生更多或更少的电力。

伊泰普水电站位于巴西和巴拉圭边境上，于 1984 年开始运行。按发电量计算，它是世界上最大的水电站，年发电量约为 1 000 亿千瓦时。美国家庭年平均用电量为 11 000 千瓦时，也就是说，该水电站可以满足约 900 万户美国家庭的用电需求。巴西家庭的平均用电量约为美国的六分之一，因此伊泰普水电站可以为超过 5 000 万户巴西家庭供电。

如此多的电能是怎样产生的呢？首先要归功于一条巨大的河流——巴拉那河（Parana River），世界第七大河。它曾一度拥有世界上流量最大的瀑布，但如今瀑布已淹没于大坝的人工湖下。平均每秒约有 4 500 000 加仑（17 000 立方米）的水冲入巴拉那河的三角洲。

流经大坝的巨量河水大多会流过 20 个与发电机相连的巨型水轮机。每台发电机的功率可达 700 000 千瓦，与一座大型城市中发电厂的功率相当。也就是说，伊泰普水电站的发电量相当于 20 座传统的发电厂。这些电力一半归巴拉圭，一半归巴西。

大坝本身也相当巨大——超过 1 英里（1.6 千米）长，640 英尺（196 米）高，由混凝土制成。大坝后的人工湖也同样巨大，面积达 520 平方英里（1 350 平方千米）。除了作为饮用水的来源，人工湖也发挥着重要的防洪作用。由于上述原因，伊泰普水电站也被美国土木工程师学会认定为现代世界七大奇迹之一。

巴斯县抽水储能

2003年7月11日，霍恩瓦特（Hohenwarte）抽水储能水电站的全景图。该电站位于德国萨尔费尔德市（Saalfeld）旁边的萨勒河（River Saale）上。

电网（1878年），轻水反应堆（1946年），锂离子电池（1991年）

如果你是一名负责设计电网的工程师，那么你一定十分想要拥有一个巨大的电池，能够储存电能的那种。这个电池可以有很多种用途，最常见的用法是应对白天用电高峰时的需求。你会喜欢一个巨型的电池组的另一个原因，是它可以有效利用闲置时间。凌晨三点，当用电需求很低的时候，发电厂可以给电池充电。

直到今天，大型的化学电池仍然太过昂贵，替代的技术被称为“抽水储能”（pumped storage）。该技术的基本原理相当简单：用管道将高度不同的两个人工湖连接起来。晚上，当用电需求低的时候，用水泵将水抽到海拔较高的湖中。在白天用电需求提高的时候，将水泵调转方向，使水流从高处流向低处，这样就可以用来发电了。

该技术的具体实现要复杂得多，主要是规模的原因。于1985年开始运行的弗吉尼亚州（Virginia）巴斯县抽水储能工厂是个很好的例子。工程师建造了两座水坝，用它们围出了两个巨大的人工湖，它们的落差有0.25英里（0.4千米），上游人工湖的容积约为120亿加仑（450亿升）。两个人工湖由直径18英尺（5米）的管道连接，并配有6个水泵/涡轮机。每个水泵/涡轮机可以产生5亿瓦特的动力，水流量可达到每秒37 500加仑（141 953升）。这样的流速下，14小时可以抽干上游人工湖。6个涡轮机全部运转将产生30亿瓦特的电力。湖水可以在晚上被重新抽送到上游人工湖中为“电池”充电。

抽水储能是如今的电网系统能够使用的最好的“巨型电池”技术之一。但它需要能够建造两个存在落差又离得很近的巨型人工湖的能力，因此抽水储能并不适用于每个地方。在地形和水源都允许的地方，它是非常棒的选择。

190

国际热核聚变实验堆（ITER）

国际热核聚变实验堆的模型。

“三位一体”核弹（1945 年），轻水反应堆（1946 年），
常春藤麦克氢弹（1952 年），大型强子对撞机（1998 年）

1985 年

几十年来，我们一直听说核聚变能量将拯救世界。工程师需要做的就是寻找一种可靠的、廉价的、可控的方法使氢原子聚变为氦原子，就如太阳上所发生的一样。这种聚变过程将为世界提供清洁的能源，没有核反应堆事故，没有石油泄漏，也没有温室气体。

工程师已经找到了一种在地球上进行氢的核聚变的方法：热核炸弹（thermonuclear bomb）。这种方法有一个最大的问题：不可控。并且热核炸弹由传统核弹引爆，这一过程会产生核污染。

工作在国际热核聚变实验堆（International Thermonuclear Experimental Reactor，ITER，以下简称实验堆）的工程师们致力于解决实用性反应堆的结构和操作问题，他们的工作始于 1985 年。

实验堆主结构的形状像一个甜甜圈（圆环形）。它的基本原理是这样的：使用强磁场将气态氢原子束缚在“甜甜圈”内，形成一个高密的细圆环，使氢原子转化成等离子态。通过给等离子体通电，可以将其加热到难以置信的高温（100 万开尔文以上）。如果圆环密度足够大、温度足够高，氢原子核就会聚变为氦原子。在不同的氢原子中，氘（原子核由 1 个质子和 1 个中子构成）和氚（原子核由 1 个质子和 2 个中子构成）进行核聚变的效果最佳。它们的产能最多，能量主要集中在聚变过程中释放出的高能中子。俘获这些中子，并将它们的能量转化为热能，这就是实验堆发电的原理。

原理虽然简单，从事实验堆研究的工程师却面临着许多问题。例如：实验堆那巨大的“甜甜圈”需要保持几乎完全的真空，并且要承受极高的温度；产生足够强的磁场也是非常困难的，而且磁铁还需要使用液氦制冷；长时间使用时，聚变反应过程中产生的中子会损坏实验堆等。实验堆能否工作尚未可知。对于项目中的工程师们来说，这种不确定性也许会增加他们的乐趣。

虚拟现实

杰伦·拉尼尔（Jaron Lanier，1960— ）

宇航员通过虚拟现实系统演练他们将要在国际空间站上完成的任务。

三维眼镜（1953 年），毁灭战士引擎（1993 年），《玩具总动员》（1995 年）

1985 年

工程师和工程学的理论体系数百年来一直在帮助人们处理现实生活中的问题。但虚拟现实可以让我们像体验真实世界那样体验人造世界。

虚拟现实体验技术由四部分组成。首先，你需要一个头戴式立体显示器，它可以将三维图像投影到你的双眼上；其次，你需要一种能够精确追踪头部运动并产生反馈的方法；再次，你需要一款软件来创造你将要体验的人造世界；最后，你需要找到一种在虚拟世界中移动的方式——它可以像游戏机手柄那样简单，也可以像全方位踏板那样复杂。

在虚拟现实技术刚刚出现的 1985 年，所有这些技术环节都相当粗糙。计算机科学家杰伦·拉尼尔推广了虚拟现实技术，他的公司（VPL Research）生产商业用途的虚拟现实产品。从那时起，拉尼尔早期的发明取得了一系列的技术进步：头戴式立体显示器拥有了更高的分辨率和更广阔的前向视野，并且还拥有环绕周边视野。这意味着图像将充满你的视野，你的体验也将更加真实；对于头部运动的追踪也更加准确和快速，因此当你移动头部的时候，显示装置可以立即准确地产生响应；游戏产业的软件工程师们使用性能日益提高的中央处理器（CPU）和图形处理器（GPU）创造出了十分逼真的虚拟世界，每秒钟你的头戴式立体显示器将接收到 60 帧画面，而且所有设备的成本都已明显降低。

有了这些技术的进步，虚拟现实体验一直处于发展中。除了游戏将发生改变，还有一些人们以前无法做到的事情如今可以实现了。你是否曾想过为什么实地参观购物中心、博物馆、陈列室和旅游景点的费用要比在视频上观看这些地方贵得多？很快，你就能够享受到一种身临其境的视觉体验，还可以转头观看你想看的一切。新的虚拟现实系统将实现这一切，并且使体验中看到的事物和现实事物几乎一模一样。

切尔诺贝利

切尔诺贝利核事故由人为错误和设计缺陷共同导致。

电网（1878 年），轻水反应堆（1946 年），球床核反应堆（1966 年），加拿大重水铀反应堆（1971 年），福岛核事故（2011 年）

切尔诺贝利核事故是迄今为止最可怕的工业事故之一，它很可能由设计缺陷和操作失误共同导致。它向我们展现了当工程师犯错误的时候，事情会变得有多糟糕。

事实上，有三个错误共同引发了切尔诺贝利核事故。第一个错误是工程师使用水的方式。他们需要使用水产生水蒸气，因为水蒸气是反应堆产生的热能转化为汽轮机产生的电能的媒介。问题在于液态水比水蒸气更易吸收中子。当操作人员降低反应堆温度的时候，堆芯内大部分是水。此时，如果操作人员错误地加热反应堆，会使液态水发生闪蒸（高温饱和液体因沸点低于周围温度而引起的快速蒸发过程），将导致反应堆功率骤增。从水到蒸气的快速转变会导致中子的快速增加——正反馈循环。

第二个错误在于控制棒的设计。控制棒是用于吸收中子的，但不幸的是，切尔诺贝利核电站的控制棒的末端是由石墨制成的。因此当控制棒插入反应堆中时，石墨末端代替水引起了另一种类型的反应堆功率骤增。

第三个错误，切尔诺贝利核电站的反应堆没有保护壳，因此当事故发生的时候污染没有得到有效的控制。

事故发生的具体过程是这样的：1986 年 4 月 26 日，操作人员错误地冷却了堆芯。当他们重新加热堆芯的时候，水发生了闪蒸，导致反应堆功率骤增。随后控制棒被插入反应堆，石墨末端又引起了一次灾难性的功率骤增。燃料棒发生爆炸，摧毁了控制棒。一场蒸汽爆炸使反应堆堆芯外露，氧气进入后引起了火灾，并造成核燃料进入了空气中。二次爆炸——很可能是由于足够多的液态核燃料融合引起的一场小型核爆炸——造成了核燃料的泄漏。

事故产生的核辐射波及了数百万英亩的土地，欧洲大部分地区都受到了一定程度的影响。由一小部分工程师决定的设计和一小部分操作人员造成的错误，影响了数百万人。

阿帕奇直升机

2012年，美军的一架AH-64阿帕奇武装直升机正准备从巴格拉姆空军基地起飞。

雷达（1940年），钛（1940年），直升机（1944年），凯夫拉纤维（1971年）

我们倾向于认为直升机是相当脆弱的。一般来说，直升机是瘦长纺锤形的，并且很轻。

但工程师想要建造世界上最致命的直升机——它可以在投送惊人火力的同时给予驾驶员一定程度的保护，这就是出现于1986年的阿帕奇直升机（Apache helicopter）。

阿帕奇辨识度最高的最大特点就是它的武器系统。它拥有三种武器系统："地狱火"反坦克导弹（多达16枚），"九头蛇"火箭（多达76枚），30毫米口径高射速机关炮（射速高达600～1 200发/分）。

阿帕奇直升机一项独特的设计是一种将机关炮连结炮手头盔的系统，传感器对于炮手头部运动的观测使机关炮能够精确地跟随炮手视线运动。当炮手锁定一个目标时，机关炮紧随而至并向目标射击。另一项独特设计是安装于主旋翼上方圆顶内的长弓雷达系统（Longbow radar system），它能同时跟踪128个目标。

阿帕奇的另一特点是其生存能力。阿帕奇需要穿梭于战场，经常贴近地面飞行，还要支援地面部队，这意味着它经常会成为敌人的目标。由金属钛和凯夫拉纤维制造的防弹玻璃可以保护驾驶员和射手，发动机和油箱周围也有同样的防护装置，并且机翼能够承受23毫米口径子弹的射击。

如果直升机坠落，其过程也已经被仔细地分析过了。首先和地面接触的是起落架，它能够吸收第一次冲击。之后驾驶员和副驾驶员下方的区域会扭曲变形并收拢到一起，这极大地提高了内部人员的生存概率。

装备着这样的武器系统和保护设施的阿帕奇是很重的——满载时差不多18 000磅（8 200千克）。为了使这个大家伙飞起来，两台涡轮发动机一同提供了差不多300万瓦特（4 000马力）的动力。

阿帕奇直升机在战场上既强大又好用，美国军队已经拥有了超过1 000架阿帕奇直升机。

万维网

罗伯特·卡里奥（Robert Cailliau，1947—　）
蒂姆·伯纳斯-李（Tim Berners-Lee，1955—　）

今天，万维网仍在持续地改变着我们的社会。

电子数字积分计算机（ENIAC）——第一台数字计算机（1946 年），阿帕网（1969 年），域名服务系统（DNS）（1984 年）

1990 年

因特网出现于 20 世纪 80 年代中期，从那时起人们就一直在使用它。连接到因特网的主机的数量在 1987 年大约有 10 000 台。然而，那时的因特网用户几乎都隶属于能够提供主机的学校、公司或研究机构，公众没有办法使用因特网。

当时，人们使用多种因特网工具相互传递信息，电子邮件（E-mail）和文件传输协议（FTP）是最常见的两种。一个人可以将文件上传到 FTP 服务器，然后发邮件通知其他人下载。人们可以通过远程登录（Telnet）连接到距离很远的计算机上。因特网很管用，就是技术性有些太强了，还有点烦琐。

到了 1990 年，当英国计算机科学家蒂姆·伯纳斯-李和比利时计算机科学家罗伯特·卡里奥为“万维网”（World Wide Web）提出了“超文本计划”（hypertext project）的时候，一切都开始发生改变。万维网由此诞生，并使作为信息传递工具的因特网变得异常好用。一方面万维网是如此简单，另一方面它又是如此强大。因此，万维网改变了许多事情，包括商品的售卖方式、报纸和信息的递送方式、人们受教育的方式和人们交流的方式。同时，它创造了完全公平的竞争环境：突然间，任何人都可以向数以百万计的人发布信息。

支撑万维网运行的是四大核心理念：（1）网络服务器——支持用户访问网页；（2）网页浏览器——从服务器中收集和整理网页，使用户可以浏览网页；（3）超文本标记语言（HTML）——允许用户生成网页；（4）超文本传输协议（HTTP）——允许信息在服务器和浏览器之间传递。万维网的构建只需一台服务器，一个具有超文本标记语言的网页，外加一个浏览器。万维网如燎原之火一般传播开来，原因在于工程师使接入因特网变得非常非常简单。

195

哈勃太空望远镜

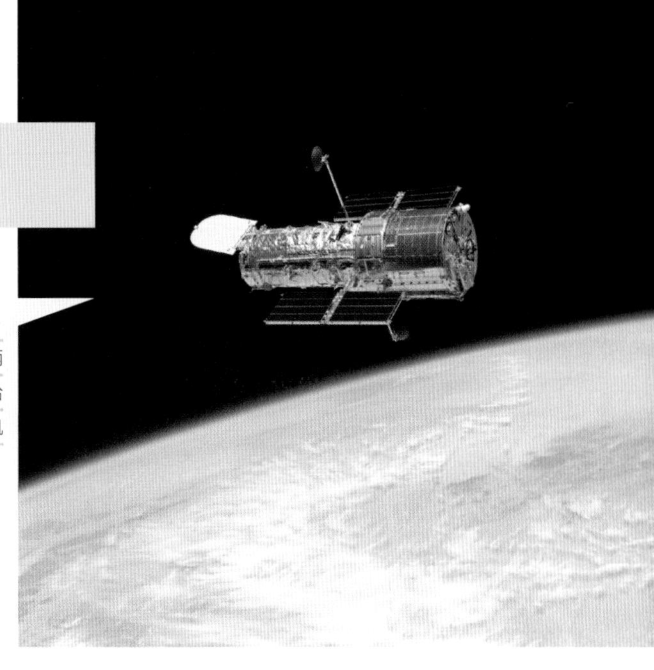

2009 年 5 月 19 日，亚特兰蒂斯号（Atlantis）航天飞机上 STS-152 团队的一名成员，在两个航天器持续相对分离的时候拍摄了这张哈勃太空望远镜的静态图片。此前，航天飞机和望远镜已经连接在一起超过了一个星期。

胡克望远镜（1917 年），人造卫星（1957 年），锂离子电池（1991 年）

1990 年

怎样才能建造一架不受地球大气影响的望远镜呢？想要这么做的主要原因是地球周围的空气会阻碍对某些频率的光的观测。另一个原因是，大气会因为风和温度的影响发生改变，这种改变将使通过其中的光线发生扭曲，造成夜空中星星的闪烁。因此，最好是有一架不受光污染的影响并且能够 24 小时进行观测的望远镜。

解决这些问题最简单的办法是把望远镜送入太空。这件事听起来容易做起来难，然而，最终它成为了一个巨大的工程项目。

第一个要解决的是镜子的问题。天文学家希望镜子越大越好，但由于运载工具限制了尺寸和重量，镜子的大小是有限的。工程师选择了一块直径 94 英寸（2.4 米）、形状被精确磨制过的镜子，它比胡克望远镜的主镜稍小一点。哈勃望远镜采用卡塞格林式设计（Cassegrain）：主镜将接收到的光线反射到稍小一些的副镜上，副镜再将光线反射回来，通过主镜中央的圆洞射入哈勃的照相机。使用不同的照相机可以看见红外线、紫外线和可见光。

像其他的卫星一样，为了飞入太空，工程师需要对望远镜进行打包处理。望远镜的电力系统由太阳能电池板和电池组组成；通信系统由天线和无线电系统组成；指向系统由速率陀螺（rate gyros）和推进器组成——这对于望远镜长时间精确指向目标尤为重要。

美国航空航天局的哈勃太空望远镜于 1990 年发射。安装完毕后，望远镜各部分的运转出奇地好。例如，为了拍摄著名的哈勃深空图，望远镜精确地聚焦于宇宙空间中的一个小天区超过 100 小时。哈勃深空图是令人难以置信的，因为它首次向我们展示了在一块极其微小的天区中我们能够看到的星系的数量——数千个。

锂离子电池

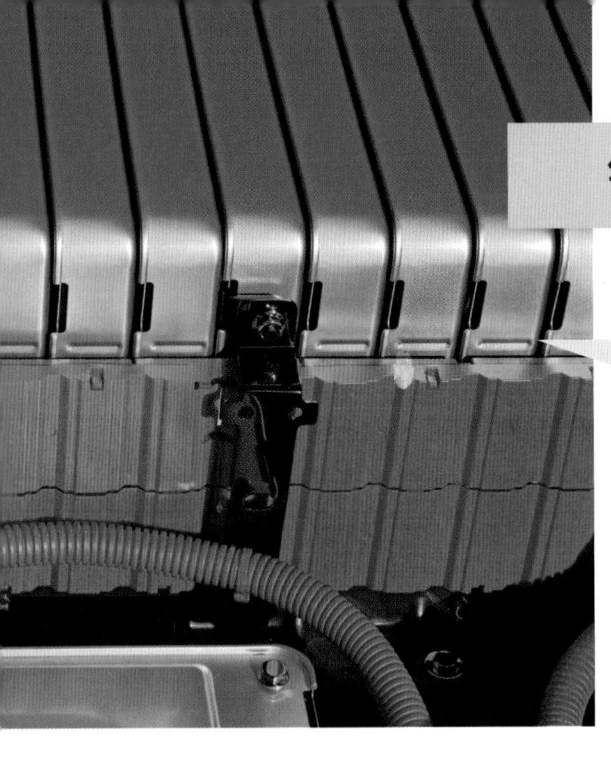

电动汽车上排成一排的电池。

电报系统（1837 年），莱特兄弟的飞机（1903 年），电子数字积分计算机（ENIAC）——第一台数字计算机（1946 年），波音 747 大型喷气式客机（1968 年），普锐斯混合动力汽车（1997 年），智能手机（2007 年）

1991 年

每个人都想要更好的电池。拥有一部充电不到一分钟就能够使用一个月的智能手机难道不是一件非常棒的事情吗？拥有一辆充电几分钟就能跑 1 000 英里（1 600 千米）的汽车难道不是一件非常棒的事情吗？拥有一块充电一小时就能够在停电时给整栋房子供电一两天，但尺寸只有一条面包大小的电池难道不是一件非常棒的事情吗？如果你还是不以为然，那么一架一次充电就能够环球飞行的电动飞机怎么样？这样的电池想想是容易的，但我们真的能做得出来吗？

当我们想到电池的时候，通常脑海中浮现出来的是一个充满了化学制剂的容器，容器中的化学反应可以产生电能。一次性电池里的化学反应只能发生一次；对于可充电电池，反应是可逆的。

科学家和工程师已经试验了多种不同的化学材料用于制造电池：第一种获得广泛成功的化学电池是“乌鸦脚”[1]，或者叫作重力电池（gravity battery）。它使用铜电极、锌电极和结晶硫酸铜的水溶液。这种电池从 19 世纪 60 年代开始为早期的电报网供电；差不多同一时代，铅酸蓄电池（lead-acid battery）第一次出现。时至今日，几乎每辆汽车都还在使用这种化学电池；接下来出现的是镍镉电池（nickel-cadmium）、镍氢电池（nickel-metal hydride）和锂离子电池（lithium ion）。从能量密度的角度讲，锂离子电池具有现今最好的电池制造工艺。

1991 年，索尼和旭化成公司（Asahi Kasei）开始进行锂离子电池的商业化生产。从电池的能量-质量比和能量-尺寸比两方面看，今天的锂离子电池的性能只是铅酸蓄电池的三倍。为了解决这方面的问题，科学家和工程师已经从事了一个世纪的研究工作，但和其他技术相比，可以看见的成果寥寥无几。如果你把波音 747 和莱特兄弟的飞机比较，或是将电子数字积分计算机（ENIAC）和智能手机内部的计算机比较，你会发现其他工程项目中的进步更加显著。

1 指铜锌电池的样子。——译者注

生物圈二号

约翰 · P. 艾伦（John P. Allen，1929— ）

位于美国亚利桑那州（Arizona）的生物圈二号的图书馆和居住区。

给水处理（1854 年），现代污水处理系统（1859 年），滴灌（1964 年），国际空间站（1998 年），火星殖民（约 2030 年）

1991 年

设想一下，如果要在月球或火星上建立长期的能够自给自足的殖民地，我们该怎么办？或是使用当前的技术制造一艘宇宙飞船，花费许多年的时间飞到另一颗星球上。为了实现这些目标，我们需要设计一种密闭的能够自给自足的“生物圈”——一个大到可供人类生活的封闭玻璃容器。它将包含人类所需的食物、水和氧气，并能循环利用所有的废物。而且整个循环系统要能够稳定地运行多年而不出现重大故障——否则里面的人就活不成了。

这样的自给自足的生物圈可以实现吗？约翰 · P. 艾伦真的建造了一个完整的生物圈，并运行了两年，这曾是世界上最吸引人的实验之一。这个大型的科研项目被称为“生物圈二号”，由亚利桑那大学和太空生物圈企业（Space Biosphere Ventures）共同管理，于 1991 年开始了为期两年的运行。

在生物圈二号的建造过程中，最先建造的是一个占地 3.15 英亩（12 747.60 平方米）的玻璃密封舱，高度足以容纳一个小型的热带雨林。建筑外形很像一艘太空船，钢制船体埋于地下，可见的是上方的巨大玻璃结构。建筑内部设有特殊的系统处理空气和水的问题。

我们从这项实验中学到了很多东西，并把它们运用到了现实生活中。例如，受季节和时间的影响，二氧化碳的含量会有很大的波动。白天植物会吸收二氧化碳，但到了夜间二氧化碳的含量会上升。有时候二氧化碳含量变得非常高，工作人员不得不种植植物来固碳。

八名工作人员在第一年没能种出足够的食物，因此每个人都瘦了，但在这个过程中他们都变得更加健康了。

氧含量成为了最大的问题，因为氧气从空气中神秘地消失了。后经证实这是由于混凝土和二氧化碳的反应引起的，这种反应会让氧离开生物圈的循环。最终，为了工作人员的安全，需要向生物圈二号中补充新鲜的氧气。

节水坐便器

1992 年，美国将坐便器每次冲水的标准从 3.5 加仑（约 13 升）调整到了 1.6 加仑（约 6 升）。

庞贝古城（公元 79 年），塑料（1856 年），现代污水处理系统（1859 年）

1992 年

想一想你在一座典型的房屋里，能看到的最普通的坐便器。它是一种廉价的设备，使用重力作为唯一的动力源，非常可靠，十分坚固，易于维修，维修的价格也很低廉。坐便器解决了一个巨大的卫生问题。

每次使用室内坐便器你都会按下冲杆，通过连接的链条打开水箱底部的一个橡胶阀门。这个阀门价值 4 美元，大约需要五年更换一次。阀门打开后，水箱内的水会在几秒钟内全部冲入便池。

由于便池和下水管的特殊形状，涌入的水流会产生虹吸效应，虹吸效应可以有效地冲走便池中的一切。

同时，当水箱中的水流尽之后，铰链阀会关闭水箱底部的开口。在浮力阀的作用下，水箱和便池会重新充水。当水箱充满水时，浮力阀会自动切断水流，这时坐便器就可以再次使用了。

想象一下能够替代坐便器的方案：你可以使用户外卫生间，或是在室内使用一个木桶，然后把排泄物倒入后院用作堆肥。从环保意义上讲，这并不是最糟糕的想法，如果你有一个后院并且还有耐心的话。但在繁华的都市中，不会有人选择这两种替代方案，冲水坐便器是工程师带给全社会主要的便利之一。

1992 年，美国通过了一项有趣的转变。旧的标准规定坐便器一次冲水量是 3.5 加仑（13.2 升），为了减少水资源的浪费，美国强行把这一标准改为了 1.6 加仑（6.1 升）。为了用少得多的水量完成冲厕并不造成堵塞，工程师不得不重新设计了便池的形状和冲水的方式。他们成功地应对了挑战。如今，这一小小的改变每天会为美国节约数十亿加仑的水。■

雨水处理系统

位于日本的地下雨水处理系统十分巨大。

混凝土（公元前 1440 年），沥青（公元前 625 年），庞贝古城（公元 79 年），巴斯县抽水储能（1985 年），威尼斯防洪系统（2016 年）

想一想在城市或市郊发展的过程中土地会发生哪些变化？在人类到来之前，土地被森林所覆盖并能吸收大部分的雨水。在诸如落叶层、松散的土壤、被浸湿的土地等这些地方，大量的雨水会被吸收，余下流走的部分是很少的。小溪和河流可以轻松处理这些雨水径流。

为了建造城市，开发商会砍倒树木，建起高楼、停车场、人行道和马路。所有这些路面都是由渗透性很差的材料——如沥青和混凝土——建造的。当雨水落在这样的路面上时，既不会被吸收也不会减速，而是会立即流走。

在一座拥挤的都市中，随处可见这样的路面，一场暴雨将带来灾难性的后果。假设一座城市的面积是 100 平方英里（260 平方千米），全部被渗透性差的路面所覆盖，则 1 英寸（2.54 厘米）降水量就会产生总计 401 448 960 000 立方英寸（6 578 558.976 立方米）的雨水，也就是 17 亿加仑（66 亿升）的水量。如果工程师对此置之不理，这些雨水会在一两个小时内全部冲入附近的河流。如果是一场飓风，降水量达到了 6 英寸（15 厘米），则最后流入河流中的水量将是 100 亿加仑（380 亿升），河流是无论如何也承受不了这么多雨水灌入的。

因此，在大部分城市或郊区的发展过程中，雨水处理系统已经成为了市建工程的主要方面之一。例如，每一小块土地、购物中心和商场通常都会有一个蓄水池，储存从屋顶和停车场流入的雨水，然后这些雨水会慢慢地流入附近的河流，或是被土地吸收。这种方法就是在模仿被森林覆盖的土地对于雨水的处理方式。

城市同样有雨水处理系统，但通常是位于地下的巨大的储水池。日本埼玉县的储水池建于 1992 年，有 225 英尺宽（78 米），580 英尺（117 米）长，83 英尺（25 米）高。

如果没有雨水处理系统，洪水泛滥将会是一个巨大的问题；有了雨水处理系统，人们可以更好地应对洪水。

凯克望远镜

杰里 · 尼尔森（Jerry Nelson，1944— ）

坐落于夏威夷莫纳克亚山（Mauna Kea）山顶的凯克望远镜。

胡克望远镜（1917 年），哈勃太空望远镜（1990 年）

1993 年

曾有 30 年的时间，直径 100 英寸（2.5 米）的胡克望远镜是世界上最大的望远镜，直到位于帕洛玛山（Mt. Palomar）的直径 200 英寸（5 米）的海尔（Hale）望远镜超过了它。海尔望远镜作为世界之最的时间接近 60 年，直到 1993 年，被当年开始观测的凯克望远镜所超过。为了使凯克望远镜的直径超越海尔望远镜，工程师需要完全重新设计凯克的主镜。海尔望远镜的问题在于它的主镜是由一整块玻璃制造的，尽管主镜的背面被做成了蜂窝形状以减轻质量，但整个镜子还是既大又沉，还有不确定性。要使用单块玻璃制造更大的主镜几乎是不可能的。

工程师怎样制造更大、镜面弧度更精确的镜子呢？凯克望远镜的解决方法是：使用 36 块六边形的小镜子拼接成一个直径 400 英寸（10 米）的巨大主镜，这是由天体物理学家杰里 · 尼尔森设计的。并且每块六边形的镜子都可以在一秒钟内在纳米量级上多次改变镜面的曲率，目的是为了实现一种称为主动光学的技术。重力、温度和镜子的运动都会造成镜面形状的改变，主动光学的目的就是要修正这些因素造成的镜面形变。位于每块小镜子背后的机械装置负责改变它们的形状。

这套主动改变镜面的系统不仅可以将镜面曲率调节得十分精确，还附带了一套能够处理望远镜上大气变化的自适应系统。自适应系统通过观测亮星的闪烁来调节镜面，以消除闪烁带来的影响。如果在视场中没有亮星，它也可以通过使用激光在高空大气制造人造星象来解决同样的问题。

第二架凯克望远镜建成于 1996 年，和第一架几乎一模一样。两架望远镜可以独立地工作，也可以通过光的干涉组合起来等效于一架口径更大的望远镜。这样组合时凯克望远镜的威力更加强大，同时它也被用作建造更大的望远镜的参考模板。

201

毁灭战士引擎

约翰 · D. 卡马克（John D. Carmack，1970— ）

两个小孩正在使用索尼生产的游戏机玩《毁灭战士》。

一级方程式赛车（1938 年），晶体管（1947 年），三维眼镜（1952 年），《玩具总动员》（1995 年）

1972 年，游戏《乒乓球》（*Pong*）问世，人们第一次可以在公共场所观看和体验一款电子游戏。《宇宙入侵者》（*Space Invaders*）于 1978 年问世，紧随其后，《吃豆豆》（*Pac Man*）于 1980 年问世。以今天的标准判断，所有这些游戏都太过简单了：图像是二维的，色彩也十分单调。

但在 1993 年，随着一款名叫《毁灭战士》（*Doom*）的电子游戏的发布，一切都发生了显著的改变。《毁灭战士》是第一款第一人称射击（FPS）游戏，数百万人被它极具真实感的三维（3D）画面所吸引。约翰 · 卡马克的“毁灭战士引擎”——第一款 3D 游戏引擎——产生了巨大的影响。自此之后，电子游戏的发展日新月异：现实感更强，细节更丰富，速度更快，还有超大的、供玩家探索的游戏世界。

从工程学的角度来说，上述发展得益于更快的中央处理器（CPU）和能够加速 3D 渲染的图形处理器（GPU）。第一代图形处理器于 1999 年被开发出来，从那以后 GPU 展现出了巨大的威力。

GPU 的核心是“着色器”——一些操纵顶点（vertexes）和像素（pixels）的小程序。GPU 的性能取决于能同时运行着色器的内核的数量、时钟频率、可用内存及内存带宽。1999 年台式机的 GPU 使用 2 000 万个晶体管支持一个顶点着色器的内核，如今则有数十亿个晶体管支持几千个内核，以及千兆字节（GB）量级的内存。

一些工程学科的共同努力使上述发展成为了可能。芯片制造业的工程师提高了晶体管的数量；利用这些晶体管，GPU 公司的硬件工程师从根本上提升了芯片的性能；为了使 GPU 的接入更加容易，软件工程师编写了开放图形库等规范，游戏开发商使用这些规范来开发游戏。

GPU 强大的性能产生了变革性的影响。人们已经很难区分赛车游戏中的世界与真实世界的差别了，第一人称射击游戏所构建的游戏世界既宏大又逼真。工程师正在创造“人工现实”。

1993 年

英吉利海峡海底隧道

隧道掘进机：用于挖开岩石建造隧道。

隧道掘进机（1845 年），莱特兄弟的飞机（1903 年），激光（1917 年），金索勒栈桥（1920 年）

在英吉利海峡海底隧道（Channel Tunnel）正式通车的 1994 年之前，从英国到法国只能选择轮船。20 世纪之后，还可以选择乘坐飞机，但飞机并不比轮船好到哪里去。工程师也可以选择建造一座桥梁，但跨度如此之长的桥梁人类也许还建造不出来。

因此工程师选择修建一条隧道，一条世界上最长的海底隧道，长达 31 英里（50 千米）。并且隧道还不止一条，实际上一共修建了三条隧道：两侧的两条通火车的隧道用于定向运输，中间的一条隧道用于提供后勤服务。

建造隧道的设想最早由法国的采矿工程师阿尔伯特 · 马蒂厄（Albert Mathieu）于 1899 年提出，但直到 1964 年详细的地质勘探才完成。同年，工程也正式启动了。由于有政府的财政拨款，工程师选择在白垩层进行挖掘，虽然坚硬但相对来说更易于挖掘。他们使用隧道镗孔机从提供后勤服务的隧道开始施工。因为该隧道更小一些，直径只有 16 英尺（4.8 米），而另外两个隧道的直径有 25 英尺（7.6 米）。

为了提高挖掘的速度，两台隧道镗铣机分别从隧道两端同时开工，向中间掘进。这带来了两个显而易见的问题：工程师怎样保证它们是在一条直线上相互掘进的？两台隧道掘进机汇合时会发生什么？第一个问题十分复杂。由于地形的缘故，隧道的方向在水平和竖直上都会发生改变，主要的解决方法仍是进行传统的测量。隧道掘进机也会使用由激光控制的导向系统。一个大型激光器被固定在已经开挖好的隧道的地面上，并且瞄准隧道掘进机背面的目标靶。利用这个方法，隧道掘进机可以保证掘进的路径在一条直线上。挖掘一段时间后，激光器也会在隧道内跟进。

为了避免两台隧道掘进机相撞，当它们抵达隧道的中间点时，从英国一侧开挖的隧道掘进机会向下方掘进，这会使它们避开彼此。法国一方的隧道掘进机提前完成了任务，然后它们被拆除了。

杰出的工程学解决了运输方面的一个大难题。这条海底隧道的年吞吐量大约为 2 000 万人和 2 000 万吨货物。

数码相机

一位女士在电脑前观看由苹果公司的"快拍 100"相机拍摄的金门大桥的图片。

液晶屏幕（1970 年），微处理器（1971 年），闪存（1980 年），智能手机（2007 年）

传统的使用胶卷的照相机构造非常简单。一台针孔照相机就是一个密封的盒子加上盒内的一卷胶卷，盒子上还有一个用于成像的通光小孔。

而一台数码相机，则是电子工程学、计算机工程学和软件工程学三者结合的产物。

世界上第一台民用数码相机也许就是苹果公司于 1994 年发布的"快拍"（QuickTake），这可能也是工程师可以以合理定价生产"快拍"的第一年。用今天的眼光看，"快拍"的构造非常简单。但它具有数码相机的一切要素：一个电耦合元件（CCD）传感器，用于记录彩色照片；一个内置微处理器，用于从传感器中读取照片，并把它存到闪存中。那时微处理器在市场上才出现不久。"快拍"拍摄的彩色照片像素为 640×480，闪存中可以存储八张这样的照片。相机中的计算机可以运行一个小型的液晶显示屏（LCD），还可以管理用于读取照片的一系列接口。

在 1994 年的晚些时候，以 CF 卡（Compact Flash）为标志，数码相机记忆卡的概念开始出现。到了 1999 年，随着尺寸上小得多的 SD 卡（Secure Digital）的出现，记忆卡真正开始流行了起来。

数码相机的关键要素是图像传感器、CCD 传感器或 CMOS（互补金属氧化物半导体元件）传感器，传感器上的每个像元都可以测量光强。有两套捕捉色彩信息的系统：在单传感器的像元上镶嵌拜耳滤镜（一种只含红绿蓝三色的马赛克滤镜）是一种更为便宜也因此更受青睐的方法，每个像元上的马赛克块的颜色是红色、绿色或蓝色。内置计算机通过插值的方式得到图像上每个像素的红绿蓝三色数值；另一种方法是将透过镜头的入射光分为三束，分别穿过一个绿色滤镜、一个红色滤镜和一个蓝色滤镜。三束光分别射入三个分离的传感器，同时计算机会得到它们的红绿蓝三色数值。

从数码相机出现至今，工程师已经大幅度地提高了相机各部分的性能。如今，图像传感器的像素达到了百万级；存储卡的容量要以千兆字节（GB）来衡量；内置计算机和软件也可以实现惊人的功能。

白色的 iPhone 5 手机，其屏幕上是谷歌地图的应用程序。

全球定位系统（GPS）

伊凡 · A. 格廷（Ivan A. Getting，1912—2003）
罗格 · L. 伊斯顿（Roger L. Easton，1912—2014）
布拉德福德 · 帕金森（Bradford Parkinson，1935— ）

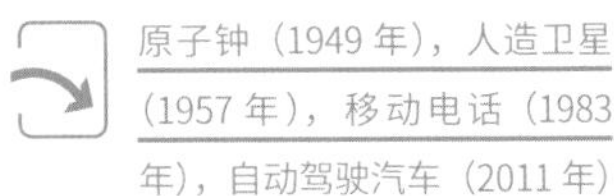
原子钟（1949 年），人造卫星（1957 年），移动电话（1983 年），自动驾驶汽车（2011 年）

1994 年

从事全球定位系统（GPS）研究工作的工程师们正在做着一些不可思议的事情，他们正在创造一种地球上任何人都能够获得的“新感官”。人类具备一些常规的感官：视觉、听觉、嗅觉、味觉和触觉。但我们并没有感知方向的能力，特别是在黑夜、辽阔的海洋和坏天气（多云、大雾和降雨会使地标变得模糊不清）中。

GPS 的工程师想要改变这一切。这个团队包括伊凡 · A. 格廷、罗格 · L. 伊斯顿和布拉德福德 · 帕金森，他们都供职于美国国防部（Department of Defense）。截至 1994 年，他们制造出了一套能够覆盖全球、反应迅速并且十分精确的定位系统。使用这套定位系统，任何人在任何时间、任何地点，都可以确定他们在地球上的位置，定位精度约为 30 英尺（10 米）。

该系统中最为标新立异的部分之一是花费了价值约 120 亿美元的 24 颗卫星，资金来自于美国军方，卫星于 1989—1994 年陆续上天。另一个大胆创新的部分是定位技术。每颗 GPS 系统中的卫星都配备了两个可以自动运行数年的原子钟，这些原子钟是非常精密的设备。在此基础上，工程师开发出了定位技术。一个 GPS 接收机需要同时接收到至少四颗卫星精确的轨道位置信息，并确定它们到接收机的距离。根据卫星的距离和位置信息，接收机可以通过三角函数的方法计算出其所在地的位置和海拔。根据卫星上的原子钟，还可以精确地确定时间，而不用自身也携带一个原子钟。

当廉价的民用 GPS 接收机和廉价的、口袋大小的手机结合起来的时候，我们就像是生活在未来一样。这样的一对组合，你值得拥有。

关西国际机场

日本关西国际机场远眺。

比萨斜塔（1372 年），棕榈岛（2006 年），抗地震建筑（2009 年）

日本一座拥挤不堪的城市需要一个新的机场，问题是城市中并没有足够的空间用来建机场。要解决这个问题，一种办法是像华盛顿特区附近的杜勒斯（Dulles）机场那样，把机场建在几英里外的乡间。这种解决方法所带来的问题是不方便。

所以日本的工程师选择了一条完全不同的途径。没有可用的陆地，他们便决定建造自己的陆地——位于大阪湾的一座巨大的人工岛。

站上这座岛，你很难相信它是人造的。它非常巨大，总面积有三个曼哈顿中央公园那么大。为了减少噪声，人工岛被建在离岸 2 英里（3 千米）远的地方。

在以地震闻名的环太平洋火山带上，工程师要如何建造这样一座人工岛呢？他们首先建起一道环岛的防浪堤，然后在海床中打入混凝土桩以稳定人工岛，之后开始向其中填入取自周围山上的泥土。水深有 100 英尺（30 米），这意味着他们需要填充的体积达到了 27 000 000 立方码（23 000 000 立方米）。用作填充的泥土均由驳船运输，整个填充过程花费了数年时间。

故事到这里还没结束。工程师还建造了一座世界上最长的候机大厅、一个铁路系统和一座令人印象深刻的连接人工岛和陆地的大桥，桥上既有公路也有铁轨。沉降，是工程师需要解决的最有趣的问题之一。人工岛一定会沉降，那么在其上如何建造一个长度超乎想象的建筑，并且保持建造是水平的呢？工程师选择在每个廊柱下方放置一个液压缸，液压缸可以不同程度地、精准地抬高廊柱。

关西国际机场于 1994 年 9 月 4 日开放。这是一项大胆的工程，其设计者具备洞见、缓解和解决他们的大胆带来的许许多多问题的能力，体现了现代工程学的迷人之处。

《玩具总动员》

206

《玩具总动员》（*Toy Story*）体现了一批重大的软件工程创新。

三维眼镜（1952 年），虚拟现实（1985 年），毁灭战士引擎（1993 年）

1995 年

对于供职于电影工业的工程师们来说，1995 年是令人印象深刻的一年。电影《勇敢者的游戏》（*Jumanji*）中最具特色的是一群奔跑在城镇中的动物，而这些动物都是由计算机合成的；电影《鬼马小精灵》（*Casper*）中有世界上第一个计算机合成的主角；电影《小猪宝贝》（*Babe*）将计算机合成技术完美地应用在了片中动物们的嘴部，使它们看起来就像是能够说话一样。

在这三部影片之后，世界上第一部完全由计算机合成的动画长片——《玩具总动员》——上映了。在影片中看到的每一个形象、所有的角色、所有的布景、所有的道具、所有的景色，都是由 3D 艺术家和动画师用计算机软件制作出来的。

这是皮克斯（Pixar）的第一部动画长片，影片的制作团队包括数百人，团队中的主角是软件工程师、网络工程师和硬件工程师。软件工程师负责编写代码，这些代码使动画师制作影片成为了可能。硬件工程师和网络工程师负责建立服务器群和存储系统，并使用这些系统逐帧地渲染影片，再把结果汇总。

制作一部这样的电影所需计算机的总运算能力是惊人的。以《怪兽电力公司》（*Monsters Inc.*）为例，片中一位主角的全身都覆盖着毛皮，这些毛皮的运动需要使用软件一帧一帧地计算。即使对于简单得多的《玩具总动员》来说，影片的一帧也有 300 兆字节大小，并且需要计算机运算几个小时。

要怎样制作《玩具总动员》这类影片呢？制作过程中的一部分是使用 PhotoRealistic（PR）RenderMan 软件渲染器制作角色，PR RenderMan 是皮克斯制作的用来渲染 3D 动画电影的一个程序。像伍迪（Woody）或者巴斯光年（Buzz Lightyear）这样的角色是有骨骼的，骨骼的每一块上都有用来精确控制运动的滑动触点，他们的面部也有数十个滑动触点用来控制嘴唇、眼睛和眉毛。动画师通过操作每一帧上的滑动触点，使角色以正确的方式运动，这样不同的角色和物体就呈现在了数字荧幕上。虚拟光源和虚拟摄像头使导演可以完全地掌控影片。

工程师创造了虚构的世界与虚构的人物，制片人把这些精彩的故事带给了我们。

艾瑞欧原子车

尼基·斯玛特（Niki Smart，1973— ）

艾瑞欧原子车是一台优雅的机器——不仅外观美丽而且设计高效。

内燃机（1908 年），一级方程式赛车（1938 年），防抱死制动（1971 年），布加迪·威航（2005 年）

1996 年

在电视节目《英国疯狂汽车秀》（*Top Gear*）中，主持人杰里米·克拉克森（Jeremy Clarkson）这样描述艾瑞欧原子车："我想，这是世界上最美的汽车之一，部分因为它的优雅，部分因为它是工程学上一件如此美妙的作品。"为什么它是一件美妙的作品？"工程学上美妙的作品"有什么含义？这个词意味着金属部件和塑料部件的完美结合，漂亮地完成了各自的使命；意味着整体远超各部分的简单加和；意味着一种极简主义——尽可能高效地完成目标；意味着一种以其创造性和高雅复杂而使人们吃惊的装配方式。对于艾瑞欧原子车（Ariel Atom）来说，它意味着这一切。

艾瑞欧原子车由 TMI 汽车技术公司制造，最初的设计来自于一名叫作尼基·斯玛特（Niki Smart）的英国设计专业学生。原子车的核心理念是：做一辆简单至极的汽车。原子车裸露的钢骨构架不仅是连接所有组件的核心，还连接着后轮，并为驾驶员提供保护。这种多点连接的设计使一部分工程师感到异常兴奋。当你看到一辆一级方程式赛车，并意识到它的发动机组不仅是发动机元件而且是连接后轮与其他部位的构架的结构性承重部件时，你也会感受到这种兴奋。这和你看见一把莱瑟曼（Leatherman）工具的刀柄展开变成了钳子的手柄时的感受是一样的。

艾瑞欧原子车以其富于美感的裸露钢骨构架为傲，构架连接着汽车的所有部位：发动机、传动装置、差速器、悬吊系统、轮胎、转向器、制动器、油箱、座位和控制系统，因此艾瑞欧仅重 1 100 磅（500 千克）。它在路面上的表现击败了几乎所有的跑车，因为它出色地完成了其唯一的目标：飞速行驶并且完美地遵从驾驶员的命令。

高清电视

现代高清电视的音频/视频输入连接面板。

彩色电视（1939 年），有线电视（1948 年），家用录像带（1976 年）

1996 年

1964 年东京奥运会之后，为了更好地和所谓的“五种人类的感官”这一理念结合，日本广播公司（NHK）开始研究一种更好的电视信号传输方法。这是一个长期过程的开端，最终导致了模拟传输向数字传输的转变。在美国，高清电视出现之前的电视台播送的是模拟信号，并使用美国国家电视系统委员会（NTSC）的标准确定信号的类别。只要大家（电视台和制造商）都遵守同一套标准，那么每台电视机都可以解码电视台的信号，用户也能够接收每家电视台的信号。联邦通信委员会（FCC）为每家电视台都分配了标准频率，对此大家都很满意。

有线电视使用电缆在 FCC 标准频率下传输 NTSC 信号，每个人都可以把他的电视机连入任何一个有线系统以接收信号。录像机可以记录 NTSC 信号并回放它们，通常在电视机的 3 频道或 4 频道，在这两个频道还可以连入电子游戏机。这些技术标准构建了一个巨大的经济生态，包括数十亿台电视机和其他设备、数千个广播公司和有线系统。可以这样讲，事物普遍地联系在了一起。

为了获得高分辨率的图像，所有这一切都需要改变。NTSC 模拟信号标准将被抛弃，取而代之的是压缩数字信号，后者的分辨率是前者的十倍。自 1996 年起，电视台和有线系统开始发送更优质的信号。每个用户都需要购买新的高清电视，并使用高清数据线把它们连接到高清设备上。新设备（分线盒、蓝光播放器、电子游戏机等）全部使用高清多媒体接口。

世界上从来没有发生过这样的转变。2009 年 6 月 12 日是个特殊的日子：美国所有的模拟信号广播都在这一天终止了。工程师刚刚完成这项转变，人们就欣然地接受了它，因为他们的电视机可以获得十倍于之前的图像分辨率。这说明当人人都从一个新的标准中获益时，构建这个标准的工程师们自然会取得巨大的成就。

普锐斯混合动力汽车

2012 年布鲁塞尔车展（Brussels Motor Show）上一辆丰田普锐斯插入式混合动力汽车的细节。

空调（1902 年），内燃机（1908 年），锂离子电池（1991 年），自动驾驶汽车（2011 年）

1997 年

20 世纪 90 年代出现了降低汽车尾气排放的呼声。对此，一种解决方式是用纯电动车代替汽油发动机，但技术上并不成熟。电动汽车的电池太过昂贵，容量不能满足要求，充电时间也相当长。因此工程师们试图寻找一种提高电动车效率的方法，从而切实地提高电动车的可行驶里程。丰田汽车公司生产的普锐斯（Prius）汽车于 1997 年问世，它是世界上第一种主流的混合动力汽车，大小与普通轿车相当，通过使用混合动力系统显著降低了油耗。目前，普锐斯的销量已经达到了数百万台。

混合动力汽车拥有不止一种的动力源。就普锐斯来说，它有一个常规的汽油发动机和一个电动机，外加一个电池组。三项卓越的关键性技术设计提高了普锐斯的可行驶里程数：首先，大多数汽车都有一个巨大的发动机，而在大多数情况下它们并不需要这么大的发动机。当汽车行驶在高速公路上时，它只需要发动机产生能量的一部分。只有在加速的时候，汽车才需要很大的发动机，而这种时候是很少的。如果在加速的时候可以有一个电动机起到辅助作用，那么汽油发动机就可以变得小型轻便了；其次，低速状态下频繁的刹车与起步和空转都会浪费汽油。如果这些情况都由电动机来处理，发动机也许根本就不需要运转，同时电力还可以供给像空调这样的辅助设备；最后，汽车刹车时，电动机可以作为发电机给电池组充电。这三项设计的综合运用使普锐斯油耗显著降低，尤其是在市区内驾驶的时候。

在普锐斯变得流行并具有一定影响力之后，工程师设计了其他的混合动力汽车。一方面，电动机和电池组供给空调这样的辅助设备，并且负责汽油发动机的启动，这样发动机就再也不用空转了；另一方面，插入式混合动力车夜间可以在车库进行充电，这样它可以用纯电力跑 20 ～ 40 英里（32 ～ 64 千米）。

混合动力车市场很好地说明了可以应用工程创新来创造效益。

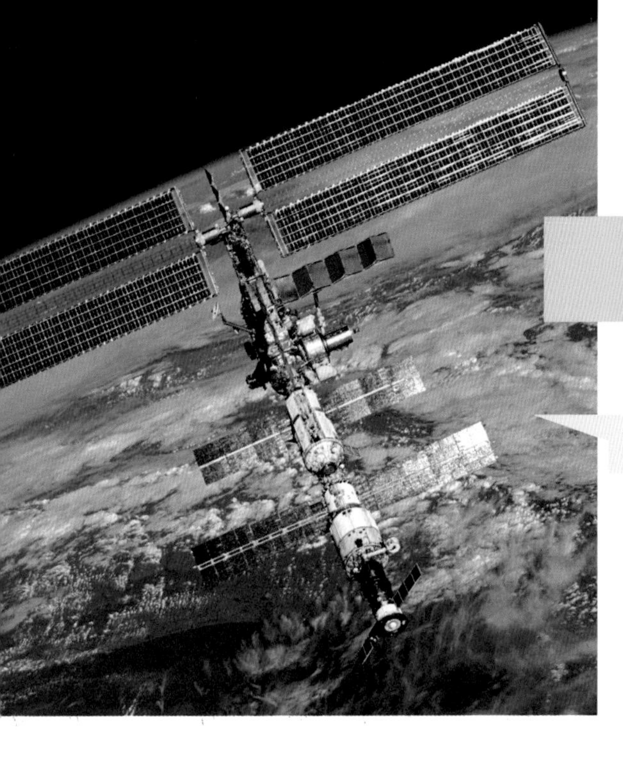

国际空间站

国际空间站，拍摄于 2001 年 8 月 20 日。

登月（1969 年），航天飞机轨道器（1981 年），生物圈二号（1991 年），火星殖民（约 2030 年）

宇宙空间是人类所能想象到的最为神秘、最为荒凉的环境。设想一下，如果要在宇宙空间中为人类建造一所前哨站，工程师要从哪里开始着手呢？设计和建造国际空间站（ISS）是一个循序渐进的过程。最开始也许会由机械和建筑工程师们制造一些密封舱室，其内部的气压可以稳定在适合宇航员的水平。这些舱室还需要为宇航员提供大气环境，氮气和氧气可以通过高压容器运输到空间站，氧气也可以通过电解的方式或氧烛（一种可以提供氧气的化学氧源，因外形酷似蜡烛而得名）得到。

接下来是对温度的控制。当国际空间站漂浮在真空环境中时，它就像一个巨大的保温瓶，因此需要特殊的散热系统来降温。

为了使宇航员能够进入舱室，工程师需要设计一种门，对于接近中的宇宙飞船来说它是一条密封通道，对于外太空来说它是一道气锁。

宇航员进入空间站之后，一些事情就会变得重要起来。空间站需要通过某种方式去除宇航员呼出的二氧化碳和湿气，还需要一个氧气补给系统，以及一个处理液态和固态的排泄物的卫生间。要知道，在微重力环境下没有什么工作是容易的。此外，照明和电力也是必备的。对于处在近地轨道上的空间站来说，使用太阳能电池板是最容易的发电方式，当没有光照的时候空间站也会使用电池。

太阳能电池需要朝向太阳，空间站也需要避免翻滚，这一类问题可以由姿态控制系统解决。三轴反作用轮（也称为控制力矩陀螺）是最佳的解决方案，因为它不会像使用推进器那样消耗燃料。

国际空间站设计上的一个主要特点，是其利用多个国家的部件逐渐“成长”的能力。自 1998 年开始，超过 36 次的发射将国际空间站所有不同的部件都送入了近地轨道。最后一个部件有足球场那么大，为宇航员提供了大约 35 000 立方英尺（1 000 立方米）的空间。设想一座 2 000 平方英尺（186 平方米）的农庄式别墅，天花板有 8 英尺（2.4 米）高，总体积有 16 000 立方英尺（453 立方米）。国际空间站有这座别墅两倍大小，它为太空殖民的理想奠定了基础。

大型强子对撞机

大型强子对撞机隧道 3-4 区。

混凝土（公元前 1400 年），隧道挖掘机（1845 年），三维眼镜（1952 年），钕磁铁（1982 年）

科学家希望使两束速度接近光速的质子流相撞，以探测新的亚原子粒子。由欧洲核子研究中心（CERN）在 1998—2008 年间制造的大型强子对撞机（LHC）是迄今为止世界上最大的质子加速器。无论是在尺寸、复杂程度、花费还是技术成就方面，它都超乎人们的想象。大型强子对撞机完成了它的设计目标——它证实了希格斯玻色子的存在。它是“大科学”所能达到的极致。

对撞机坐落在一条至少 165 英尺（50 米）深的巨型地下隧道中。该隧道呈环状，于 1998 年开始挖掘，直径 17 英里（27.3 千米），内部是一条直径 12 英尺（3.6 米）的混凝土管道。这条隧道本身就是一项惊人的成就。

在隧道内部有一根钢管，钢管内部是两条更小的管道，质子在其内部高速运动。管道内部接近真空，两束逆向旋转的质子流在这种真空环境下被加速到接近光速。超过 1 200 块氦冷超导磁铁将质子流的运动束缚在环形管道内，每块磁铁都硕大无比，重达 60 000 磅（27 200 千克）。

在隧道内还有许多探测器，它们是真正的科学设备。质子流会穿过这些探测器，也会在这些探测器内部发生对撞。探测器中最大的一个叫作阿特拉斯（Atlas）[1]，它有 82 英尺（25 米）长，接近半个足球场那么大，重达 15 000 000 磅（6 800 000 千克）。对于亚原子粒子来说，它就像一个巨型的 3D 电影院。阿特拉斯的任务是追踪在质子碰撞过程中产生的粒子，其配备的照相机每秒将产生约 1 000 万亿比特（1 PB）的数据。阿特拉斯自己就能够作为一项主要的技术成果，然而它仅仅是诸多探测器中的一个。

大型强子对撞机集上述工程奇迹于一身，可以算是工程师建造过的最伟大的工程之一。

1 希腊神话中因受惩罚而用双肩擎天的巨人。——译者注

智能电网

马苏德 · 阿明（Massoud Amin，1961— ）

在智能电网中，智能电表会显示用电品质和实时的用电数据。

电网（1878 年），轻水反应堆（1946 年），伊泰普大坝（1984 年）

如果愿意，你可以建造和运转自己的电网。买一台汽油发电机，用它给你的房子提供电力，再铺设一根电线，通过它为你的邻居提供电力。如果你的发电机动力足够大，你就可以为你周围所有的邻居都提供电力。但由于传输距离的限制，你可能会需要购买一台变压器。用它将你产生的电流变到高压状态，传输到邻居那里后再用另一台变压器把电压变回去，然后你的邻居就可以使用这些电力了。

从本质上讲，这就是电网开始运转的方式。但旧式的电网中并没有数据流。128 年来，绝大多数电网的设计只是为了将电力沿一个方向传输：从大型发电机到用户。1998 年，马苏德 · 阿明创造了“智能电网”，那时他正在加利福尼亚州帕洛 · 阿尔托（Palo Alto）的电力研究中心工作。阿明建立并领导了一个大型的研究和开发项目，该项目资助 28 所美国高校和 52 家公立机构中的 108 名教授和 240 名研究人员，旨在推动电网现代化与弹性化方面的研究与发展。智能电网项目的研究目标是多方面的，既包括多源电网，也包括可变源电网、电力存储和通过大量信息流实现电力的最优化分配。

例如，用户使用太阳能板发电，并把电力回卖给电网，旧式的电网并没有这样的设计。拥有大量太阳能板的社区也许会产生过剩的电力，这时云端会访问该社区并立即将太阳能发电的输出减半。

假如电力公司根据负载的不同更改电价以促使人们在高峰期少用电，我们该怎么办？假如主要设备在用电高峰期发生自动关机，我们该怎么办？假如电网的一部分在一场暴风雨中被摧毁了，并且电网发出信号关闭了所有不重要的设备，我们该怎么办？这些问题都可以被自修复电网解决。

铱星系统

巴里 · 伯提格（Barry Bertiger，生卒年不详）
雷 · 利奥波德博士（Dr. Ray Leopold，生卒年不详）
肯 · 彼得森（Ken Peterson，生卒年不详）

加拿大努勒维特地区梅尔维尔半岛上一位正在使用铱星卫星电话的因纽特猎人。

电话（1876 年），人造卫星（1957 年），阿帕网（1969 年），移动电话（1983 年），锂离子电池（1991 年），智能手机（2007 年）

1998 年

现代移动电话通信系统的结构体现了工程学在优化事物上的天才之处。通过在相隔几英里的网格格点上设置蜂窝站，移动电话只需要装配能在一两英里的范围内传输信号的小功率发射器。小功率发射器意味着小尺寸与低能耗，也意味着移动电话可以做到你口袋的大小。

利用蜂窝网通信的方法有一个缺点：从经济学的角度看，这种方法在人烟稀少的地方是不可行的。这是由于蜂窝站造价昂贵，只有在那些用户数多到可以收回成本的地方才会建造。

铱星系统的所有者，位于弗吉尼亚的铱星公司（Iridium Communities Inc.）提出了这样的疑问：我们如何使移动电话的信号覆盖到那些没有蜂窝站的地方？摩托罗拉工程师巴里 · 伯提格、雷 · 利奥波德博士和肯 · 彼得森给出了答案，他们的答案在规模上令人惊奇：三人提出使用数十颗卫星做到全球范围的信号覆盖。他们在 1987 年构想出的系统，1998 年在商业上变得可行。

地球同步轨道卫星距地面 24 000 英里（38 000 千米），因此卫星与地面通信时需要一面静止的碟形天线。但铱星的工程师们想要更轻便灵活的天线，于是他们设计出了一批距地面约 500 英里（800 千米）的近地轨道卫星。在这一高度上，卫星的数量要很多才能保证信号的全球覆盖。实际的情况是，卫星的数量达到了 66 颗，再加上一些备用的。卫星之间可以传输信号，这样信号就可以通过一个基于卫星的传输网络被地面基站所接收。

工程是壮观的，但卫星电话在结构上却出了问题。与之前向蜂窝站发射信号相比，向 500 英里（804 千米）外的卫星发射信号需要更多的能量，因此卫星电话要比移动电话大得多，需要更大的天线，更昂贵的价格。同时这种通信还有方向性，因此卫星电话需要更复杂的内部结构。系统的建造花费了 50 亿美元，因此使用卫星电话非常昂贵。使用卫星电话的人很少，铱星公司也于 1999 年破产了，但铱星通信系统被其他公司购买并且时至今日仍在工作。

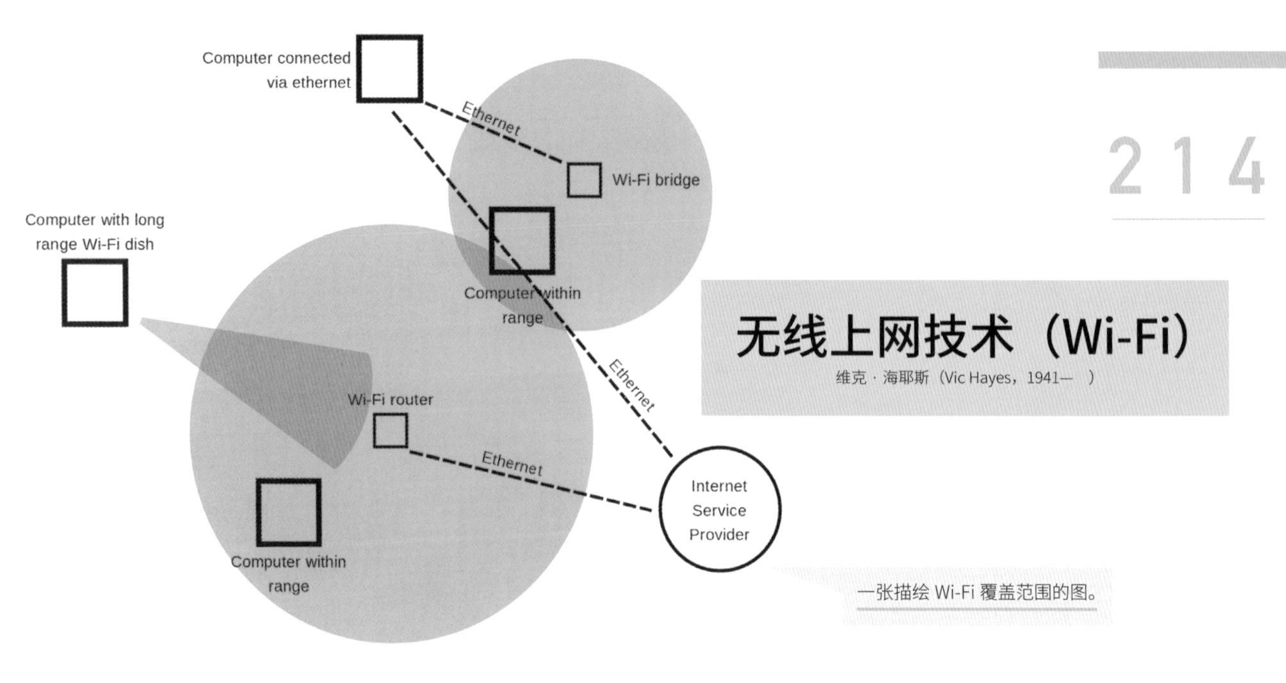

无线上网技术（Wi-Fi）

维克 · 海耶斯（Vic Hayes，1941—　）

一张描绘 Wi-Fi 覆盖范围的图。

扩频（1942 年），以太网（1983 年），智能手机（2007 年），平板电脑（2010 年）

1999 年

如果必须使用网线才能把平板电脑连接到家里的网络，你会做何感想？或者，当你来到咖啡店或机场，却发现要使用笔记本电脑上网只能去寻找网线。Wi-Fi 的广泛应用消除了这种糟糕的场面，它也以其 IEEE（电气与电子工程师协会）规范编号 802.11 为大家所熟知。以太网是一种使人们能够搭建有限局域网（LANs）的规范，利用同样的方法，Wi-Fi 使人们可以搭建无线局域网。要配置一个无线局域网，你需要插入一个天线盒来产生一个 Wi-Fi 热点，热点可以全方位覆盖以天线盒为中心 100 英尺（30 米）的范围。许多人将荷兰工程师维克 · 海耶斯称为 Wi-Fi 之父，因为他创建了 IEEE 802.11 规范工作组。

为了使 Wi-Fi 良好运行，工程师做了周全的考虑。首先，他们使不同的设备（笔记本电脑、手机、平板电脑等）可以同时连入一个热点；其次，像机场这样的地方，多个热点可以同时运行。因此，一个机场内可以有多家公司提供 Wi-Fi，一些智能手机也可以产生自己的热点。扩频技术使这些 Wi-Fi 可以相互重叠却互不影响地工作。

为解决信号拦截的问题，Wi-Fi 使用多种加密技术。首先是有线等效加密技术（WEP），这还不够安全，于是有了 Wi-Fi 网络安全存取技术（WPA）。

如今，大量的人群会在大量的设备上使用 Wi-Fi，因此带宽也在逐渐提高。现在每台便携设备都可以搭建 Wi-Fi 热点，许多家庭也有 Wi-Fi 热点，甚至许多商家、机场、商场、竞技场、餐馆和公寓群也可以搭建热点。

Wi-Fi 使人们更容易连接到互联网，也降低了连接的费用（通过去掉网线），这多亏了该技术背后的工程学原理。■

赛格威

狄恩·卡门（Dean Kamen，1951— ）
道格·菲尔德（Doug Field，生卒年不详）

2014年7月2日，丹麦哥本哈根街头骑着赛格威的游客。

电梯（1861年），“三位一体”核弹（1945年），电子数字积分计算机（ENIAC）——第一台数字计算机（1946年），微波炉（1946年），锂离子电池（1991年）

无论是过去还是现在，工程师制造出来的全新事物都会使人们感到吃惊。这其中包括第一台麦金塔计算机（Macintosh computer）[1]、微波炉，当然，还有核弹。

如今还包括了赛格威（Segway）。它由狄恩·卡门发明，工程师道格·菲尔德领导的团队负责制造。赛格威在发布前就引起了巨大的猜测和宣传，那时还没有人知道它是个什么东西。关于赛格威的宣传太多了，如果它不是反重力靴或相位武器这类真正惊艳到人的发明，那么它很可能会辜负这些前期的宣传。

我们不清楚这些宣传的起因和它们受到关注的原因。但一些有远见卓识的人［如史蒂夫·乔布斯（Steve Jobs）］秘密地见过了赛格威［在发布前代号为金杰（Ginger）］，并且发表了一些关于它的激动人心却又模棱两可的声明。人们听到的都是类似于这样的话——“它比互联网更伟大”“比个人电脑更重要”“它将彻底改变我们生活的城市”。

然而，当赛格威在2001年登台亮相时，却令人大失所望。它似乎只是一种小型的电动踏板车，却卖出了天价。之前的宣传和如今的现实产生了巨大的反差。

但无论彼时还是此时，赛格威都是一件引人注目的工程学产品。如多数人所见，它是自平衡技术的第一个应用实例。计算机能够根据加速度计和陀螺仪判断出赛格威失衡，并立即通过电动机使它重新恢复平衡。赛格威有非常简洁的用户界面，驾驶人员通过身体控制它的速度，小巧而高性能的电池保证了它结构的紧密。赛格威的外形使它能够到达任何人类可以步行去的地方，如机场、购物商城、人行道、电梯。但这也带来了恐慌，因为人们怕被压伤。

就算没有其他可圈可点的地方，赛格威至少提醒了我们宣传对于工程学中革命性新进展的重要性，但太多的宣传不一定是好事情。

1 苹果公司生产的一种计算机。——译者注

《百年革新》

计算机被誉为 20 世纪最伟大的成就之一。

空调（1902 年），激光（1917 年），广播电台（1920 年），电冰箱（1927 年），彩色电视（1939 年），电子数字积分计算机（ENIAC）——第一台数字计算机（1946 年），光纤通信（1970 年）

2003 年

在《百年革新：二十项改变我们生活的工程学成就》（*A Century of Innovation: Twenty Engineering Achievements that Changed Our Lives*）这本书中，美国国家工程院挑选出了 20 世纪 20 项最伟大的工程学成就。该书于 2003 年出版，作者是乔治 · 康斯特布尔（George Constable）和鲍勃 · 萨莫维尔（Bob Somerville），它向我们展示了工程师对现代社会所做的最大的推动作用。下面就是这 20 项成就：

电气化	高速公路
汽车	航天器
飞机	互联网
给排水	影像学
电子学	家用电器
收音机和电视	健康技术
农业机械化	石油和石油化工技术
计算机	激光和光纤
电话	核技术
空调和电冰箱	高性能材料

看到这个目录，你就能够感受到在推动现代社会进步这方面，20 世纪是多么的重要。飞机、汽车、高速公路、航天器、石油冶炼、收音机、电视、计算机、电子学等技术，在 20 世纪初我们还看不到它们的踪影，但到 20 世纪末我们便已离不开它们了。可以这样讲，在人类的历史长河中，我们还没有在其他任何一个世纪中发现类似于 20 世纪这样的技术进步。并且，人类的生活水平在无数工程师带来的技术进步中得到了极大地提高。

米洛高架桥

米歇尔·维洛热（Michel Virlogeux，1946— ）

米洛高架桥是一项令人炫目的工程学成就，就像一件艺术品一样。

桁架桥（1823 年），金门大桥（1937 年）

你可以砍倒一棵树，然后把它横在一条河上，这样你就得到了一座最简单的桥。但这并不是一座非常棒的桥，因为它没有充分利用材料，而且当河流非常宽的时候这个方法就行不通了。随着桥梁变长，载荷会变得很大，成本也会随之提高，这时你就需要一名工程师来帮忙了。工程师会考虑各种各样的可能性，工字梁、桁架桥，以及悬索桥，它们都有各自的用武之地。

如果要在 2004 年用很低的成本建造一座跨越一个又深又宽的峡谷的桥，你该怎么办呢？这就是法国建筑工程师米歇尔·维洛热开始着手在法国米洛附近设计一座桥梁时所面对的情况，这座桥最终成为了米洛高架桥。上文提到的那个峡谷有 8 070 英尺（2 460 米）宽，并且谷中的某处深度达到了不可思议的程度——位于那里的索塔要有 1 130 英尺（345 米）高。维洛热设计的大桥有七座索塔，每座索塔的两侧有斜拉索。为了降低成本，大桥在景观上尽可能地减少了视觉上的冲击，这使得它的建造成本相对较低。

斜拉桥和悬索桥在处理载荷的方式上有着根本性的区别。悬索桥的主悬索在桥的两端需要许多的锚固点，这会使索塔变得非常巨大。悬索桥的桥面是用悬索吊在主悬索之下的。

米洛高架桥是不需要锚固点的，不过这样一来桥面就需要处理来自斜拉索和索塔在水平方向上由于载荷产生的挤压。每座索塔的两侧都会辐射出一组斜拉索，与公路中央的钢结构箱梁相连，箱梁的尺寸是 13 英尺 ×14 英尺（4 米 ×4.2 米）。公路是三角形桁架结构，在箱梁两侧像悬臂一样伸出。这样的设计既符合审美又结构简约。

风是一个很大的考验。桥面的横截面看起来像是倒置的羽翼，这样设计能够将风力转化为对斜拉索的拉力，从而避免桥面摆动。

布加迪·威航

哈特穆特·瓦库斯（Hartmut Warkuss，1941— ）
沃夫冈·施赖勃（Wolfgang Schreiber，1959— ）
约瑟夫·卡班（Jozef Kabaň，1973— ）

2010年9月19日，布加迪·威航终极版——世界上最快的跑车，行驶在西班牙赫雷斯（Jerez）的山路上。

机械增压器和涡轮增压器（1885年），内燃机（1908年），一级方程式赛车（1938年）

布加迪·威航的设计师团队所追求的主要目标就是速度，他们要制造世界上速度最快的公路跑车。团队成员包括约瑟夫·卡班、哈特穆特·瓦库斯和一组由沃夫冈·施赖勃领导的工程师。2005年，他们制造了一辆能保持时速212英里（341千米）的跑车。

要达到这样的速度关键是有足够的功率。由于空气阻力的存在，当汽车的速度翻倍时，引擎的功率要达到原来的八倍。如果一辆汽车达到时速50英里（80千米）时需要20马力，那么当它时速达到100英里（161千米）时就会需要160马力。

为了使威航的时速达到212英里（341千米），引擎的功率将达到惊人的1 001马力。威航的工程师为了解决这个问题设计出了史无前例的拥有16个汽缸的W-16引擎，并且有四个涡轮增压器给引擎输送空气。涡轮增压器将额外的空气送入汽缸中，这样在每个做功冲程中就会有更多的汽油燃烧。

引擎产生的巨大功率需要传输给轮胎并作用于地面，因此布加迪·威航配有七挡电子变速器和四轮驱动。当威航跑得像F1赛车那样快的时候，我们就不得不考虑气动升力对其的影响了。因此，在时速达到140英里（225千米）时，液压悬吊系统会自动将车身降低4英寸（10厘米），同时一个翼型装置会展开以产生700磅（317.5千克）的下压力。

在全速行驶时，引擎会消耗大量汽油——大约每3千米1加仑。时速212英里（341千米）时，威航跑1千米只需要17秒，也就是说它会在区区51秒内消耗1加仑汽油。这带来了一个问题：如何处理汽油燃烧产生的热量？为此，威航配备了三个水冷箱和三个气冷箱来给设备降温。全速行驶的状态不能维持太长时间，但只要威航在全速奔驰，你就会感到乐趣。■

219

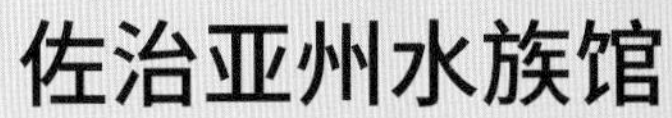

佐治亚州水族馆

杰夫 · 斯瓦纳甘（Jeff Swanagan，1957—2009）

世界上最大的水族馆位于美国佐治亚州（Georgia）亚特兰大市（Atlanta）。

混凝土（公元前 1400 年），给水处理（1854 年）

2005 年

美国亚特兰大市想要建造一个足够大的水族馆作为鲸鲨和其他数千种鱼类舒适的家园。假设鲸鲨的平均长度为 32 英尺（10 米），有若干头非洲象那么重，那么我们要如何建造一个如此巨大的水族馆呢？这个问题不仅是建造水族馆的工程师需要面对的，也包括了执行主管杰夫 · 斯瓦纳甘，他要负责水族馆大部分的设计和建造工作。

典型的奥运会游泳池（50 米长，10 条泳道）能够容纳约 660 000 加仑（2 500 000 升）的水，佐治亚州水族馆的“海洋航行者”展厅大约有十个奥运会游泳池那么大，也就是说它能够容纳约 6 300 000 加仑（24 000 000 升）的水。这个庞然大物有 263 英尺（80 米）长，125 英尺（38 米）宽，33 英尺（10 米）深，于 2005 年对外开放。它厚达 3 英尺（1 米）的墙壁由一种叫作“阿基利阿”（Agilia）的混凝土制成。这种特殊的混合物可以像水一样流动，并且在固化的时候不会产生沉淀。也就是说，当工人移去模板的时候，混凝土中不含残留的气泡和空洞。

主观景窗有 23 英尺（7 米）高，61 英尺（18.6 米）宽，观景窗后方水的总重量约有 50 000 000 磅（23 000 000 千克）。工程师是如何防止这些水破窗而出的呢？答案就在于，观景窗是由 2 英尺（0.6 米）厚的丙烯酸塑料制成的。丙烯酸塑料的优点在于，它的强度是玻璃的 17 倍，但重量却只有玻璃的一半。

接下来的挑战是如何过滤。佐治亚州水族馆展厅中全部的水加起来有 10 000 000 加仑（38 000 000 升），要过滤这些水需要强大的抽水能力。过滤系统的总流量为每分钟 300 000 加仑（1 100 000 升），由 500 台水泵为其提供总共 5 500 马力的能量。砂滤器会把任何大于 20 微米的东西都过滤掉。蛋白质分离器会使用精细的空气泡将过量的食物和鱼类排泄物中多余的有机物全部滤除。

棕榈岛

在迪拜建造的朱美拉棕榈岛（Jumeirah Palm Island）。

世界贸易中心（1973 年），关西国际机场（1994 年）

马克 · 吐温有一句非常著名的嘲讽：“土地这东西，买一寸就会少一寸。”但工程师已经证明他错了。旧金山湾大部分湿地已经被填平，用来作为这个不断扩大的城市的新陆地；在人们为世界贸易中心大厦挖掘地基的过程中，挖出来的土被填入了附近的哈德逊河，由此形成了面积为 92 英亩（0.37 平方千米）的纽约炮台公园市；荷兰的三分之一陆地是填海所得。

在填海造陆这方面，迪拜的棕榈岛是最雄心勃勃的工程项目之一。在那里，工程师为数千名居民和游客在阿拉伯海上建立了新的群岛。棕榈岛第一次对外开放是在 2006 年。

如果棕榈岛仅仅是一个非常巨大的由石块和沙子构成的圆形人工岛，也就没什么趣味可言了。但它并不是这样的。为了使海滨地区的不动产最大化，工程师将岛群修建成了棕榈树叶的形状——从主茎向两侧分出许多细长的叶子。整个岛屿被一个独立的防浪堤岛包围着，防浪堤岛会在风暴来临时保护主岛。在此过程中，工程师在数百千米的海岸线上修建了大量房产，这些房产是全岛最为昂贵的。

比利时的简 · 德 · 努（Jan De Null）土木工程公司和荷兰凡 · 诺德（Van Oord）公司于 2001 年共同开发了该项目。首先，7 米厚的沙子会被填入大洋底部，在其上是同样厚达 7 米的碎石层，一层大型卵石为碎石层提供保护，最后，顶部会铺撒沙子。用这个方法就可以建造出狭长的海滨。

还有一大堆麻烦等着工程师们去解决。如何避免防浪堤内的海水不流动呢？在防浪堤内很深的地方修建与外海连通的管道，可以既保证海水流动又不破坏防浪堤。如何保证交通顺畅呢？位于“棕榈叶”叶脊处的隧道、桥梁和宽阔的公路可以提供足够的交通运力。如何避免海浪侵蚀岛屿？这需要持续不断的堤岸修复工程，就像世界其他地方的那些岛屿一样。

随着世界人口的增长，我们要建造越来越多的人工岛屿吗？很可能是的，就像荷兰那样。另一个可能的选项是浮动城市。当风暴来临时，这些能够在海上移动的城市就可以避免灾害了。

主动矩阵有机发光二极管屏

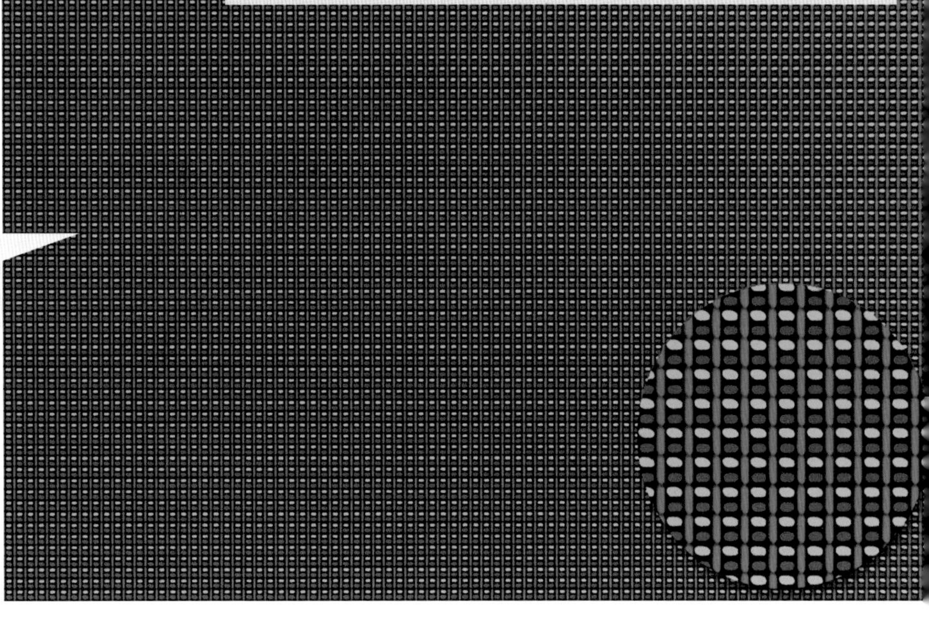

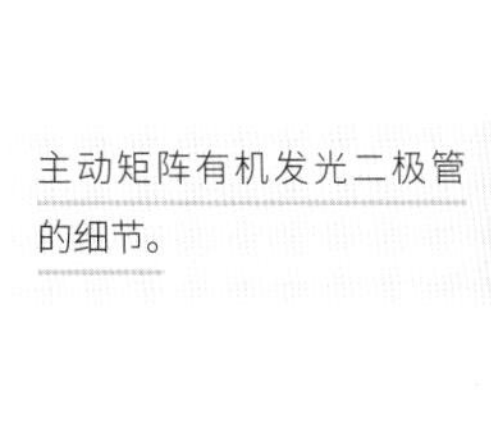

主动矩阵有机发光二极管的细节。

塑料（1856 年），晶体管（1947 年），液晶屏幕（1970 年），智能手机（2007 年）

2006 年

我们来回顾一下这些年移动设备上所使用的屏幕的种类。20 世纪 80 年代索尼的工程师们制造出了便携式的阴极射线管屏幕，他们把电子枪的位置由可视化区域的后面改到了下面。最初的 GRiD 笔记本电脑使用的是红色的等离子屏，后来换成了黑白液晶屏，再后来是彩色的液晶屏。像 Gameboy 或任天堂 DS 这样的游戏机的屏幕也经历了这样一番的更新换代。

背光式液晶显示屏在智能手机出现之后开始主导市场，但与此同时工程师们也在有机发光二极管技术和主动矩阵有机发光二极管技术的研究方面取得了进步。有机发光二极管屏背面的基本结构是微型二极管排成的阵列，通过控制这些微型二极管的开关可以直接发光。而屏幕上液晶像元则作为开关，通过开合使背景光通过。

有机发光二极管的两个主要问题是长时间工作的可靠性和尺寸，工程师们为了解决这两个问题已经付出了多年的努力。起初，有机发光二极管屏有邮票那么大，如果附加上主动矩阵晶体管还会使尺寸变得更大。而如今的主动矩阵有机发光二极管屏在智能手机中随处可见，这要归功于制造业上的技术突破使像元变得更小也更加可靠。

主动矩阵有机发光二极管屏幕自 2006 年起被应用于商业领域，它向我们展示了工程师们如何通过提高技术使旧技术被新技术所取代。主动矩阵有机发光二极管屏正在取代液晶屏，因为前者更加轻薄，并且可以被蚀刻在塑料上——也就是说它是可以弯曲的。另外，工程师已经可以在二极管屏上覆盖一层薄薄的触摸屏，尽可能使屏幕保持原来那么薄。

智能手机

史蒂夫·乔布斯（Steve Jobs，1955—2011）

苹果公司 CEO 史蒂夫·乔布斯在 2007 年 1 月 9 日的旧金山苹果 MacWorld 大会上向大家展示苹果手机。

电子数字积分计算机（ENIAC）——第一台数字计算机（1946 年），动态随机存取存储器（1966 年），闪存（1980 年），移动电话（1983 年），锂离子电池（1991 年），数码相机（1994 年）

2007 年

我们可以确切地知道智能手机诞生的日子。这是因为，尽管之前的手机具备了很多智能机的属性，但直到史蒂夫·乔布斯揭晓苹果手机（iPhone）的那一天——2007 年 1 月 9 日——智能手机才真正地走进了公众视野中。苹果手机是智能手机时代真正的开端，正如福特 T 型车标志着汽车时代的到来一样。

由苹果公司众人开发的苹果手机是工程学的杰作。这是因为，被塞进它那微小的机身的，都是数十年来技术进步的结晶。这里面有小巧、低能耗、带有随机存储器的 CPU，10 年前这种东西会有一个烤箱那么大，而 20 年前的它能够塞满一间屋子；还有闪存系统，它能够存储数千首歌曲，20 年前这种东西还不存在，而如今闪存系统要比它所代替的硬盘小得多；以及数字化和微型化了的手机无线电系统，该系统还配有一个用于提高接收效率的天线；电容触控屏幕不仅轻薄明亮，而且响应触摸的模式是前所未有的；苹果手机甚至还有一个 200 万像素的相机，并且配备了加速计和接近检测器。接近检测器能够防止你的脸碰到屏幕；当然，一块轻薄的电池也是必不可少的，它能够提供充足的电量满足一整天的操作使用。

数千名工程师耗费了几代人的努力使苹果手机成为了可能。苹果公司将所有这些硬件和技术汇总并整合在一起，然后，制造业的工程师们把它压缩成了一个简洁、轻便并且令人吃惊的产品。

在这之后，苹果公司又做了一件事情：它的软件工程师所编写的程序使得这个复杂的产品变得如此简单，以至于任何人都可以非常直观地使用它。

用户市场反响热烈，因为人们期盼已久的这种系统终于被苹果公司做了出来。■

四旋翼飞行器

2014年2月9日，一架携带了摄像机的 Dji Phantom 正在美国佛罗里达州迈阿密上空进行航拍。

直升机（1944年），钕磁铁（1982年），锂离子电池（1991年），全球定位系统（GPS）（1994年）

如果你在2007年之前去查看谷歌趋势[1]，你会发现没有人搜索“四旋翼飞行器”（quadrotor）这个词。在2007年，极少数人会去搜索这个词。直到2008年，人们才开始关注四旋翼飞行器，自此，四旋翼飞行器开始走进公众视野中。

现代航空工业中诸多工程学上的进步使现代意义上的四旋翼飞行器成为了可能。四旋翼飞行器的核心部件包括小巧、强磁性的钕磁铁，轻便、低成本的锂聚合物电池和精确的发动机控制器。发动机控制器的作用是把电池的电量提供给发动机。此外，还有电脑控制系统和新型传感器，这些传感器可以使控制系统自动保持飞行器的稳定。

上述技术在2008年时被运用到了一起，随后，一款由鹦鹉公司（Parrot Company）设计的四旋翼飞行器模型出现在了布鲁克斯通[2]的清单上。该模型定价为300美元，这是考虑了大众消费对定价影响的结果。

自从20世纪30年代被发明以来，直升机在主要的技术方面几乎没有改变过，但四旋翼飞行器代表了对于“直升机”这个概念在主要的工程学方面的再定义。四旋翼飞行器使用四个发动机和四个静态的螺旋桨，代替了单一引擎、水平旋翼和尾翼的结构。四个发动机的相对速度控制着飞行器的运动。

四旋翼飞行器的控制系统依靠低成本的固态陀螺仪、三轴加速度计和高级的软件工程实现对飞行器的控制。它可以通过传感器发现飞行器的旋转、倾斜和摆动，并自动调整姿态以保持飞行器的稳定。飞行器可以由人控制，也可以由电脑通过GPS装置控制飞往指定地点，盘旋在某一地区上空，或者由一个标记点飞往另一个标记点。

考虑有效载荷较大的物体，如高品质的相机，六旋翼或八旋翼的飞行器也是可能的。一个携带相机的十旋翼飞行器可以代替直升机和摄影师，这会显著地降低航拍的成本。这些飞行器在空中监测、应急反应等方面也是十分有用的。

四旋翼飞行器是一个绝佳案例，向我们展示了如何把一些工程学科中的技术进步整合到一起，并对一个技术产品进行再定义。接下来出现的，将会是拥有六个或更多的旋翼，并且能够搭载真人的飞行器。

1 Google Trends，谷歌公司的一项搜索产品，通过对一段时间内的关键词搜寻量进行统计，得出当下时段的热门内容。——译者注

2 Brookstone，美国的一家连锁零售商。——译者注

碳回收

坐落于德国勃兰登堡（Brandenburg）的世界上第一座通过 CCS 技术分离二氧化碳的褐煤发电厂。

拇指汤姆蒸汽机车（1830 年），莱特兄弟的飞机（1903 年），电厂除尘器（1971 年），阿尔塔风能中心（2010 年），艾文帕太阳能发电系统（2014 年）

2008 年

在工程学中有这样一个事实：许多工程学中解决问题的方案自身会产生一系列的问题，而这些问题的解决方法又需要到工程学中去寻找。这是一个有趣的事实，你可以把它看作工程学最大的特点，也可以看作是工程学的阿喀琉斯之踵。如无意外，这个特点将成为工程学专业学生的就业保障。

碳排放问题印证了工程学的这一特点。当今社会非常依赖于化石燃料提供的能源，汽车、火车、轮船、飞机都在使用液态的化石燃料。工程师们已经使化石燃料的大规模生产变得可靠和廉价，这一点可以从以下事实中看出：人类每天要生产和消耗 8 500 万桶原油。

化石燃料的大规模生产带来了二氧化碳排放的问题——每年有数十亿吨的二氧化碳被排放到环境中。一个工程学上的解决方法是：尽可能多地捕获和填埋二氧化碳。

有众多关于碳回收的想法，主要可以分为以下三类：

（1）将二氧化碳压缩为液态并存放于地下或海洋深处。

（2）促进植物生长，例如海洋里的藻类。

（3）制造化学反应，例如把碎石灰石投入海洋。

对于像燃煤发电站这种巨大的、静态的、会产生二氧化碳的设施，碳捕获是最容易做到的。有一个工程师们已经发展成熟的方法：使煤在纯氧中燃烧，经过脱水和洗涤之后得到纯净的二氧化碳，然后将二氧化碳压缩至液态后注入深入地下的设施中。2008 年德国的黑泵电厂（The Schwarze Pumpe Power Station）正式开始运行，它是世界上第一个使用该项技术的燃煤电厂。

工程师们可以选择的另一个解决问题的途径是发明比化石燃料成本更低的新技术。风能的成本最近降到了化石燃料之下，太阳能也在向这个方向发展。聚变核能是另一个选项，不过现在还遥遥无期。

工程大挑战

很多对于工程方面的大挑战还没有相应的解决方法。

艾文帕太阳能发电系统（2014 年）

2008 年

2008 年，美国国家工程院发布了“工程大挑战”清单。这份清单列出了社会当前面临的需要工程学来解决的重要问题。聚焦这 14 个大问题，国家工程院认为工程师可以让世界变得更好。

这份清单令人着迷，因为它强调了我们今天面对的重要挑战，这些挑战就像是还没有揭示答案的问题和研究领域，需要创造性的工程学答案。

以下是清单上的一部分内容（完整清单参见网上的深度阅读内容）：

经济的太阳能——如果成本可以低于化石能源，太阳能将大规模被使用。

核聚变能源——人类梦想这种廉价的能源几十年了。国际热核反应堆（ITER）和国家点火装置(NIF) 是致力于实现这一梦想的两大设施。

城市基础设施修复——道路、水系统、下水道和桥梁都会老化。提供基金保持这些基础设施的现代化是重要问题。

碳回收——便宜简单的回收将帮助减少二氧化碳对环境的影响。

净化水——广泛使用的净化水设备将直接改善数十亿人的生活。

网络空间安全——我们该如何抵挡网络恐怖分子对互联网或银行、电网等目标的入侵？

健康信息化——工程师能否建造一个系统管理每个人的医疗数字信息，可以使医生和医院了解患者情况？

氮循环——像二氧化碳一样，氮对环境有着负面的作用。

核危机防护——恐怖分子手中的核材料与核弹会带来严重的灾难。妥善防护是我们的主要任务。

科学发现工具——工程师们为大科学建造工具。我们拥有越多的工具，便可以做出越多的科学发现。

虚拟现实——虚拟现实设备目前过于昂贵，而且还存在技术漏洞。

马丁飞行喷气包

格列 · 马丁（Glenn Martin，生卒年不详）

马丁喷气包正在飞行。

碳纤维（1879 年），凯夫拉纤维（1971 年）

2008 年

随着巴克 · 罗杰斯（Buck Rogers）[1] 的流行，我们有了一个梦想——凭借一个火箭背包，任何人都可以在任何地方飞行。这个概念说起来简单，工程学上却挑战重重。

第一个成功的背包系统让人们在 20 世纪 60 年代成功飞行，基本设计原理被继承下来多次实践。问题是如何获得高浓度的氢的过氧化物。药店里的不行，那只有 5% 含量的双氧水。对这种设备来说，更好的是 90% 的浓度。将氢的过氧化物储存在背上的罐子里，利用一个增压系统将原料推出罐子，送达飞行员肩上的两个喷嘴处。氢的过氧化物的特性是，当它遇到催化剂，比如银的时候，就会立即分解为水（高压蒸汽的形式）和氧气，可以产生推力。

这个原理是有效的。唯一的问题是原料需要占据存储空间。所以最长可能的飞行也只有一分多钟而已。

来自美国马丁公司（Martin Company）的马丁飞行喷气包是 2008 年首次露面的全新系统，由发明家格列 · 马丁在车库里进行设计，经过 30 年的发展走到今天。尽管名为喷气包，但实际上不是用喷气驱动的，而是用两个管道风扇连接一台 150 千瓦往复式发动机产生动力。250 磅（113.4 千克）的质量令它看上去也不像一个背包，而是一个轻量级的飞行平台。这一设计的优势在于，它可以携带足够的燃料，以便飞行 30 分钟还表现良好。

150 千瓦发动机加管道风扇、起落架，质量还能控制在 250 磅（113.4 千克）就很了不起了。这些全靠轻型材料碳纤维和凯夫拉纤维来实现。尽管有大众化的愿望，但马丁喷气包还没有开始批量生产。

1 巴克 · 罗杰斯是 20 世纪 70 年代美国科幻电影人物，在电影中来自未来世界的英雄利用喷气背包在火星上飞行。——译者注

227

三峡大坝

中国三峡大坝是世界上最大的发电站。

胡佛大坝（1936 年），绿色革命（1961 年），伊泰普大坝（1984 年）

2008 年

工程师为什么建造大坝？大坝总是体型巨大且花费昂贵，因此一定有重要的原因。原因之一即控制洪水。自然河流对生活在附近的人们有强大的破坏力。在雨季，平静的河流开始咆哮，洪水肆虐。又或者，如果相邻的土地平坦，洪水波及范围更大。大坝身后的湖泊可以蓄洪，在需要的时候释放水量；或是存储水资源用于之后的灌溉，就像印度所做的那样。

另一个原因是为了饮用水。大坝和身后的大湖可以为几百万人提供可靠的饮用水。这是胡佛大坝的主要收益。

另一个建造大坝的原因是为了水力发电。大坝将河流拦腰截断，产生大量的电能，比如伊泰普大坝。

还有一个原因是为了航运。巴拿马运河的一大部分不是运河，而是航路上的一个大人工湖。

工程师有没有可能在一座大坝上实现上述所有目标呢？中国的三峡大坝，最初由美国人约翰 · L. 萨维奇（John L. Savage）在 1944 年进行考察，现在已经实现了这些目标。大坝的最初计划由蒋介石的国民党政府于 1932 年开始筹备，但直到 1994 年工程才开始实施。

三峡大坝蔚为壮观——2 335 米长，181 米高。它装有 32 台 700 兆瓦发电机组，使它成为目前全世界最大的发电设备。三峡大坝每年发电预计 1 000 亿千瓦时，10 年时间可以收回建造成本。

大坝身后的大湖有 600 千米长，可以存储 40 立方千米的水。可预期的是，如果 10 亿人每人每天使用其中的 10 加仑（37.85 升）水，一年时间仅仅使用大湖中三分之一的水量。

美国国家点火装置

沃恩 · 德拉戈（Vaughn Draggoo）正在检查位于加利福尼亚的国家点火装置的巨大目标容器，这是未来核聚变反应的测试站。

激光（1917 年），国际热核实验反应堆（1985 年），哈勃太空望远镜（1990 年），国际空间站（1998 年），大型强子对撞机（1998 年），好奇号火星车（2012 年）

2009 年

有一类科学研究被称为“大科学”项目。这些庞大的项目耗资高达十几亿美元，探索重要的科学问题。这样的例子包括国际热核实验反应堆、大型强子对撞机、国际空间站、好奇号火星车、哈勃太空望远镜等。劳伦斯 · 利弗莫尔国家点火装置实验室（Lawrence Livermore National Laboratory's National Ignition Facility）也应跻身这一类科学项目，它的目标是产生可以回报能源的核聚变。

国家点火装置的设备巨大，看起来很酷而且性感，总能吸引人们的目光。这座设备于 2009 年首次运行，关于它的所有都令人印象深刻。

它的基本原理是工程师使用填充了氘和氚的微型金属胶囊，并将胶囊悬在一个大球形容器中，容器从 192 个不同的角度对胶囊照射激光。激光可以帮助产生足够高的温度，使胶囊中央达到类似恒星核心的温度。如果实现这个条件，就会发生核聚变反应。经过优化的核聚变反应可以产生巨大的能量，产能将大大超过激光照射所消耗的能量。

激光束是如何压缩燃料的呢？微型胶囊转变为等离子体状态，产生向内的爆炸，将燃料压缩。因此，这个过程又叫作惯性约束聚变（inertial confinement fusion）。

国家点火装置位于一座巨型大厦里。大厦中安装了必需的各种设备，用于产生、放大、分裂、合并激光束。大厦的一端托起球形的容器，激光束在那里瞄准目标聚集。

利用这个装置，科学家希望了解到核聚变的过程，以及利用这些知识找到建造可控核聚变发电站的方法。

抗震建筑

1995 年日本神户大地震中被毁坏的建筑。

混凝土（公元前 1400 年），工程木材（1905 年），调谐质块阻尼器（1977 年）

建造一座简单的房子并不难。将砖砌成四堵墙，就拥有了一个房间。把事先打造好的木料放在顶上，就有了一座房子。这一切不需要太多的工程学。这样的房子可以屹立很多年。但当地震来临的时候，这样的房子就成了废墟。

2010 年海地地震期间，大量的建筑物倒塌。成千上万人因此丧生。在一座城市里，只有 10% 的建筑还没有倒下。他们使用的混凝土含有的水泥成分太少，墙太薄，没有防护钢筋，地下的土质不稳定。工程师知道如何建造地震安全房，他们的知识已经整合到建筑规范中。但是没有人遵守这些规范，灾难不可避免。

工程师已经设计了超大型的抗震建筑。有一种技术叫作基础隔震系统，其原理是使建筑和地面相分离，这样当地震来临的时候，建筑物本身就不会随地面一起震动了。但如何做到这一点呢？ 2009 年完工的伊斯坦布尔机场是个很好的例子，它是世界上最大的抗震建筑。简单来说，机场的每一根立柱都安装在一座平台上，平台的下方在一个巨大的滚珠轴承上。这样，当地面发生移动的时候，依靠滚珠的运动建筑物在很大程度上可以保持静止。

另一套系统使用的是缓冲垫。缓冲垫被安装在建筑物和地面之间，允许地面相对建筑物移动 1 英尺（0.3 米）以上。因此当地震来袭时，建筑物基本不会发生晃动。

工程师也加强了建筑结构本身的强度。即使是木制房屋，也可以通过廉价的附属物将所有框架单元系在一起，从而极大地提高其强度。简单的金属条和 T 形物就可以在很大程度上提高建筑结构的强度，而且它们十分廉价。工程师的忠告是：即使在地震的时候，也要保持屋顶在你头的上方。

美国总统的豪华轿车

时任美国总统奥巴马和副总统拜登于2010年7月21日华盛顿的座驾中签署了《华尔街改革和消费保护》法案。

AK-47（1947年），M1坦克（1980年）

2009年

美国第一辆总统专车是1939年为时任总统富兰克林·罗斯福打造的V12林肯敞篷车。偷袭珍珠港使人们对安全防范产生了兴趣，后来的肯尼迪总统1963年遇刺事件刺激了工程师设计和生产能够抵御无数威胁的总统专车。其结果是产生了2009年奥巴马总统的凯迪拉克座驾。

如果有人试图射击轮胎会怎么样？几乎不可能成功，因为轮胎是凯夫拉纤维加固的抗碎结构，并且在纤维结构内部是钢制轮圈。即使橡胶部分彻底崩溃，汽车依然可以全速行驶。

如果有人朝向这辆车发射火箭榴弹呢？车门和车厢厚达24厘米，就像坦克装甲一样。如果你见过这辆车敞开门的样子，你会发现它的车门厚度和开启机制更像是一架客机的舱门。车窗有12.5厘米厚，防弹玻璃可以抵挡子弹射入。

如果这辆车从地雷上驶过呢？12.5厘米厚的底盘可以抵御爆炸的威力。化学或生物武器的危害又当如何？车辆可以自我封闭，用内部设备供氧。遭遇人群聚集，可以释放催泪弹驱散人群。

总统安全的另一项因素是跟随车辆一起行动的警卫。典型的警卫队有大约45辆车，从带有手术台的特殊救护车到通信车、威胁评估车应有尽有。大批保安坐在他们自己的车上，这些车甚至是在万一发生情况时的备用豪华座车。

其他的预防措施包括随行摩托车队在道路和桥梁上开路。这一过程会造成大城市一定程度的交通拥堵。结合所有这些防护手段，警卫、安全措施、总统座驾和保密服务共同确保了总统的安全。这是一套工程系统，可以应对各种突发事件。■

太阳能驱动飞机

伯特伦·皮卡尔（Bertram Piccard，1958— ）

太阳能驱动的实验性飞机在法国布尔歇（Le Bourget）进行实验。

莱特兄弟的飞机（1903 年），人力飞机（1977 年），锂离子电池（1991 年）

2010 年

如果要设计一架完全靠太阳驱动的飞机会是怎样的情况？这架飞机必须满足两项要求：它必须能飞行 24 小时以上，即完整的一昼夜；以及它必须能携带两个人和他们的全部装备。这些要求就是太阳驱动飞机的技术规格——这架飞机在 2010 年实现了 26 小时的飞行。由瑞士航空家伯伦特·皮卡尔发起并监管，由来自 60 个国家的超过 50 位专家组成的多学科团队开发了这架飞机。在项目中，伯伦特·皮卡尔与位于洛桑的瑞士联邦技术研究所（Swiss Federal Institute of Technology）并肩工作。

飞机设计面临的工程问题是，太阳所提供的能量不是恒定的，而且相对分散而不够集中。收集这样的能量要求特定的设备，这就意味着给飞机增加了重量，而重量是飞机的大敌。

太阳给我们的星球提供能量的功率大约是每平方米 1 千瓦。但这种功率在一天中只会持续 6 小时，飞机只能在一些特定角度上利用太阳能。轻薄的太阳能电池是工程师们为实现目标的最大努力。太阳能脉冲电池只有 135 微米厚，能提供 22% 的能量效率。它们覆盖在整个机翼上，总面积大约 200 平方米。

总功率相当于 4 台 10 马力（7.5 千瓦）的发动机。夜间，发动机如何工作呢？锂离子电池承担了部分存储功能。但这些电池太重以至于不能用它们存储一天中剩余 18 小时的全部电力。

要存储剩余的电力，工程师们利用势能解决。太阳照耀的时候，飞机上升到 9 150 米的高度。夜晚，飞机像滑翔机一样下降到 915 米高度。这种存储能量的方式不需要给飞机增添额外的重量。

接下来的计划，是让这架飞机利用太阳能完成环球航行。对于巡航速度小于 50 英里 / 小时（80 千米 / 小时）的飞机来说，这将是漫长的旅程。

英国石油公司防喷器的失效

在位于墨西哥湾的越洋公司的“发现者的灵感”（Discoverer Inspiration）钻井平台上工作的工人们。

油井（1859 年），瓦姆萨特炼油厂（1861 年），海上巨人号超级油轮（1979 年）

工程师总是见到紧急情况一遍又一遍地发生。正是由于反复出现的问题，才让他们开发出安全系统，例如公共建筑中的洒水系统。起火是常见的事故，洒水系统可以自动灭火。

在石油钻探的世界中，常见的危机是井喷。一旦钻孔从地表到达储油层，在压力下储油层会不断地将石油和天然气送到钻孔外。如果压力适中并保持不变，这一过程就是可控的。如果压力过大，汹涌而出的油气就来不及得到控制。防喷器（blowout preventer，BOP）就是工程师针对井喷而安装的一种设备。

闸板式防喷器（ram-type blowout preventer）的设想是：大功率液压活塞从侧面滑入去封锁井口。一些情况下，剪切板（shear plate）会同时切断活塞移动路径上的一切事物。环形防喷器使用橡胶环密封钻探管的四周。井口周围会有多个防喷器，它们可以自动启动、手动启动，或是远程启动。

如果安全设备失效了会怎么样？最著名的案例之一当属 2010 年墨西哥湾深水地平线（Deepwater Horizon）钻井平台的井喷事故，这次井喷最终向海湾泄漏了 500 万桶石油。

防喷器被设计为遇到这类情况时自动封闭井口，它应该被启动并夹紧关井道，并且也确实尝试过。在此次事故中，有 1 个环和 3 个臂得到启动，但由于工程师的计算错误，防喷器最终彻底失效了。

究竟发生了什么呢？事后分析是为了从问题中收获到未来可以借鉴的经验。当时似乎是冲出井口的高压流体冲过了防喷器的橡胶和金属部位，而发生偏移的活塞偏离了钻杆没能堵住井口。其他零部件没有被启动。用事后分析的结果，工程师改进了他们的设计，增加了备份系统，消除了可能的缺陷。

迪拜塔

亚德里安·史密斯（Adrian Smith，1944— ）
比尔·贝克（Bill Baker，1953— ）

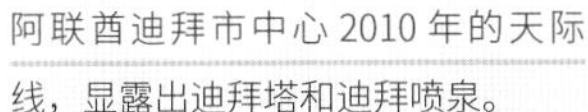

阿联酋迪拜市中心 2010 年的天际线，显露出迪拜塔和迪拜喷泉。

大金字塔（公元前 2550 年），混凝土（公元前 1400 年），伍尔沃斯大厦（1913 年），世界贸易中心（1973 年）

迪拜的哈利法塔又名迪拜塔，开放于 2010 年，它成为迄今为止世界上最高的建筑物，高度达到 0.8 千米。SOM 建筑设计事务所（Skidmore，Owings and Merrill）的建筑师亚德里安·史密斯（纽约新世贸大厦的设计者）和结构工程师比尔·贝克在这一项目中面对了大量的挑战。其中最明显的一个困难是高层建筑结构的刚度，即如何保证建筑物不在风中像芦苇一样摇摆。

对于任何一座摩天大楼来说，地基都是关键，同样重要的是，如此高的建筑物本身需要足够强壮。工程师为此建造了一种称为桩筏基础的结构。首先，200 根长 47 米、直径 1.5 米的钢筋混凝土桩被沉入地下。在桩的顶端，工程师设计了一层 3.7 米厚的混凝土筏板。整个建筑物就坐落在这个筏板之上。

建筑的中央部分是一个六边形的核心筒，其中包含了电梯、楼梯和公用设施。围绕着这个管道的是三个扶壁，它们支撑着核心，包含了实际使用的楼层空间。扶壁越向上越窄，直到建筑物的顶层只包含中央的核心管道区。

从结构上说，整座建筑依赖钢筋混凝土。每个扶壁本质上是一个巨大的垂直工字梁，有 2 英尺（0.6 米）厚的钢筋加固的墙，形成梁的凸缘和腹板。钢材简单，但对混凝土要求比较精细。浇注混凝土时还要应对炎热气候的挑战。工程师将冰混合到混凝土中并在晚上泵送，防止混凝土因过热产生裂缝。

建筑的外表面是传统的玻璃、铝和不锈钢幕墙。令人震惊的是使用玻璃的总量，26 000 块玻璃可以覆盖 25 个美式足球场。其结果是，整座建筑绚烂纷呈。迪拜塔以出奇的美丽堪称工程学史上的瑰宝。

哈利·波特的禁忌之旅

德国汉诺威的展览会上，游客正在体验“机器过山车”(robocoaster)。

过山车（1919 年），机器人（1921 年），三维眼镜（1952 年）

想象一下你要设计一场终极娱乐之旅，要有过山车一样的动感效果，还要有像迪士尼的城堡一样夸张的室内效果。你希望把这些室内场景转化为三维视频体验，比如说给人们虚拟飞行的冲击感。为了增加三维效果，你需要将视频图像投影到圆顶内部，这样就可以伸展和填充周边视觉。

这听起来很高端，这种集成各种技术的旅途全靠工程学来实现。可能世界上最好的例子是环球主题公园的哈利 · 波特的禁忌之旅，它位于佛罗里达州的奥兰多（Orlando），于 2010 年开放。

当游客进入的时候，乘坐一辆四人轿车，四个人坐在一排面对同一方向。如果游客看到下方的地面，会注意到他们的座驾特别的不同寻常：座位悬挂在一个巨大的机器人的手臂上，手臂的最大长度达到 7.62 米。整个机器臂就是一辆车，在轨道上向下冲。

当每只机械臂载客沿轨道向下冲时，要么机械臂通过戏剧布景，要么它在球幕前通过，球幕非常巨大，每六块被固定在一个旋转装置上。

当座椅上的乘客移动到球幕中央时，机械臂和球幕可以共同运动，为乘客提供一段数十秒的视频体验。当球幕中播放视频时，机械臂可以根据视频的内容倾斜、俯冲或发出隆隆声，为乘客提供一种身临其境的感觉。当机械臂在剧场布景中运动时，它可以向任何方向运动以集中游客的注意力。

在这个例子中我们看到，工程师们用不可思议的技术为数百万人带来了激动人心的沉浸其中的体验。

235

埃塔风能中心

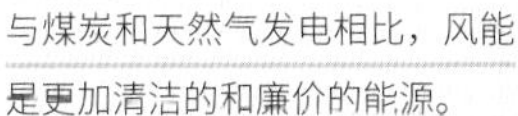

与煤炭和天然气发电相比，风能是更加清洁的和廉价的能源。

电网（1878 年），波音 747 大型喷气式客机（1968 年），巴斯县抽水储能（1985 年），艾文帕太阳能发电系统（2014 年）

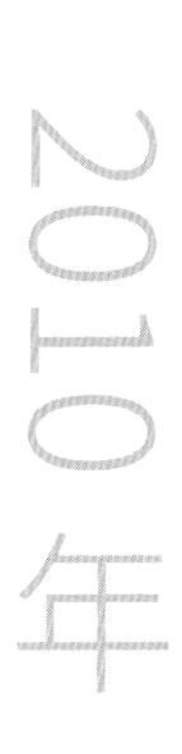

位于加利福尼亚的蒂哈查皮-莫哈维（Tehachapi-Mojave）区域的埃塔（Alta）风能中心于 2010 年开始运行，它是世界上最大的风力发电站。计划在 9 000 英亩（36.42 平方千米）的土地上实现 3 千兆瓦的装机容量。几百架风力涡轮机将共同发电。

航空工程学对风力涡轮机的研究叹为观止。当前，最大的风力涡轮机能产生 8 兆瓦的电力。实现这样的技术需要用三片长达 262 英尺（80 米）的叶片。这个尺寸相当于什么呢？一架波音 747 客机的双翼总长度只有 225 英尺（68 米）。每架风力涡轮机的塔高有 140 米。

三片轻盈的叶片由一种聚酯树脂 E 玻璃纤维构成。叶片连接在轮毂上，转动后驱动发电机发电。传感器负责探测风向，然后用马达调整风车的方向使叶片保持指向风向。

工程师面对的最大的问题是，在大风中风力涡轮机会毁坏。如果叶片旋转得过快，离心力会将风力涡轮机解体。关键的策略就在于叶片的角度。由计算机监测风速，在风力增大的时候控制叶片的倾角。另外，还需要一套重型刹车系统连接到主轴上，能让风力涡轮机彻底停下来。刹车系统在风力涡轮机维护过程中也会起作用。

强烈和稳定的风是工程师们希望出现的。欧洲的风力发电站通常位于海岸上，因为海风是比较稳定的。美国的平原地区，比如德克萨斯（Texas）、爱荷华（Iowa）和达科他（Dakotas）也常年有稳定的风。

风力涡轮机风车越大，发电的成本就越低，目前风力发电的成本低于煤炭和天然气。当然，风力发电也存在工程学上的软肋——有时候没有风。最近几十年，工程师们致力于开发可以存储能源的系统。可能的选择包括巨型化学电池、飞轮，或压缩空气和抽水系统。一旦工程师找到存储能源的低成本解决方案，风力发电将成为完美的电力来源。

平板电脑

轻巧和便携的平板电脑。

手机（1983 年），万维网（1990 年），智能手机（2007 年）

在 iPad 问世之前，不同的公司发明过上百种平板电脑。微软在 2001 年推出了基于 Windows XP 操作系统的平板电脑构架，这一基础鼓励生产商利用它创建自己的平板电脑。但是，结果并不令人满意。

2010 年出现的 iPad 就像坐上了火箭，它的崛起对于工程学有着深远的意义。有时候工程设计的形式与功能一样重要。

苹果的工程师对 iPad 所做的一切都是创新性的和革命性的。其中一项是感觉到产品坚实的重量的同时又实现了无与伦比的轻薄外形。这需要在易于携带和完美尺寸之间进行平衡。即使没有风扇，冷却也不成问题。电池续航时间在 10 小时内令人震惊，用户第一次不需要考虑频繁充电。

实际上，iPad 可以做到很多笔记本电脑能做到的事，而且是以更简单的方式做到。你永远不需要考虑什么是操作系统或是蓝屏、重启、病毒这样的问题。你想安装新软件的时候，只需要按下一个按钮就能在几秒钟内实现。删除也同样简单。应用程序从来都不会彼此干扰或是把机器弄死机。

就这样，每个人都会使用的简单设备让用户能浏览网页、读取电子邮件、记录笔记、运行计算器等。与笔记本电脑不同，你可以蜷缩在床上或沙发上使用 iPad。你不需要像笔记本电脑一样背着一个巨大的电源到处走。你把 iPad 从包里取出，或是从桌子上拿起来，按下一个按钮，它就完全准备就绪了。

这是工程学的胜利，它包含了难以用语言描述的设计思想和工程学技艺。但工程学对用户来说是完全隐藏在产品背后的。今天，许多公司都开始走上苹果所开创的这条道路。

X2 和 X3 直升机

一架 X3 直升机在德国飞行。

直升机（1944 年），阿帕奇直升机（1986 年）

传统的直升机有一个主螺旋桨和一个尾桨。这种直升机的问题是，它的最大速度比涡轮发动机或喷气式飞机要慢得多。民用状态下，这将意味着更长的飞行时间。如果是军用，则更容易被击落。以阿帕奇直升机 AH-64 为例，它的最大时速是 182 英里（292 千米）。如果有人向你射击，你得用更快的速度逃离。

速度极限是众所周知的工程学问题。考虑到主螺旋桨的扇叶旋转，每片扇叶的顶端会达到 500 英里（800 千米）的时速。当直升机加速到 100 英里（160 千米）时速时，扇叶向着飞行方向转动，顶端时速达到 600 英里（960 千米）。当螺旋桨反转时，顶端将达到 400 英里（640 千米）的时速。飞机加速造成的两个结果是：螺旋桨的顶端接近超音速，这将会毁坏发动机；反转的螺旋桨不再产生升力，这称为反转扇叶熄火。

X2 直升机（西科斯基，Sikorsky）的工程师们在 2008 年用一种创造性的方式克服了这个困难。首先，他们采用两个相反旋转的发动机。直升机加速时，两个发动机之间的升力保持平衡。其次，他们降低了向前加速的发动机转速。第三，他们增加了一个大推进器使直升机飞行得更快。

2010 年，X3（来自欧洲直升机公司）直升机的工程师们使用了完全不同的方法。第一，主发动机沿用传统直升机的形式；第二，去掉了尾部螺旋桨；第三，直升机装有较短的机翼；第四，机翼两侧带有涡轮推进器。每个机翼涡轮推进器都比它们替换掉的过去的尾翼转速更快。主发动机有 5 片扇叶，在高速飞行时扇叶放慢速度，短机翼提升部分载荷。

利用这些工程创新，X2 和 X3 能够达到将近 480 千米的时速。两个工程团队，两种截然不同的解决方案，都取得了出色的成就。

福岛核事故

2011 年无人机拍摄的日本大熊的福岛（Fukushima）第一（Daiichi）核电站照片。

轻水反应堆（1946 年），加拿大重水铀反应堆（1971 年），切尔诺贝利（1986 年）

2011 年

如果工程师所做的假设被证实为错误的会怎么样？有时候无关紧要，可以在出大问题之前得到纠正。或者在错误的系统出问题之前有足够时间让我们补救。或者有备份系统接管。但是时常，我们会看到工程学的小假设酿成了巨大的灾难。这样的例子包括 2011 年福岛核反应堆的灾难。

福岛反应堆的设计可以应对地震。当 2011 年日本海岸发生 9.0 级地震的时候，控制棒插入反应堆使反应堆自动关闭。反应堆的建筑没有遭到破坏。一切都看起来很好。即使地震切断了反应堆设施与电网的连接，在站的多路备份系统比如电池和柴油发电机可以工作，并且应急冷却系统根本不需要电力。

工程师们甚至预计到了海啸的发生。围绕着反应堆装置建造了一堵海堤抵挡海啸。

但工程师们没有预计到会发生 15 米高的海啸，以及它带来的破坏作用。工程师们假设了海啸的最大高度是 10 米。柴油发电机、电池、分布式电机和燃油罐，一切都位于反应堆建筑的地下室。15 米高海啸袭来的时候，它摧毁了所有备用的电力设施。电池耗尽，柴油发电机遭洪水灌入。分布式电机位于水下无法轻易连接外部电源。在 1 号反应堆中，因为一个关闭的阀门无法打开，本该在没有电力的情况下也可以操作的应急冷却系统失灵。

如果工程师考虑到 15 米海啸的可能性，后来在福岛的一切都会不同。仅仅因为发生了一次异常的自然状况，一切应急系统都彻底无用了。

自动驾驶汽车

一辆雷克萨斯（Lexus）RX450h 谷歌无人驾驶汽车。谷歌汽车的软件名为谷歌四季（Google Chauffeur），目前正在实验阶段。

雷达（1940 年），全球定位系统（GPS）（1994 年），沃森（2011 年）

自动驾驶汽车的想法一度看起来不现实。利用诸如无线电发射等技术的自动驾驶汽车从 1925 年起就在进行实验了。当时的实验让汽车在纽约拥堵的街道上穿行。直到 2011 年，谷歌工程师们宣告他们已经利用自动驾驶技术在普通公路上行驶了 10 万英里（16 万千米）。

谷歌的工程师们是如何让这一切变成现实的？几种技术的组合让自动驾驶汽车感知和理解世界。激光雷达（Lidar，利用激光代替微波实现的距离传感器）是其中的关键，它让汽车形成 360°的三维视景。激光探测器探测都静物如像停靠的车、柱子、路沿等静止的物体，同时也探测其他行驶中的汽车和行人这样的移动目标。前向和后向雷达帮助汽车探测行驶路径上更远距离的物体。光学相机寻找交通信号灯的变化。

全球卫星定位系统让汽车感知自己在世界中的位置。惯性导航系统有着更好的精度，车轮上的传感器让汽车知道自己跑得有多快。

另一项工程师们用到的技术是预知。在自动驾驶汽车上路之前，另一辆车已经在路上行驶并且精确地绘制出所在道路的位置，汽车在什么地方应该因为红灯而停下的，在什么地方交通信号灯会出现在前方视野中，它的高度如何变化等。利用这种技术，即使路标因为下雨而模糊不清，汽车依然知道道路的位置。

将所有这些技术结合到一起，制造成设备，配合功能强大的软件，就可以让汽车实现自动驾驶。实际上，自动驾驶汽车比人工驾驶更好，因为传感器可以随时看到车辆周边的一切，计算机是不会走神的。

速成的摩天大楼

中国工人制造用于 30 层高的方舟酒店的钢架。方舟酒店位于长沙，远大集团用 15 天时间完成建造。

帝国大厦（1931 年），抗震建筑（2009 年），迪拜塔（2010 年）

在美国和其他许多国家，建造摩天大楼都需要相当长的时间。例如，位于“9 · 11”事件遗址上的新建筑自由塔（Freedom Tower）花费了 10 年时间设计和建造。不可否认，自由塔的设计过程中涉及很多情感因素，而建造过程也颇有难度，但 10 年时间仍然是够长的。大部分摩天大楼都需要超过一年的时间建造完成。

2011 年，一家名为远大（Broad）的中国公司展现了建造摩天大楼的全新的方式：几乎整个建筑事先在工厂中进行预制，以模块的形式运送到建筑地点，然后在几天之内完成模块的组装。利用这些技术，这所公司仅仅用 15 天就竖立起一座 30 层楼高的酒店。

由于采用预制技术，大部分工作是工厂环境汇总的标准件的生产，全天候进行。例如，楼层模块经过标准化处理成为钢筋桁架单元。然后浇筑混凝土，安装瓷砖、天花板、固定装置以及包括管道、暖通空调、电路在内的全部设施。

在建筑施工现场，只有为数不多的几件事需要做。支撑建筑的所有桩子都是标准化的和经过预处理的。安装柱子，然后是楼层，然后再安装柱子，然后继续安装楼层，如此继续。标准化的窗户和外墙板最后安装。之后，工人们快速树立起所有的内墙。

由于建筑物是标准化的，批量化建造变得很容易。这些建筑可以包含相同的工程学特征，包括极端的地震阻力、能效和空气过滤。如果针对不同的建筑专门定制，成本就会变得很高。但在这样的标准化建筑中，规模经济和标准化带来价格的下降。

远大公司已经计划利用同样的工程学思想建造世界上最高的建筑——比迪拜塔还要高——工期只需要 90 天。可以想象，世界各地的工程师们会将这些模块化思想应用于未来不同的建筑项目。■

沃森

大卫·费鲁奇（David Ferrucci，1962— ）

2011 年 1 月 13 日纽约约克镇的选手肯·简宁（Ken Jennings）和布拉德·路特（Brad Rutter）对阵沃森（Watson）。

莱特兄弟的飞机（1903 年），弈棋机（1950 年），微处理器（1971 年），自动驾驶汽车（2011 年），脑复制（约 2024 年）

每时每刻，都有工程师和科学家在向这个世界贡献新事物，而且难以预料。例如，我们从没有飞机的时代步入拥有飞机的时代只用了一天，那一天莱特的飞机腾空而起。我们从“无人驾驶汽车尚未实现”走向“无人驾驶汽车已经成真”的那一天，谷歌宣布它的自动驾驶技术实现了 10 万英里（16 万千米）无事故。

由 IBM 首席科学家大卫·费鲁奇领导的团队开发的冒险游戏计算机——沃森的例子同样真实。出乎意料的，沃森已经战胜了最优秀的人类选手。这太令人惊讶了。

IBM 的工程师是如何实现这一结果的呢？一部分要归功于强大的硬件，另一部分归功于创新的软件。关键问题和最令人惊讶的地方在于，软件工程师所作出的决定是利用未标记的数据。换句话说，沃森将读入诸如维基百科、网上电影数据库和字典等未经修饰的资料。沃森将如同自然语言处理、机器学习和语义分析那样利用数据资料，让这些资料对计算机来说具有意义。没有人为沃森的数据进行结构化或标记工作。通过原始的文本信息，算法将其排序并生成知识库，然后与自然语言处理合并，最终理解闯关游戏中的问题。最后，合成的语音将答案念出来。

沃森的答题过程很快。第一代沃森，在 2011 年美国国家电视台的节目中出现的是一台填满整个房间的超级计算机。因为它需要用将近 100 台服务器，包括将近 3 000 个电脑处理内核和 16 TB 的内存用于运行软件。

沃森的闯关游戏能力还仅仅是一个开始。同样的软件技术通吃各种文本信息——医学的、法律的、科学的、互联网的，然后表现出同样的魔力。例如，想象一个可以理解你的问题的搜索引擎，或是一个让医生可以询问任何医学问题并找到相关研究结果的系统。沃森是工程学应用于前沿领域的伟大范例。

好奇号火星车

美国宇航局的火星科学实验室好奇号火星车的艺术概念图，为了调查火星过去或现在维持微生物存活的能力而设计的可运动机器人。

人造卫星（1957 年），月球车（1971 年），火星殖民（约 2030 年）

需求看起来足够简单："让我们把火星车送到火星上！"但是，伴随着这个要求，工程学的问题立即就涌现出来。已经有多个火星车和机器人漫步在火星上并且传回了大量精彩的图像和数据，足以证明我们拥有的工程学能力在现代社会可以大显身手。

考虑一下火星科学实验室雇用的工程师们面对的所有问题，他们必须设计一种能承受零下 73 摄氏度低温的火星车。火星车也是需要动力的。好奇号通过一种放射性同位素的核能发电机供电。11 磅（5 千克）钚的放射性衰变提供电力，给好奇号火星车加热保温。

火星车需要一套通信系统，要求能够穿越火星到地球的 2.5 亿英里（4 亿千米）的距离。当然，地球和火星都在旋转。在地球上，有巨大的天线为深空网络服务指向目标，使得无论地球如何转，总有一面天线可以看到火星。如果火星车位于火星面朝地球的部分，它能直接与深空网络对话。当火星车所在的部分背对地球时，更简便的方式是火星车与事先放置于火星轨道上的卫星对话，卫星再把信息转达给地球。

另一个问题是自主性。由于距离太远，对火星车发送一条消息并接收到回复需要 10 分钟时间。因此火星车必须靠它自己携带的智能装备独自完成许多任务。

抵达火星和着陆也是一个问题。火星车必须进入地球轨道，然后花费数个月向着火星飞去，再进入火星轨道，然后下降着陆。为什么不能靠降落伞着陆呢？因为火星的大气层太稀薄了，因此必须采用反向火箭在下落阶段帮助减速。所有这一切都要自动完成，直到落到火星表面。

直到火星车取回火星泥土送进小实验室进行化学分析，这期间的每一步都是困难的。好奇号火星车已经在 2012 年成功着陆，并在 2013 年完成部署。现在，我们可以在一个完全不同的行星上进行科学探索工作了。

243

人力直升机

托德 · 赖克特（Todd Reichert，生卒年不详）
卡梅伦 · 罗伯特森（Cameron Robertson，生卒年不详）

俯瞰为夺取西科斯基奖（AHS Sikorsky Prize）而研制的擎天神（AeroVelo Atlas）人力直升机。拍摄于安大略足球中心的“鸦巢”体育馆。

直升机（1944 年），人力飞机（1977 年），四旋翼飞行器（2008 年）

2012 年

早在 1980 年，围绕着人力飞行器的惊喜就不断涌现。名为“游丝神鹰”（Gossamer Condor）的工程学奇迹以其 8 字形飞行获得了 1977 年的克雷默奖（参见“人力飞机”）。在 1979 年，看起来不可思议的是，布莱恩 · 艾伦（Bryan Allen）驾驶着“游丝信天翁”（Gossamer Albatross）在 169 分钟内横跨了 35 千米宽的英吉利海峡。

1980 年，美国直升机学会（American Helicopter Society）设立西科斯基奖的时候，动机则更为直接。得奖者需要利用人力将飞行器升高到 3 米高度并保持 60 秒。飞行甚至可以在室内完成以消除风的影响。

这一活动吸引了比 30 年前更多的工程师来角逐这一看起来并不困难的奖项。然而实际上最大的问题在于，直升机的悬停需要比飞机起飞更多的动力。“游丝信天翁”利用 300 瓦的动力沿直线水平飞行。人力直升机的飞行员需要接受训练以确保可以在连续几分钟里输出超过 750 瓦的动力。脱离地面的起飞过程需要的最大动力则要求 1 100 瓦。为了实现起飞、60 秒悬停、着陆等一系列动作，要求提供足够的动力才能完成。

擎天神直升机使用 4 旋翼，飞行员坐在中心。每幅旋翼直径 33 英尺（10 米）。8 个机翼和 4 个轮轴占据自身昂贵的重量。之后，旋翼还要相互连接在一起。这要求一个巨大的碳纤维管 X 型桁架和高强度聚合纤维支撑线共同连接在旋翼之间。组装完成后，直升机有 47 米宽，但重量仅有 55 千克。与驱动旋翼的沉重链条相比，轮轴由更为轻薄的高强度聚合纤维线连接。当飞行员操作的时候，他绕紧来自 4 个轮轴的纤维线，因此飞行时间受到纤维线的长度的限制。

2012 年 8 月 28 日，托德 · 赖克特和卡梅伦 · 罗伯特森与来自多伦多大学的团队一起，驱动起擎天神直升机，并在西科斯基奖发布 32 年后赢得该奖。

北卡罗莱纳州立大学图书机器人系统

北卡罗莱纳州立大学詹姆斯·B. 亨特图书馆（James B. Hunt Jr. Library）的自动图书取回系统（BookBot）。

机器人（1921 年）

2013 年

如果从工程学的视角审视图书馆——特别是在大学里能见到的那种大型图书馆——你将意识到空间利用的方式可以多么的不同。如果只有几柜子的书，沿着书架之间一人多宽的走廊，图书管理员可以找到你想要的书。所有这些走廊都在浪费图书馆的空间。在一座大型图书馆中，有着 10 ～ 20 层楼充满了纸质书和期刊，但多数空间却被走廊占据。

工程技术可以提供更加有效的方式来保存纸质书和期刊：即自动化图书存储系统。

北卡罗莱纳州立大学的图书机器人系统，从 2013 年开始运行，是这类系统中的一个例子。它包括 4 个机器人可以到达的将近 2 万个大抽屉。每个抽屉包含将近 100 册图书。计算机对每册书存储在哪个抽屉有完整的记录。图书机器人系统将北卡罗莱纳州立大学的将近 200 万册图书以极高的密度保存。

当学生或教职员工想要借阅某册书的时候，他或她通过网站发送自己的借书请求。图书机器人系统派出机器人取回包含这本书的抽屉来到处理中心，工作人员从抽屉中找出这本书。之后，机器人再将抽屉送还回去。当图书被归还的时候，整个过程反过来执行一遍。

200 万册图书可以轻易地填满 20 层楼。靠图书机器人系统，总的存储空间只有 15 米宽、50 米长、15 米高。传统的书架式存储方式将需要 9 倍的空间才能容纳同样多数量的图书。

北卡罗莱纳州立大学正在这样利用它的图书机器人系统：在原来的图书馆中，机器人接管那些过去被图书填满的楼层并清空它们，所有的图书都转移到图书机器人系统中。然后，腾空了的楼层转为其他用途，例如学习空间、会议室等。工程师们凭借着将图书压缩到机器人系统中创造出了新的空间。

艾文帕太阳能发电系统

位于莫哈维沙漠（Mojave Desert）的太阳能发电系统的鸟瞰。

蒸汽轮机（1890 年），轻水反应堆（1946 年），加拿大重水反应堆（1971 年）

想象一下，你正想要收集阳光，许多许多的阳光。这么多的阳光，这么高的热量，可以为你提供一个小型城市的能源。2014 年开始位于拉斯维加斯附近的巨型太阳反射阵列就在做着这样的事情。这座规模庞大的工程构造属于谷歌、NRG 能源和亮源能源公司（BrightSource Energy）。

基本思路很简单：用平面镜反射阳光到高塔。把平面镜逐步放大尺寸到 7 平方米，再把每两面平面镜安装在可以活动的轴上。这样组合的装置称为太阳反射器。共需安装 17.3 万个反射器，使它们将阳光汇聚在三座高塔上。这就是艾文帕太阳能发电站的规模。

反射器的作用是追踪太阳。每个反射器都可以使镜面倾斜和旋转，保证它们总能将阳光反射到高塔上。这是很容易的任务，除非遇到大风。想象一下你把手伸出时速为 60 英里（约 97 千米）的汽车的车窗，就能感受到很大的阻力。再想象一下将一张胶合板伸出窗外，风力将是巨大的。太阳反射器支撑着两面反射镜，它们的尺寸差不多相当于 5 张胶合板的大小。每个太阳反射器都必须能处理大风情况，在狂风的天气中保持镜面的良好指向。

在三座高塔内部安装有定制的锅炉，负责将太阳的热能转化为蒸汽。蒸汽驱动蒸汽轮机发电，就像在传统的发电站中的情况一样。

考虑到太阳能给地球表面上每平方米提供 1 千瓦的能量，再考虑到这座发电站拥有大约 250 万平方米的镜面面积，这就意味着一共可以收集到 250 万千瓦的热量。大约一半的热量损失在向高塔聚焦的过程中，之后热量转化为电能的效率大约是 30% 左右，因此当太阳照耀的时候，这座发电站可以产生大约 400 兆瓦的电力，每天这样的时间可以持续 7 小时。如果电能的售价是每千瓦时 10 美分，发电站每年带来的收入大约是 1 亿美元。

威尼斯防洪系统

意大利威尼斯的洪水，圣马可广场的涨潮。

混凝土（公元前 1400 年），比萨斜塔（1372 年），须德海工程（1891 年），三峡大坝（2008 年）

威尼斯城发洪水时，水深常常超过 1.4 米。随着海平面的上升，未来的情况将更加严峻。最终，这座城市将彻底消失在洪水里。很多海滨城市不久都将面临相似的问题。例如纽约，现在遭遇洪水侵袭的次数比一个世纪以前多了 10 倍。

从工程学的角度看，整座威尼斯城太迷人了。城市坐落在潟湖（lagoon）中心一系列泥泞的岛屿上。为了城市的稳定性，数百年前人们砍伐了几百万棵树，将树干凿进泥土中。

问题是，潟湖的水面伴随着潮汐而随意上升和下降。当暴风雨来的时候，潟湖水面会涨得更高。甚至低气压的天气状况也会减弱水面上方的大气压从而导致潟湖水面上涨。

为了阻挡洪水，威尼斯正在安装一个名为 MOSE 的系统隔离潟湖。一堵海墙已经分割了潟湖和亚得里亚海（Adriatic Sea），只保留三处通道供船只通过。一组移动式闸门已经安置在这些通道的海床上。如果预测到高过正常状况的潮水来临，闸门会充满压缩空气并升高到合适的位置，从而彻底分割开潟湖与海洋。闸门可以维持内外水面 3 米的落差，使潟湖保持在洪水的水位以下。

将闸门放置在海床上是特殊的工程学挑战。闸门、它们的铰链和压缩空气存储器放置于海床下方埋藏的巨大的、模块化的混凝土搭板上。工程师决定在附近一处定制的干船坞中铸造这些器械，之后这些部件悬浮到精确的位置再沉入预定地点。

一共有 78 座闸门，每座 20 米宽。一旦如预期的那样整个系统在 2016 年开始运作，工程师们应该可以完全控制住洪水，希望这一努力可以保护威尼斯。

247

真空管道高速列车

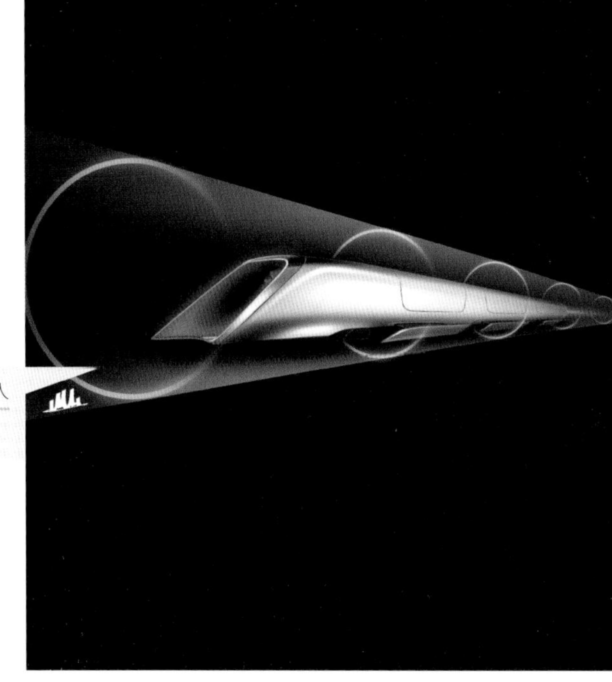

特斯拉公司发布的超回路载人交通仓的概念设计效果图。

磁悬浮列车（1937 年），布加迪 · 威航（2005 年）

人类的交通工具似乎都有速度的极限。汽车已经达到了 200 英里（320 千米）的时速，看起来再难突破了。火车也差不多，喷气式飞机更快，但也徘徊于 800 千米的时速附近。为什么工程师要设置这样的限制呢？

答案是空气和它造成的阻力。要达到跑车布加迪 · 威航的 200 英里（320 千米）时速，需要 75 万瓦的功率即每分钟消耗 2 加仑（约 7.6 升）燃料。几乎所有的动力都用来推开跑道上的空气。对于高速火车来说也是如此。喷气式飞机能够更快是因为它们翱翔于 9 000 米高空，那里的空气密度只有海平面上的四分之一。

如果人们想要走得更快，有什么解决方案吗？工程师需要处理掉空气。因此，真空管道高速列车的主意应运而生，当前由中国西南交通大学主导的这项研究有望在不久之后的 2020 年成为现实。真空管道高速列车是运行在真空管道中的磁悬浮列车。理论上，如果管道中的真空足够好，真空管道高速列车可以实现 4 800 千米的时速。用这样的速度，横穿美国的旅行只需要 1 个小时。从纽约到北京只需要 4 个小时。真空管道高速列车将使长距离旅行更加轻松，可以预见的是，也更加便宜。

但是，存在一些需要解决的工程学难题。其中一项技术难点是 4 800 千米时速运行中的列车转弯半径问题。快速运动的列车需要非常柔和的曲线进行转弯以避免乘客承受过大的向心力。因此，转弯半径将需要几百英里。列车的高度变化也要遵守同样的规则，铁轨也需要非常光滑并且保持水平。

另一个潜在的问题是海洋。铁轨如何穿越巨大的水体？创新的方案是，让管道悬浮在海平面以下几百英尺处，用锚和缆绳将管道与海底相连。

真空管道高速列车是彻底变革我们的生活的概念之一。我们已经具备了实现这一目标的全部技术。我们所需要的只是决心与投资。

2020 年

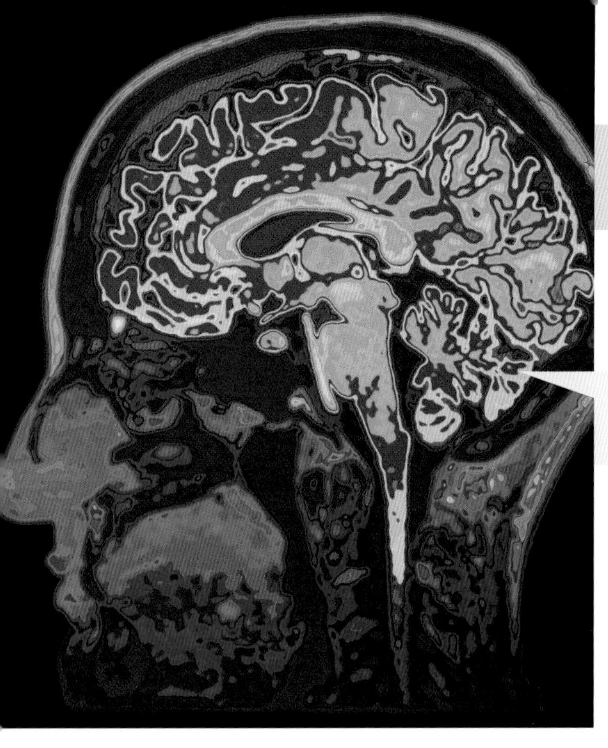

脑复制

脑复制只是工程学推动传统伦理界限的一个例子。

机器人（1921 年），电子数字积分计算机（ENIAC）——第一台数字计算机（1946 年），弈棋机（1950 年），阿帕网（1969 年），微处理器（1971 年），沃森（2011 年）

与我们今天使用的电脑相比，人脑在能力上和效率上绝对是出彩的。由于硅基芯片的电脑和人脑有着不同的技术基础（一个利用硅晶体管，另一个利用生物神经元和突触），它们很难具有可比性。但笼统地说，科学家认为人脑可能相当于每秒钟进行 1 亿亿次运算的电脑，同时还具备 1 千万亿字节的存储能力。

如此强大的人脑，仅消耗大约 20 瓦能量，而且尺寸小到可以容纳在你的头部当中。把人脑和今天常见的笔记本电脑作比较，我们发现笔记本大体上使用了相同的能量，但运算能力和存储能力只有人脑的百万分之一。你的笔记本电脑，至少在今天还不能学习新的语言，不能展望世界和识别物品，不能自我编程，不能做很多对人类来说平凡的事。你的笔记本电脑也说不出来这样的话："我思，故我在。"

工程师看到人脑会问，"有没有一种方法可以复制这种运算模式？"复制人脑，将在许多领域大有益处。如果复制大脑与人脑足够接近，理论上科学家和工程师们也能复制意识、人类的学习能力和所有其他能力。

怎样才能做到呢？一种途径是完整地利用软件在超级计算机上模拟运行。人脑包含大约 860 亿个神经元和 1 万亿个突触——当前的技术还不足以做到，但年复一年的努力让人们越来越接近了。可能我们需要一台可以进行每秒 1 千万亿次操作的计算机来做这件事？

汇集足够的硬件只是问题的一部分。理解所有这些神经元如何相互连接才是问题的另一部分。我们需要让所有的部分精确地起作用。人类至今还不能模拟昆虫体内简单的神经元网络。

欧洲已经启动了人脑工程计划。美国也有了基于高新技术神经元的脑研究计划。我们希望科学家和工程师们可以在未来十年攻克这一难关。

火星殖民

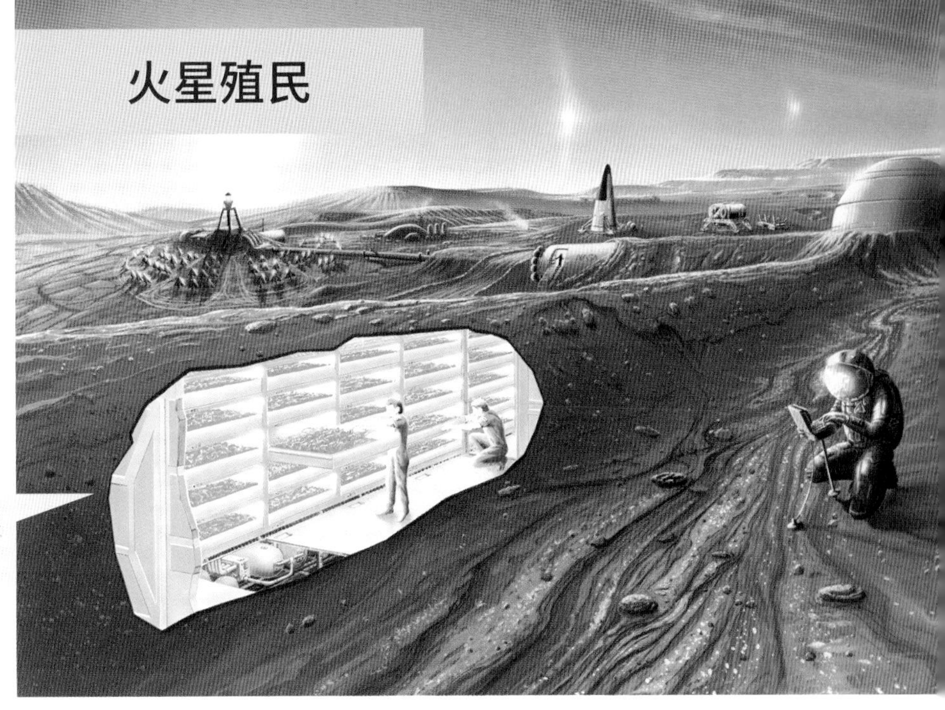

艺术家想象的火星殖民地剖面图。

登月（1969 年），生物圈二号（1991 年）

火星殖民目前尚未实现。考虑到包括经济、不宜居住、低重力在内的原因，火星殖民可能永远都不会实现。但是工程师在这个领域已经花费了大量时间研究。建立自适应的人类殖民火星的想法总是引人入胜。

建立人类殖民的设想就像是征服荒岛。因为我们需要万事俱备——有适宜的气压、气温和氧气。降雨提供淡水；岛上漫游的动物和海里游弋的鱼群提供了最初的食物来源；植物提供了食物，植物纤维提供了制作衣服、绳索、建筑材料的基础。如果一群人赤身露体流落荒岛，他们有很大的机会幸存下来。

但在火星上，这些都不复存在。温度、气压、可用的氧气和供水都消失了。没有任何动植物。甚至重力也不对，火星上的重力还不到地球上的一半。没有磁场和充足的大气层抵挡紫外线辐射和其他类型的辐射。大气层中包含太多的二氧化碳，这对人类和植物来说都是致命的。

因此，火星殖民将完全依赖工程化。它将是一个密封的系统，一个包含人工大气、辐射保护和绝热的孤立系统。这意味着建筑可能位于地下。地面以下的冰将提供水源，殖民者需要携带初始食物然后靠某种工程方式增加或生产新的食物。

有两件事可能会有帮助。工程师可以建造自动化的建筑并首先送达火星。仿生环境也是可能的，虽然前路漫漫可能需要耗费几个世纪。

如果人类真的殖民火星，有一件事是确定的——不会在没有工程学协助的情况下实现。

有待于工程学解决的问题

未来飞行汽车的概念图。

机器人（1921 年），水中呼吸器（1944 年），移动电话（1983 年），虚拟现实（1985 年），锂离子电池（1991 年）

本书涵盖了广泛而神奇的工程学成就。一部分从科幻开始而变为现实。例如手机，它像极了 1966 年《星际迷航》（*Star Trek*）电视剧中所见的通信设备。仅仅 30 年之后，工程师们就制造出了廉价、袖珍的手机。

其他许多科幻思想还在等待现实世界加以落实。许多设想停滞下来是因为我们还没有掌握足够的基础科学原理，或是足够的金钱支持这样的思想。这些将在未来实现的工程作品如下所列：

飞行汽车——目前受到经济、稳定性和重量问题的限制；

时间机器——如果可能的话，受限于基础科学；

永生——受限于基础科学；

空间转移——可能永远不会实现，但是虚拟现实技术可以；

即时治愈——科幻和游戏中常见，受限于基础科学；

气垫船——需要喷气飞行器；

轻松的水下呼吸——需要水肺或人工腮才有可能；

星舰、翘曲航行——受限于发动机技术、经济和科学；

悬停特技——受限于基础科学；

Vertebrane——受限于基础科学；

太空电梯——受限于材料科学和经济；

真正好用的电池——受限于基础科学；

消除贫困——受限于贪婪与懈怠；

全球变暖解决方案——受限于懈怠和经济；

食物机器——受限于基础科学，但人造肉已经接近成功；

轻松的星际旅行——受限于发动机技术、能源、经济、重力问题、辐射问题等。

由于必需的科学还不存在，所以许多工程发明没有办法开始，例如科幻的《星球大战》（*Star Wars*）宇宙用喷气飞行器。如果喷气飞行器技术存在，工程师可以找到上千种开发方式。因此，我们需要等待科学家带来好消息，之后工程师才可以行动起来。

注释与延伸阅读

一般阅读

Blockley, D., *Engineering: A Very Short Introduction*, London: Oxford UP, 2012. Constable, G. and Somerville, B., A Century of Innovation, Washington, DC:Joseph Baker, 2003.Wikipedia Encyclopedia, www.wikipedia.org.

马歇尔·布莱恩的其他著作

Brain, M., *How God Works*, New York: Sterling, 2015. Brain, M., *How Stuff Works*, New York: Chartwell, 2010.

Brain, M., *More How Stuff Works*, Hoboken, NJ: Wiley, 2002.Brain, M., *How Much Does the Earth Weigh?*, Hoboken, NJ: Wiley, 2007. Brain, M., *The Teenager's Guide to the Real World*, Cary, NC: BYG, 1997. Brain, M., *Manna*, Cary, NC: BYG, 2012. Brain, M., *The Meaning of Life*, Cary, NC: BYG, 2012.

序言

Merriam-Webster.com. http://tinyurl.com/q37olct.

公元前 30000 年，弓与箭

Dollinger, A. *http://tinyurl.com/3pbdqav*.

公元前 3300 年，狩猎 / 收集工具

Fowler, B., *Iceman*, Chicago, IL: Chicago UP, 2001.

公元前 2250 年，大金字塔

Brier, B., *The Secret of the Great Pyramid*, NY: Harper, 2009.

公元前 2000 年，因纽特人的技术

Living Dictionary. *http://tinyurl.com/nvzjzqj*.

公元前 1400 年，混凝土

Moorehead, C., *Lost and Found*, NY: Penguin, 1997.

公元前 625 年，沥青

Marozzi, J., *The Way of Herodotus*, NY: Da Capo, 2010.

公元前 438 年，帕台农神庙

Beard, M., *The Parthenon*, Cambridge, MA: Harvard UP, 2010.

公元前 312 年，古罗马沟渠系统

Rinne, K., *The Waters of Rome*, New Haven, CT: Yale UP, 2011.

公元前 100 年，水车

Wikander, Ö., *Handbook of Ancient Water Technology*, Leiden: Brill, 1992.

79 年，庞贝古城

Beard, M., *Fires of Vesuvius*, Cambridge, MA: Belknap, 2010.

1040 年，指南针

Vardalas, J., *http://tinyurl.com/oz3rrm3*.

1144 年，圣丹尼斯大教堂

Honour, H. and Fleming, J., *A World History of Art*, London: Laurence King, 2009.

1300 年，投石机

Gurstelle, W., *The Art of the Catapult*, Chicago, IL: Chicago Review, 2004.

1372 年，比萨斜塔

McLain, B., *Do Fish Drink Water?*, NY: Morrow, 1999.

1492 年，横帆木帆船

Ship Wiki, *http://tinyurl.com/kflx47n*.

1600 年，中国的万里长城

Bloomberg News, *http://tinyurl.com/pehjxd2*.

1620 年，甘特链

Linklater, A., *Measuring America*, NY: Penguin, 2003.

1670 年，机械摆钟

Rawlings, A., *The Science of Clocks and Watches*, Upton, UK: British Horological Institute, 1993.

1750 年，耶茨磨坊中的简单机械

Anderson, W., *Physics for Technical Students*, NY: McGraw-Hill, 1914.

1773 年，建筑的定向爆破

Blanchard, B., http://tinyurl.com/nz9pjcg.

1784 年，动力织布机

Marsden, R., *http://tinyurl.com/mpq88kd*.

1790 年，纺织厂

Hunt, D., *http://tinyurl.com/morw2on*.

1794 年，轧棉机

Roe, J., *English and American Tool Builders*, New Haven, CT: Yale UP, 1916.

1800 年，高压蒸汽机

Kirby, R., *Engineering in History*, Mineola, NY: Dover, 1990.

1823 年，桁架桥

The Science Museum, *http://tinyurl.com/ntm2qnt*.

1824 年，伦斯勒理工学院

Rensselaer Polytechnic Institute, *http://tinyurl.com/pwy2u9n*.

1825 年，伊利运河

Finch, R., *http://tinyurl.com/mvll2fa*.

1830 年，大拇指汤姆蒸汽机车

Stover, J., *History of the Baltimore and Ohio Railroad*, West Lafayette, IN: Purdue UP, 1987.

1837 年，电报系统

Connected Earth, *http://tinyurl.com/lgntn64*.

1845 年，批量生产

Hounshell, D., *From the American System to Mass Production, 1800–1932*,Baltimore, MD: John Hopkins UP, 1984.

1845 年，隧道掘进机

Bagust, H., *The Greater Genius?*Birmingham, UK: Ian Allan, 2006.

1846 年，缝纫机

ISMACS International, *http://tinyurl.com/qhj7t9f*.

1851 年，美洲杯帆船赛

America' s Cup, *http://tinyurl.com/qb9psfo*.

1854 年，给水处理

EPA.gov, *http://tinyurl.com/4ftm2y*.

1855 年，贝塞麦炼钢法

Ponting, C., *World History, A NewPerspective*, New York: Pimlico, 2000.

1856 年，塑料

Dreher, Carl, *http://tinyurl.com/k8hsxtk*.

1858 年，大本钟

Hill, R., *God's Architect*, New Haven, CT: Yale UP, 2009.

1859 年，油井

Tarbell, I. M., *The History of the Standard Oil Company*, Gloucester, MA: Peter Smith, 1963.

1859 年，现代污水处理系统

Halliday, S., *The Great Stink of London*, Gloucestershire, UK: History Press, 2001.

1860 年，路易斯维尔水塔

Amies, N., *http://tinyurl.com/lewuhkk*.

1861 年，瓦姆萨特炼油厂

Schmidt, B., *http://tinyurl.com/lzt4c6x*.

1861 年，电梯

Bellis, M., *http://tinyurl.com/ao5qkqo*.

1869 年，横跨大陆铁路

Cooper, B., *Riding the Transcontinental Rails*, Philadelphia, PA: Polyglot, 2005.

1873 年，缆车

Thompson, J., *http://tinyurl.com/lxtd7f5*.

1876 年，电话

John, R., *Network Nation*, Cambridge, MA: Harvard UP, 2010.

1878 年，电网

Energy Graph, *http://tinyurl.com/mxayh62.*

1879 年，碳纤维

Kopeliovich, D., *http://tinyurl.com/qbtn2tg.*

1885 年，机械增压器和涡轮增压器

McNeil, I., *Encyclopedia of the History of Technology*, London: Routledge, 1990.

1885 年，华盛顿纪念碑

Savage, K., *Monument Wars*, Oakland, CA: California UP, 2011.

1886 年，自由女神像

Khan, Y., *Enlightening the World*, Ithaca, NY: Cornell UP, 2010.

1889 年，埃菲尔铁塔

Harvie, D., *Eiffel*, Gloucestershire, UK: Sutton, 2006.

1889 年，霍尔-赫劳尔特电解炼铝法

American Chemical Society, *http://tinyurl. com/kbmurtf.*

1890 年，蒸汽轮机

Encyclopedia Britannica, *http://tinyurl. com/ncrj8q7.*

1891 年，卡耐基音乐厅

Carnegie Hall, *http://tinyurl.com/kelly3a.*

1891 年，须德海工程

Kimmelman, M., *http://tinyurl.com/qbhr4l6.*

1893 年，二冲程柴油发动机

Sloan, A., *Diesel Engine Design*, London: George Newnes, 1953.

1893 年，摩天轮

World Digital Library, *http://tinyurl.com/myzq959.*

1897 年，柴油机车

Churella, A., *From Steam to Diesel*, Princeton, NJ: Princeton UP, 1998.

1899 年，除颤器

Nature magazine archives, *http://tinyurl. com/kap38f9.*

1902 年，空调

Bergen Refrigeration, *http://tinyurl.com/lrer5sw.*

1903 年，心电图

Cooper, J., *http://tinyurl.com/jw3ub7k.*

1903 年，莱特兄弟的飞机

National Parks Service, *http://tinyurl.com/mkkd4et.*

1905 年，专业工程执照

APA—The Engineered Wood Association,*http://tinyurl.com/kn9rqwh.*

1907 年，工程师许可证

NSPE, *http://tinyurl.com/kz9yuyb.*

1908 年，内燃机

For a video of the engine in action, see *http://tinyurl.com/q9f9wla.*

1910 年，腹腔镜手术

Martin Hatzinger, et al., *http://tinyurl.com/mpdpm96.*

1912 年，泰坦尼克号

Freer, A., and Griffiths, D., *http://tinyurl.com/o7tov7w.*

1913 年，伍尔沃斯大厦

Douglas, G., *Skyscrapers*, Jefferson, US: McFarland, 1996.

1914 年，巴拿马运河

Greene, J., *The Canal Builders*, New York: Penguin, 2009.

1917 年，激光

Siegman, A., *Lasers*, Sausalito, CA: University Science, 1986.

1917 年，胡克望远镜

Mount Wilson Observatory, *http://tinyurl.com/qeffczm.*

1919 年，女工程师协会

Nicholson, V., *Singled Out*, Oxford, UK: Oxford UP, 2008.

1919 年，过山车

Coker, R., *Roller Coasters*, New York: Metrobooks, 2002.

1920 年，金索勒栈桥

Webb, W., *Railroad Construction*,Hoboken, NJ: Wiley, 1917.

1920 年，广播电台

Nebeker, F., *Dawn of the Electronic Age*, Hoboken, NJ: Wiley, 2009.

1921 年，机器人

Roberts, A., *The History of Science Fiction*, New York: Palgrave Macmillan, 2006.

1926 年，人工心脏机

Kohn, L., *http://tinyurl.com/ntf8mpw*.

1927 年，电冰箱

Burstall, A., *A History of MechanicalEngineering*, Cambridge, MA: MIT Press, 1965.

1931 年，帝国大厦

Wagner, G., *Thirteen Months to Go*, San Diego, CA: Thunder Bay, 2003.

1935 年，录音机

Onosko, T., *Wasn't the Future Wonderful?*, New York: Plume, 1979.

1936 年，胡佛水坝

Hiltzik, M., *Colossus*, New York: Free Press, 2010.

1937 年，金门大桥

Starr, K., *Golden Gate*, London: Bloomsbury, 2012.

1937 年，兴登堡

Lawson, D., *Engineering Disasters*, New York: ASME, 2005.

1937 年，涡轮喷气发动机

NASA, *http://tinyurl.com/orxbfxd*.

1937 年，磁悬浮列车

Post, R., *http://tinyurl.com/lhzjqd8*.

1938 年，一级方程式赛车

De Groote, S., *http://tinyurl.com/72fayvs*.

1939 年，诺登投弹瞄准器

St. John, P., *Bombardier*, Nashville, TN: Turner, 1998.

1939 年，彩色电视

A timeline of the introduction of color television in a variety of countries: *http://tinyurl.com/nfeobs*.

1940 年，塔科马海峡大桥

Petroski, H., *To Engineer is Human*, New York: Vintage, 1992.

1940 年，雷达

Bowen, E. G., *Radar Days*, UK: Taylor & Francis, 1987.

1941 年，掺杂硅

Brain, M., *http://tinyurl.com/kov5tve*.

1942 年，扩频

Petersen, A., *http://tinyurl.com/lts47sn*.

1943 年，透析机

Pendse, S., Singh, A., and Zawada, E.,*Handbook of Dialysis*, 4th ed., NY: Macmillan, 2008.

1943 年，水中呼吸器

Cousteau, J., *The Silent World*, New York: Nat Geo, 2004.

1944 年，直升机

Chiles, J., *The God Machine*, New York: Bantam, 2007.

1945 年，铀浓缩

US Nuclear Regulatory Commission, *http://tinyurl.com/opubbot*.

1945 年，"三位一体"核弹

Monk, R., *Robert Oppenheimer*, Toronto: Doubleday, 2012.

1946 年，电子数字积分计算机（ENIAC）——第一台电子计算机

Rojas, R. andHashagen, U., eds., *The First Computers*, Cambridge, MA: MIT, 2000.

1946 年，顶装式洗衣机

Stanley, A., *Mothers and Daughters of Invention*, New Brunswick, NJ: Rutgers UP, 1995.

1946 年，微波炉

Cowan, R., *More Work for Mother*, New York: Basic, 1985.

1946 年，轻水反应堆

Bunker, M., *http://tinyurl.com/oflyu7o*.

1947 年，AK-47

Rottman, G., *The AK-47*, New York: Osprey,

2011.

1947 年，晶体管

Riordan, M., *http://tinyurl.com/yaufccm*.

1948 年，有线电视

Eisenmann, T., *http://tinyurl.com/kckooou*.

1949 年，塔式起重机

Liebherr, *http://tinyurl.com/nlfjtzt*.

1949 年，原子钟

Ost, L., *http://tinyurl.com/nllbz9j*.

1949 年，集成电路

A short film on Jack Kilby: *http://tinyurl.com/k74ed7p*.

1950 年，弈棋机

Computer chess, a film by Andrew Bujalski, provides some interesting background information: *http://tinyurl. com/k4cql25*.

1951 年，喷气发动机测试

For more on the chicken gun used to test jet engines: *http://tinyurl.com/3dehuo*.

1952 年，中心旋转喷灌

Snyder, C., *http://tinyurl.com/nkyfbyj*.

1952 年，三维眼镜

Zone, R., *Stereoscopic Cinema and the Origins of 3-D Film*, 1838–1952, Lexington, KY: Kentucky UP, 2007.

1952 年，常春藤麦克氢弹

Formerly classified, this short film on the bomb is now available online: *http://tinyurl.com/pqbxlrm*.

1953 年，汽车安全气囊

Bellis, M., *http://tinyurl.com/2vror8*.

1956 年，硬盘

Mueller, S., *Upgrading and Repairing PCs* (21st Ed.), Upper Saddle River, NJ: Que, 2013.

1956 年，TAT-1 海底电缆

Burns, B., *http://tinyurl.com/menaxz3*.

1957 年，冷冻比萨

Hulin, B., *The Everything Pizza Cookbook*, Avon, MA: F+W, 2007.

1957 年，人造卫星

Jorden, W., *http://tinyurl.com/lc6rm6s*.

1958 年，座舱增压

Larson, G., *http://tinyurl.com/md7oveb*.

1959 年，海水淡化

Barlow, M. and Clarke, *T.*, *http://tinyurl.com/m3bykcl*.

1960 年，洁净室

Leary, W., *http://tinyurl.com/lzsb534*.

1961 年，T1 线路

How Stuff Works, *http://tinyurl.com/jlppv*.

1961 年，绿色革命

Jain, H., *The Green Revolution*, Houston, TX: Studium, 2010.

1962 年，SR-71 侦察机

Video with SR-71 pilot Richard Graham: *http://tinyurl.com/lt7wftd*.

1962 年，原子钟无线电台

More information on the station: *http://tinyurl.com/bum65ma*.

1963 年，可伸缩体育场屋顶

Video demonstrating the retractable roof at Canada' s West Harbour stadium: *http:// tinyurl.com/k9jshef*.

1963 年，辐照食品

FDA' s food irradiation FAQ: *http://tinyurl.com/837e83n*.

1964 年，直线极速赛车

A 10,000 horsepower top fuel dragster: *http://tinyurl.com/qaqesv5*.

1964 年，滴灌

Freedman, C., *http://tinyurl.com/qc6gctl*.

1964 年，天然气油轮

Barden, J., *http://tinyurl.com/ltsmzfl*.

1964 年，子弹头列车

Hosozawa, A. and Hiroshi, N., *http://tinyurl.com/lz467ek*.

1965 年，圣路易斯拱门

Campbell, T., *The Gateway Arch*, New Haven, CT: Yale UP, 2013.

1965 年，集束炸弹

Clancy, T., *Fighter Wing*, London:Harpercollins, 1995.

1966 年，复合弓

Paterson, W., *The Encyclopaedia of Archery*, London: St. Martin' s, 1985.

1966 年，翼伞

Popular Science, *http://tinyurl.com/p7zy4ap*.

1966 年，球床核反应堆

Bradsher, K., *http://tinyurl.com/orrumbd*.

1966 年，动态随机存取存储器

Wang, D., *http://tinyurl.com/kjp5th7*.

1967 年，汽车排放控制

The International Council on Clean Transportation has updated informationon global emissions standards:*http://tinyurl.com/6yo97xz*.

1967 年，阿波罗 1 号

The New York Times, *http://tinyurl.com/3c65on5*.

1967 年，土星五号火箭

Tate, K., *http://tinyurl.com/afo3foz*.

1968 年，"C-5 超级银河" 运输机

A useful infographic illustrating the Galaxy' s massive size: *http://tinyurl.com/pgupdqr*.

1968 年，波音 -747 大型喷气式客机

Pealing, N. and Savage, M., *Jumbo Jetliners*, Osceola, WI: Motorbooks, 1999.

1969 年，登月

A video of the first moon landing: *http://tinyurl.com/2znnoa*.

1969 年，阿帕网

Stewart, W., *http://tinyurl.com/dd4mzc*.

1969 年，宇航服

For an excellent selection of space suit photos: *http://tinyurl.com/mex5r7f*.

1970 年，液晶屏幕

Castellano, J., *Liquid Gold*, Hackensack, NJ: World Scientific, 2005.

1970 年，阿波罗 13 号

Lattimer, D., *All We Did was Fly to the Moon*, Cedar Key, FL: WhisperingEagle, 1985.

1970 年，光纤通信

Keiser, G., *Optical Fiber Communications* (4th Ed.), New York: McGraw-Hill, 2011.

1971 年，防抱死制动

Lincoln Continental car brochure from the year anti-lock brakes became standard: *http://tinyurl.com/m7to74t*.

1971 年，月球车

Lunar Rover manual: *http://tinyurl.com/pmagdv5*.

1971 年，微处理器

Augarten, S., *State of the Art*, New York: Houghton-Mifflin, 1983.

1971 年，加拿大重水铀反应堆（CANDU）

Whitlock, J., *http://tinyurl.com/2kakzd*.

1971 年，计算机断层扫描（CT）

CT scan medical animation: *http://tinyurl.com/p6o-eylv*.

1971 年，电厂除尘器

A useful video: *http://tinyurl.com/qh2554v*.

1971 年，凯夫拉纤维

Pearce, J., *http://tinyurl.com/nlhzb3l*.

1972 年，基因工程

Voosen, P., *http://tinyurl.com/l7a4edl*.

1973 年，世界贸易中心

An archival video about the construction of the original World Trade Center: *http://tinyurl.com/lxgmzhs*.

1975 年，路由器

Some recollections from other engineers who worked with Virginia "Ginny" Strazisar on the development of the router: *http://tinyurl.com/mbapf9u*.

1976 年，协和飞机

Conway, C., *High Speed Dreams*, Baltimore, MD: John Hopkins UP, 2005.

1976 年，加拿大国家电视塔

Fulford, R., *Accidental City*, Ottawa, CN: Macfarlane Walter & Ross, 1995.

1976 年，家用录像带

IEEE History Center, *http://tinyurl.com/k54eptr*.

1977 年，人力飞机

Roper, C., *http://tinyurl.com/qffjswj*.

1977 年，调谐质块阻尼器

The Taipei 101 tuned mass damper moving during an earthquake: *http://tinyurl.com/n47rc5m*.

1977 年，旅行者号探测器

Clark, S., *http://tinyurl.com/kadbgmu*.

1977 年，阿拉斯加输油管

McPhee, J., *Coming Into the Country*,New York: FSG, 1976.

1977 年，磁共振成像（MRI）

Mayo Clinic, *http://tinyurl.com/lrz3ayz*.

1978 年，氮氧加速器

NOS Systems, *http://tinyurl.com/nxxjxjt*.

1978 年，巴格尔 288

Murray, P., *http://tinyurl.com/7cg7ma8*.

1979 年，海上巨人号超级油轮

Trex, E., *http://tinyurl.com/pob5l3y*.

1980 年，闪存

Computer engineer David Woodhouse presentation about how flash storage works: *http://tinyurl.com/mq7ebjn*.

1980 年，M1 坦克

Orr, K., *King of the Killing Zone*, New York: WW Norton, 1989.

1980 年，体育场巨幕

Mercer, B., *ManVentions*, Blue Ash, OH: Adams, 2011.

1981 年，大脚怪物卡车

Borelli, C., *http://tinyurl.com/m5vtx5u*.

1981 年，航天飞机轨道器

NASA, *http://tinyurl.com/3xkpjbj*.

1981 年，V-22 鱼鹰

Whittle, R., *The Dream Machine*, New York: Simon & Schuster, 2010.

1982 年，人工心脏

Long, T., *http://tinyurl.com/kjqjd3m*.

1982 年，钕磁铁

Swain, F., *http://tinyurl.com/7l4ww9o*.

1983 年，射频识别标签

Angell, I. andKietzmann, J.,*http://tinyurl.com/nczuwcr*.

1983 年，F-117 隐形战斗机

Video of the F-117 Stealth Fighter crashing: *http://tinyurl.com/n2wrmvb*.

1983 年，移动电话

Agar, J., *Constant Touch*, London: Totem,2004.

1983 年，基米尼滑翔机

Hoffer, M. and Hoffer, W., *Freefall*, New York: Simon & Schuster, 1989.

1983 年，以太网

The original patent can be found online here: *http://tinyurl.com/mr846j4*.

1984 年，三维打印机

Hart, B., *http://tinyurl.com/8xosxgm*.

1984 年，域名服务系统（DNS）

（DNS）Ball, J., *http://tinyurl.com/pvqz53x*.

1984 年，外科手术机器人

Pransky, J., *http://tinyurl.com/kmqmh3c*.

1984 年，集装箱货运

Cudahy, B., *Box Boats*, New York: Fordham UP, 2006.

1984 年，伊泰普大坝

BBC, *http://tinyurl.com/lkn32w*.

1985 年，巴斯县抽水储能

Koronowski, R., *http://tinyurl.com/mnkd9le*.

1985 年，国际热核聚变实验堆（ITER）

Khatchadourian, R., *http://tinyurl.com/lqpcbya*.

1985 年，虚拟现实

Lanier, J., *You Are Not a Gadget*, New York: Vintage, 2011.

1986 年，切尔诺贝利

Mahaffey, J., *Atomic Accidents*, New York: Pegasus, 2014.

1986 年，阿帕奇直升机

Macy, E., *Apache*, New York: Grove, 2010.

1990 年，万维网

Hafner, K., *Where Wizards Stay Up Late*, New

York: Simon & Schuster, 1998.

1990 年，哈勃太空望远镜

Hubblesite.org, *http://tinyurl.com/dmnpr5*.

1991 年，锂离子电池

List of lithium ion batteries at dmoz.org: *http://tinyurl.com/klvyssp*.

1991 年，生物圈二号

Allen, J., *Me and the Biospheres*, Santa Fe, NM: Synergetic, 2009.

1992 年，节水坐便器

Nash, J., *http://tinyurl.com/d8tsosl*.

1992 年，雨水处理系统

Lee, E., *http://tinyurl.com/k4x9fhp*.

1993 年，凯克望远镜

Yarris, L., *http://tinyurl.com/n3dttn2*.

1993 年，毁灭战士引擎

Kushner, D., *Masters of Doom*, New York: Random, 2004.

1994 年，英法海底隧道

Flyvbjerg, B. andRothengatter, N.,*Megaprojects and Risk*, Cambridge:Cambridge UP, 2003.

1994 年，数码相机

Kaplan, J. and Segan, S., *http://tinyurl.com/5gutm4*.

1994 年，全球定位系统（GPS）

Lagunilla, J., Samper, J., Perez, R., *GPS and Galileo*, New York: McGraw-Hill,2008.

1994 年，关西国际机场

Watkins, T., *http://tinyurl.com/n6hly9d*.

1995 年，《玩具总动员》

Price, D., *The Pixar Touch*, New York:Vintage, 2009.

1996 年，艾瑞欧原子车

Nusca, A., http://tinyurl.com/lr8j79v.

1996 年，高清电视

Princeton University, *http://tinyurl.com/p3wv67z*.

1997 年，普锐斯混合动力汽车

Berman, B., *http://tinyurl.com/m8xgzm4*.

1998 年，国际空间站

To see a full list of the countries that have contributed to this space station, see *http://tinyurl.com/psz9wfr*.

1998 年，大型强子对撞机

Kolbert, E., *http://tinyurl.com/nw38lt6*.

1998 年，智能电网

For the first articulation of this vision and the resultant funding please see *http://tinyurl.com/nobgsum* and for consortia and their foci *http://tinyurl.com/mwe75qg*.

1998 年，铱星系统

McIntyre, D., *http://tinyurl.com/m2k3smp*.

1999 年，无线上网技术（Wi-Fi）

Cox, J., *http://tinyurl.com/pbd3ufp*.

2001 年，赛格威

This is one example of an invention that is often attributed to one or two people, but is actually the result of hard work by numerous people. For a list of the full team, including dynamics engineers, programmers, electrical engineers, mechanical engineers, and industrial designers, see *http://tinyurl.com/nfcopmy*.

2003 年，《百年革新》

The catalog page for this book contains a link to an informative podcast:*http://tinyurl.com/nccp693*.

2004 年，米洛高架桥

This document on the construction of the bridge includes the names of the full team: *http://tinyurl.com/q6xd4ds*.

2005 年，布加迪 · 威航

A fascinating documentary on the process of designing the Bugatti Veyron can be found online at *http://tinyurl.com/ougbzad*.

2005 年，佐治亚州水族馆

Rothstein, E., http://tinyurl.com/n69csdv.

2006 年，棕榈岛

Webb, M., *http://tinyurl.com/m3az4fc*.

2006 年，主动矩阵有机发光二极管屏

Pohlmann, K., *http://tinyurl.com/ljz6zqe*.

2007 年，智能手机

PC Magazine, *http://tinyurl.com/kg6jpmg*.

2008 年，四旋翼飞行器

Mellinger, D., *http://tinyurl.com/opg3t5k*.

2008 年，碳回收

One of the Engineering Grand Challenges is a better method of carboncapture: *http://tinyurl.com/pbxy5n9*.

2008 年，工程学大挑战

A full list of the Challenges is available online at *http://tinyurl.com/pbxy5n9*.

2008 年，马丁飞行喷气包

The Martin Jet Pack website has a great gallery of videos: *http://tinyurl.com/lsl58of*.

2008 年，三峡大坝

An animation showing the interior of the dam: *http://tinyurl.com/nol5zcj*.

2009 年，美国国家点火装置

Sample, I., *http://tinyurl.com/ly3lmrr*.

2009 年，防震建筑

Hart, M., *http://tinyurl.com/pdqst7q*.

2009 年，美国总统的豪华轿车

Strong, M., *http://tinyurl.com/l9bhfzy*.

2010 年，太阳能驱动飞机

Boyle, A., *http://tinyurl.com/kl23okx*.

2010 年，英国石油公司防喷器的失效

Gold, R., *http://tinyurl.com/mylqamk*.

2010 年，迪拜塔

The construction timeline can be found online here: *http://tinyurl.com/n3u2pu7*.

2010 年，哈利 · 波特的禁忌之旅

A full rundown on the RoboCoaster can be found on KUKA' s website: *http://tinyurl.com/l8kqoym*.

2010 年，埃塔风能中心

The ten largest wind farms in the world:*http://tinyurl.com/pkdj39y*.

2010 年，平板电脑

PC Magazine, *http://tinyurl.com/nk4wfp3*.

2010 年，X2 和 X3 直升机

Paur, J., *http://tinyurl.com/n293wlx*.

2011 年，福岛核事故

Beech, H., *http://tinyurl.com/lt4wdw7*.

2011 年，自动驾驶汽车

A video of one of the first driving tests is available here: *http://tinyurl.com/muunl4w*.

2011 年，速成的摩天大楼

Brennan, L., *http://tinyurl.com/kt8ufkx*.

2011 年，沃森

BBC, *http://tinyurl.com/mpgx69c*.

2012 年，好奇号火星车

Stromberg, J., *http://tinyurl.com/n56z7n8*.

2012 年，人力直升机

An article about the winners with links to video: *http://tinyurl.com/oc2np3n*.

2013 年，北卡罗莱纳州立大学图书机器人系统

The bookBot website provides more information: *http://tinyurl.com/p3ny2em*.

2014 年，艾文帕太阳能发电系统

Weiner-Bronner, D., *http://tinyurl.com/k4cdwzn*.

2016 年，威尼斯防洪系统

ATPN, *http://tinyurl.com/q3gb2td*.

2020 年，真空管道高速列车

Stewart, J., *http://tinyurl.com/bwcwkel*.

2024 年，脑复制

Horgan, J., *The Undiscovered Mind*, New York: Free Press, 2000.

2030 年，火星殖民

Maynard, J., *http://tinyurl.com/kn5tpd7*.

3000 年，有待于工程学解决的问题

Kanani, R., *http://tinyurl.com/qb2zdb9*.

Originally published in 2015 in the U.S. by Sterling Publishing Co., Inc. under the title
THE ENGINEERING BOOK: FROM THE CATAPULT TO THE CURIOSITY ROVER, 250
MILESTONES IN THE HISTORY OF ENGINEERING. This edition has been published by arrangement
with Sterling Publishing Co., Inc.,1166 Avenue of the Americas, 17th floor, New York, NY 10036-2715
版贸核渝字（2015）第133号

图书在版编目（CIP）数据

工程学之书 /（美）马歇尔·布莱恩 (Marshall Brain) 著；
高爽，李淳译．-- 重庆：重庆大学出版社，2017.9（2020.12 重印）
（里程碑书系）
书名原文：The Engineering Book: From the
Catapult to Curiosity Rover
ISBN 978-7-5689-0352-3
Ⅰ．①工… Ⅱ．①马… ②高… ③李… Ⅲ．①工程技
术－普及读物 Ⅳ．①TB-49
中国版本图书馆 CIP 数据核字 (2017) 第 003853 号

工程学之书
gongchengxue zhi shu
［美］马歇尔·布莱恩　著
高爽　李淳　译

策划编辑　王思楠　　装帧设计　鲁明静
责任编辑　李佳熙　　责任印制　张　策
责任校对　刘雯娜

重庆大学出版社出版发行
出版人：饶帮华
社址：（401331）重庆市沙坪坝区大学城西路 21 号
网址：http://www.cqup.com.cn
印刷：北京利丰雅高长城印刷有限公司

开本：787mm×1092mm　1/16　印张：17.5　字数：344 千
2017 年 9 月第 1 版　　2020 年 12 月第 4 次印刷
ISBN 978-7-5689-0352-3　定价：88.00 元
